Bernhard Muhler/Carsten Suntrop

Workshop Unternehmensentwicklung

In sechs Schritten zur leistungsfähigen Organisation

2016
Schäffer-Poeschel Verlag Stuttgart

MIX
Papier aus verantwortungsvollen Quellen
FSC® C089473

Bibliografische Information der Deutschen Nationalbibliothek
Die Deutsche Nationalbibliothek verzeichnet diese Publikation in der Deutschen Nationalbibliografie; detaillierte bibliografische Daten sind im Internet über <http://dnb.d-nb.de> abrufbar.

Gedruckt auf chlorfrei gebleichtem, säurefreiem und alterungsbeständigem Papier

Print: ISBN 978-3-7910-3259-7 Bestell-Nr. 20382-0001
ePDF: ISBN 978-3-7992-6705-2 Bestell-Nr. 20382-0150

Verlag für Wirtschaft · Steuern · Recht GmbH
www.schaeffer-poeschel.de
service@schaeffer-poeschel.de

Lektorat: Michael Bauer, Mainz
Umschlagentwurf: Goldener Westen, Berlin
Umschlaggestaltung: Kienle gestaltet, Stuttgart
Satz: Dörr + Schiller GmbH, Stuttgart
Druck und Bindung: BELTZ Bad Langensalza GmbH, Bad Langensalza

Printed in Germany
Oktober 2016

Schäffer-Poeschel Verlag Stuttgart
Ein Tochterunternehmen der Haufe Gruppe

Prolog

Die Notwendigkeit, sich über mittel- bis langfristige Entwicklungen des eigenen Unternehmens Gedanken zu machen, ist unter Inhabern, Geschäftsführern, Vorständen und Managern unbestritten. Sich mit anderen Führungskräften dazu auszutauschen und die eigene organisationale Leistungsfähigkeit (oder auch Organisationsperformance) in einen Zusammenhang zu den heutigen und zukünftigen Entwicklungen des Umfelds zu stellen, ist ebenso selbstverständlich. Theoretisch! Praktisch beschäftigen sich Führungskräfte ca. 2,4 % ihrer Zeit mit der mittel- bis langfristigen Planung und Steuerung ihres Unternehmens (in Summe ca. fünf Tage pro Jahr). In vielen Fällen ist diese Zeit dann sogar die Rückzugszeit des Managements, in Ruhe über strategische Aspekte nachzudenken. Das Konzept »Workshop Unternehmensentwicklung« und das Werkzeug des Unternehmensentwicklungsnavigators helfen dem Inhaber, Geschäftsführer, Vorstand und Manager, diesen Zeitanteil bewusster zu nutzen, ggf. sogar den Zeitanteil auszuweiten, und sich mit weiteren Key-Playern im Unternehmen über die Entwicklung des Unternehmens zielgerichtet auszutauschen.

Neue Wege zu leistungsfähigen Organisationen bilden ein großes Entwicklungspotenzial, um gemeinsam eine neue, zukunftsfähige Arbeitswelt zu schaffen. Das Umfeld, in dem Unternehmen handeln, scheint nicht mehr sicher und eindeutig zu sein. Die Volatilität, Unsicherheit, Komplexität und Ambiguität (abgekürzt VUKA) scheinen zum neuen Normalzustand von Unternehmen zu werden. Wie gehen Unternehmen mit derartigen Beobachtungen um? Was bedeutet dies für die zukünftige Positionierung am Markt? Welche Auswirkungen haben diese Entwicklungen auf das Thema »Führung« etc.? An diesem Punkt möchte das vorliegende Buch aufsetzen und eine Landkarte für eine zukunftsfähige Gestaltung von Unternehmensentwicklungsprozessen anbieten.

Die hohe Dynamik und Komplexität des äußeren Umfelds, aber auch der inneren Gestaltungsräume, machen kurzfristigere Zyklen der Überprüfung der eigenen Leistungsfähigkeit im Vergleich zu den Anforderungen des Umfelds (z. B. Kundenwünsche, Lieferantenanforderungen, Entwicklungen bei Wettbewerbern, gesetzliche Anforderungen, politische Rahmenbedingungen) notwendig. Der »Workshop Unternehmensentwicklung« ist der organisatorische »Wartungsvertrag«, der die regelmäßige Überprüfung und ggf. Anpassung der organisatorischen Fähigkeiten in zeitlich sehr komprimierter Weise möglich macht. Da die Erkenntnis eines Einzelnen in einer Organisation nur sehr begrenzt auf die Entwicklung des gesamten Unternehmens einwirken kann und Führungskräfte durch die Einbindung in einen Beteiligungsprozess wesentlich motivierter sind, Erkenntnisse umzusetzen, ist der Workshop Unternehmensentwicklung als partizipative Intervention zu verstehen. Das heißt, was die Führungskräfte einmal gemeinsam für sich analysiert, verstanden und in Aktionen und Maßnahmen umgesetzt haben, befähigt sie, den Weg auch mit aller Kraft gemeinsam zu gehen.

Die Beteiligung und der gemeinsame Prozess zur Erkennung der organisationalen Leistungsfähigkeit und Unternehmensentwicklungsmaßnahmen sind ein schlagkräftiges Gut und haben einen Wert an sich. Daher zählt zum Workshopkonzept Unternehmensentwicklung sowohl eine inhaltliche Lösung, wie die Leistungsfähigkeit im Verhältnis zum Unternehmenszweck und den strategischen Zielen der Organisation gemessen werden kann. Es fokussiert jedoch auch den Prozess zur gemeinsamen Validierung und Festlegung der Leistungsfähigkeit im Kreis der Führungskräfte und Key-Player der Organisation.

Die organisationale Leistungsfähigkeit (Organisationsperformance) ist die Fähigkeit von Organisationen, die langfristige Überlebensfähigkeit des Systems sicherzustellen und den entsprechenden Unternehmenszweck zukunftsorientiert umzusetzen. Dabei entsteht die organisationale Leistungsfähigkeit im Dialog der Führungskräfte eines Unternehmens und wird als ein Bild der verschiedenen Perspektiven des Führungsteams dargestellt. Die mit der Messung der Organisationsperformance verbundene Operationalisierung der Unternehmensentwicklung führt zu ein- und mehrdimensionalen Interventions- und Gestaltungsansätzen in den vier erfolgskritischen Unternehmensentwicklungsprozessen »Zukunft gestalten und Führung übernehmen«, »Werte schöpfen und Bedürfnisse befriedigen«, »Organisation erneuern und lernen« und »Zusammen arbeiten und Individuen entwickeln«.

Bei der Gestaltung und Veränderung von Organisationen gelten die folgenden Annahmen, die gleichzeitig als Basis für die Messung der Organisationsperformance dienen:

- Veränderungen gehen vom Menschen aus,
- das jeweilige organisationale System wird gemeinsam geschaffen, jedoch individuell wahrgenommen,
- individuelle Wahrnehmung ist die Grundlage für Handlungen, die das Ganze gemeinsam schaffen,
- eine verbesserte Leistungsfähigkeit ergibt sich nicht nur durch mehr Arbeit, sondern v. a. durch eine verbesserte Zusammenarbeit und Interaktion,
- für das Gelingen einer erfolgreichen Unternehmensentwicklung ist eine gemeinsame Einschätzung der aktuellen Ausgangsbasis Voraussetzung,
- Organisationen entwickeln sich immer in die Richtung dessen, worauf sie ihre Aufmerksamkeit richten und was die untersuchen (heliotropisches Prinzip),
- Dialoge sind die Kernprozesse moderner Organisationen.

Für das Gelingen einer erfolgreichen Veränderung ist eine gemeinsame Einschätzung und Messung der aktuellen Leistungsfähigkeit Voraussetzung.

Bis heute wird Leistung von Organisationen oft als Produktivität (Output/Input) verstanden und mündet in Kennzahlen der Bereiche Finanzen, Prozesse, Kunden und teilweise Mitarbeiter. Die dialogorientierte Messung und Gestaltung organisationaler Leistungsfähigkeit führt dazu, Unternehmen differenzierter wahrzunehmen (vgl. Abb. 1). Es gilt, die Komplexität zu bewältigen, und nicht zu versuchen, diese krampfhaft zu reduzieren. Aufgrund der zunehmenden Dynamik und Komplexität im Umfeld der Unternehmen gewinnt die Betrachtung der zukunftsgerichteten organisationalen Leistungsfähigkeit an Bedeutung.

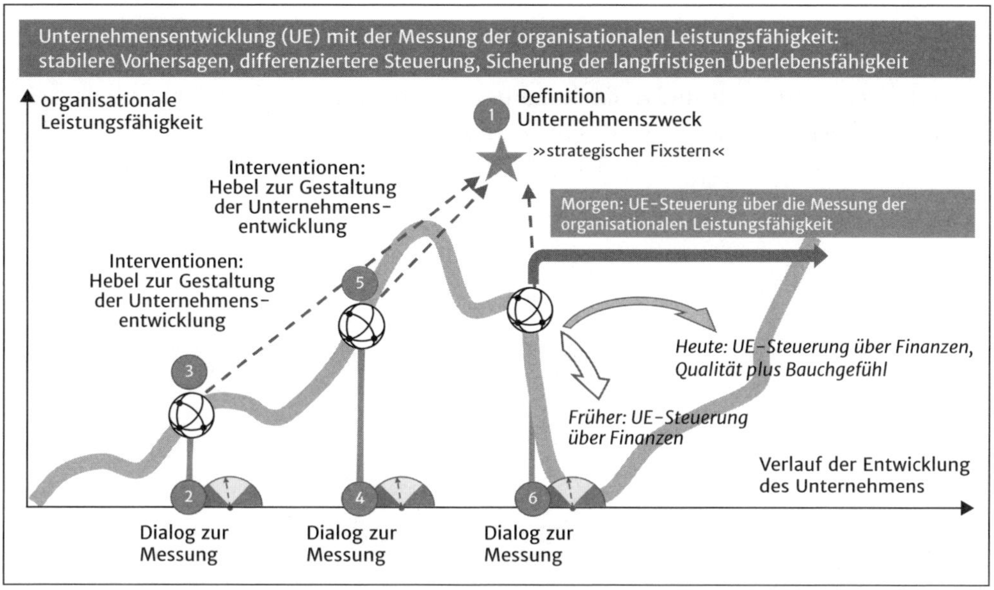

Abb. 1: Dialogische Messung der Leistungsfähigkeit zur Steuerung der Unternehmens-entwicklung (eigene Darstellung)

Eine Verbindung aus betriebswirtschaftlichen und systemtheoretischen Sichtweisen ermöglicht es, weitergehende Erfolgspotenziale für die Veränderung und Steuerung von modernen Organisationen zu erschließen. Zukünftig werden Messungen der Leistungsfähigkeit folgende Merkmale aufweisen. Messungen

- sind mehrdimensional (betriebswirtschaftlich/ingenieurwissenschaftlich, systemisch),
- enthalten qualitative Kenngrößen (z. B. Wissen, Teamfähigkeit, Strukturen, Lernen),
- machen Abhängigkeiten transparent (Fit-Kennzahlen),
- sind zukunftsgerichtet und als integrativer Prozess gestaltet,
- stellen eine Relation zur Unternehmensentwicklung und zum Unternehmenszweck her,
- enthalten »weiche« Faktoren (z. B. finden Bauchgefühle und Intuition Berücksichtigung).

Die dialogorientierte Messung der organisationalen Leistungsfähigkeit ist dann der »Wartungsvertrag« für die dynamische, leistungsfähige und reflexive Organisation! Dabei entsteht nicht nur ein unsichtbarer Zusatznutzen, den moderne Führungskräfte bewusst als Führungsinstrument und für die Entwicklung ihres Unternehmens zielgerichtet einsetzen können. Oft sind es auch die unsichtbaren, qualitativen Kenngrößen eines Unternehmens, die über den Erfolg und die Kategorisierung zu einem High-Performance-Unternehmen entscheiden. Diese sind dann auch nicht immer einer Leistungskategorie eindeutig zuzuordnen, sondern verbergen sich im ganzheitlichen Bild der Organisation zwischen zwei Leistungsdimensionen. Der »Fit« zwischen Leistungsdimensionen beschreibt den Grad der Übereinstimmung zwischen zwei Leistungsbereichen, also wie gut die Leistungsbereiche miteinander harmonieren, z. B. der »Fit« zwischen Strategie und Aufbauorganisation oder zwischen der Fähigkeit der Mitarbeiter und den Anforderungen des Prozesses.

Inhaltsverzeichnis

Abbildungsverzeichnis

1 Einleitung

1.1 Herausforderungen und deren typische Bearbeitungsmuster

Bei einer Befragung von weltweit ca. 1.500 Führungskräften durch IBM aus dem Jahr 2010 gaben 69 % der Befragten an, dass aus ihrer Sicht die Welt dynamischer und risikoreicher werden wird. Zudem gehen 65 % bzw. 60 % der Studienteilnehmer davon aus, das die Unsicherheit ansteigen und die Komplexität zunehmen wird. Überraschenderweise geben die befragten Unternehmenslenker an, auf diese Herausforderungen nur unzureichend vorbereitet zu sein: Während 79 % der Manager innerhalb der nächsten fünf Jahre eine hohe bis sehr hohe Komplexität erwarten, fühlen sich weniger als die Hälfte (49 %) diesen Veränderungen und Entwicklung tatsächlich gewachsen.[1] Untermauert werden diese Erkenntnisse von einer aktuellen Studie der Unternehmensberatung Kienbaum zum Thema »Agilität«.[2] Im Rahmen dieser Studie zeigte sich, dass ein Großteil der Unternehmen in einem Umfeld agiert, das ein agiles Verhalten erfordert. Die Studie legt aber auch offen, dass die Agilität der Unternehmen nicht so stark entwickelt bzw. ausgeprägt ist, wie sie aus Sicht der befragten Personen sein müsste.

Neben dem Dauerthema Globalisierung, Volatilität, Unsicherheit, Komplexität und Ambiguität (abgekürzt VUKA) beschäftigen Unternehmen die folgenden Themenfelder:

- Zahlengläubigkeit (alles, was messbar ist, ist klasse!),
- von Mittelfristplanung zu Mittelfristplanung,
- fehlendes Bewusstsein über unterschiedliche Sichtweisen im Team,
- Beharrungsvermögen von Systemen,
- rückwärtsgerichtete, vergangenheitsorientierte Planungen,
- Erfolge der Vergangenheit werden in die Zukunft extrapoliert,
- Fokus auf Negatives, Fehler, nicht erreichte Ziele, Pläne etc.,
- »Einheitenentwicklung« statt Blick für das Ganze,
- Unternehmensentwicklung wird an Stäbe bzw. Fachabteilungen und Externe verlagert,
- starker Fokus auf Finanzen und Prozesse,
- das Unternehmen als »Maschine« (Vorgabe und Kontrolle dominieren).

1 Vgl. IBM Global CEO Study (2010).

2 Vgl. Kienbaum Management Consultants (2015).

In vielen Unternehmen werden zur Bearbeitung dieser und ähnlicher Fragen der Veränderung Projektteams und Arbeitsgruppen gebildet. Aus der eigenen praktischen Erfahrung aus vielzähligen Unternehmensentwicklungs- und Veränderungsprojekten in unterschiedlichen Unternehmen und Branchen reagieren Führungskräfte häufig u. a. wie folgt auf diese Herausforderungen:

- Handeln ist oberste Maxime; der Zusammenhang zwischen den initiierten Maßnahmen, den identifizierten Handlungsfeldern und den definierten Zielen ist häufig nur noch unzureichend erkennbar.
- Innovative gemeinschaftliche Zukunftsgestaltung zur Sicherstellung der Antwortfähigkeit von Organisationen wird häufig durch reaktives Handeln überlagert bzw. ersetzt.
- Führungskräfte sind überlastet und stark in das operative Geschehen eingebunden; reduzierte Kommunikations- und Informationsaktivitäten, Vereinfachungen, Nicht-Entscheiden und die Verteidigung des Bestehenden sind die Folge.

In einem derartigen Umfeld brauchen Führungsteams Navigation und einheitliche Landkarten, um die gemeinsam eingeschlagene Richtung zu halten. Für eine wirksame Unternehmensentwicklungsarbeit benötigen die beteiligten Personen kreative »Räume« für die gemeinsame Bearbeitung zukunfts- und entwicklungsrelevanter Fragestellungen. Damit wird die inhaltliche Expertise für die Unternehmensentwicklung zur Gemeinschaftsleistung. Es ist auf der einen Seite faszinierend und auf der anderen Seite irritierend zugleich, mit welcher Beharrlichkeit und Hartnäckigkeit sich der Mythos des alles entscheidenden Lenkers an der Unternehmensspitze hält.

Die Kompetenz, Settings und Anreize für eine derartige Unternehmensentwicklungsarbeit zu schaffen, gewinnt somit zunehmend an Bedeutung. Das Ziel von geeigneten Dialogräumen für die gemeinschaftliche Gestaltung von Unternehmensentwicklungsprozessen ist die Erarbeitung eines unternehmensspezifischen Navigationssystems und eines regelmäßigen Monitorings passender (Leistungs-)Kennzahlen und Indikatoren. Damit wird der Prozess der Unternehmensentwicklung und dessen Gestaltung zu einer »unabhängigen Variablen« und gewinnt somit an Bedeutung im Gesamtunternehmen und für die Aufgabenbearbeitung und -bewältigung von Führungskräften und deren Mitarbeiter.

1.2 Zielsetzung des Buchs, Beitrag für den Leser und Aufbau des Buchs

Die Zukunft von organisationalen Systemen wie Wirtschaftsunternehmen und öffentlichen Einrichtungen hängt vom Erfolg ab, mit dem sie die vielfältigen Veränderungen und Herausforderungen bewältigen können. Misserfolge im Rahmen von Veränderungsvorhaben und Veränderungsnotwendigkeiten gefährden die Existenz derartiger Systeme und damit auch Arbeitsplätze. In der Fähigkeit zur Durchführung von Entwicklungs- und Veränderungsvorhaben wird deshalb von Experten aus Wissenschaft und Praxis eine wichtige unternehmerische Kompetenz gesehen. Im Kontext dieser Entwicklungen wachsen auch die Anforderungen an Unternehmen. Allgemeine Standardlösungen zur Bearbeitung dieser Situation und zur Sicherstellung der Antwortfähigkeit des Führungsteams erscheinen immer weniger zweckmäßig. Genau an diesem Punkt setzt das vorliegende Buch an und versucht, aus praktischen und theoretischen Erkenntnissen ein Konzept zur dialogorientierten Gestaltung der Unternehmensentwicklung für ein Führungskräfteteam anzubieten.

Die Zielsetzung des Buches ist

- die Beschreibung eines in der Praxis erprobten Modells und Vorgehens zur Gestaltung der Unternehmensentwicklung,
- der Versuch, den Prozess der Entwicklung und Veränderung aus unterschiedlichen Dimensionen verstehbar bzw. »greifbar« zu machen,
- der Abgleich von mentalen Bildern der beteiligten Personen zur aktuellen Istsituation und der sich daraus ergebenden Maßnahmen zur Unternehmensentwicklung durch eine dialogorientierte Vorgehensweise. Dieser Aushandlungsprozess führt wiederum zu einem bewussteren Unternehmen, das sich auf der Basis eines gemeinsam getragenen Zukunftsbilds entwickelt.

Das Buch gibt hierbei die Erfahrungen und Erkenntnisse der Autoren aus zahlreichen Workshops und Einzelgesprächen zum Thema »Unternehmensentwicklung« wieder. Die vorliegenden Ausführungen sollen dabei bewusst kein Rezept im Sinne von »one fits all« darstellen. Vielmehr bilden das dem Buch zugrunde liegende Modell und die Vorgehensweisen einen Rahmen ab, der unternehmensindividuell anzupassen und zu befüllen ist.

Für den Leser bietet das Buch einen vielfältigen Nutzen:

- Erläuterung und Vorstellung eines Workshopkonzepts für eine Führungskräfteveranstaltung,
- Sicht bzw. Überblick auf und über die Unternehmensentwicklung und dadurch die Identifizierung von möglichen Ansatzpunkten für die Erhöhung der Zukunftsfähigkeit,
- Erweiterung des Blickfelds bei gleichzeitiger Schärfung (z. B. durch Kennzahlen und Indikatoren),
- Baukastensystem, das den unterschiedlichen Spezifika der Unternehmen Rechnung trägt,
- Unternehmensentwicklung wird praktisch erleb- und anwendbar (direkt nutzbare Tools und Interventionsdesigns),
- Unternehmensentwicklung wird zum Thema von Führungskräftemeetings und Führungskräftedialogen,
- Quickcheck durch Kurzfragebögen unterstützt die Transferleistung auf das eigene Unternehmen, die eigene Abteilung etc.

Der Grund für die Existenz dieses Buches ist das Bedürfnis von Führungskräften und Organisationsentwicklern mit Budgetverantwortung in mittelständischen und großen

Unternehmen oder deren Geschäftsfeldern mit traditionellen Messsystemen (z. B. Finanzen, Qualitätsmanagement) nach einem »Werkzeug« (Vorgehenskonzept, Denkrahmen), das ihnen

- ein gemeinsames Verständnis für den Istzustand der organisatorischen Leistungsfähigkeit des Unternehmens bzw. seiner Geschäftsfelder aufzeigt,
- die »Hebel« identifiziert, mit denen sie die organisationale Leistungsfähigkeit steigern können,
- hilft, die Unternehmensentwicklung ziel- bzw. zweckorientiert steuern zu können,
- hilft, Fortschritte der Unternehmensentwicklung transparent zu machen.

Ziel des Buches ist es letztendlich, eine Art intelligenten Navigator für reflektierte Entscheider zu liefern und eine Vorgehensweise zu entwickeln, um die Unternehmensentwicklung besprechbar und damit bearbeitbar zu machen!

1.3 Einladung zum Dialog

> *»Während ich schreibe, stelle ich mir Sie als Leser vor, wie Sie vor mir sitzen und sich mit mir interessiert unterhalten. Meine Worte werden für Sie mehr oder weniger bedeutsam sein — je nachdem, welches Bild Sie sich von mir machen. [...] Es ist nicht mein Anliegen, zu überzeugen, zu gewinnen oder Sie ›auf den rechten Weg‹ zu bringen. Es liegt an Ihnen, meine Worte mit Leben zu füllen. Sind wir mit unserer Autor-Leserin/Leser-Beziehung erfolgreich, können sich neue Wege eröffnen. So, wie wir miteinander in Beziehung treten, konstruieren wir auch unsere Zusammenkunft.«*[3]

Auf den Worten Gergens aufbauend möchten wir Sie zu einem Dialog[4] einladen. Darüber hinaus möchten wir Sie auch zu einem Dialog zwischen verschiedenen Ansätzen, Theorien sowie zwischen verschiedenen Disziplinen einladen und motivieren. Wer es akzeptiert, dass sich unsere Welt und damit in der Folge auch organisationale Systeme nicht an fest vorgegebene Fächer- und Gebietsgrenzen halten, der wird sich in diesem Dialog wohler fühlen als diejenigen Menschen, die eine derartige Beachtung von Grenzen erwarten.[5] Einen solchen Dialog zu führen, setzt voraus

> *»[...] dass alle Beteiligten einander zu Wort kommen lassen, dass niemand die Meinungen der anderen unterdrückt, dass jede und jeder sich bemühen zu verstehen, was die jeweils anderen meinen, dass alle bereit sind, auch die eigene Position in Frage zu stellen und zu überdenken.*

3 Gergen, K. (2002), S. 10.

4 Der vorliegende Text ist selbstverständlich ein Monolog aus der jeweiligen Sicht der Autoren, der jedoch einen Dialog mit dem Leser fingiert. Zu einem wirklichen bzw. echten Dialog kann der Text nur werden, wenn der Leser bereit ist, sich auf einen derartigen Dialog einzulassen. Hierzu ist es erforderlich, dass der jeweilige Leser sowohl die Position und Ansichten der Autoren sowie die eigene Perspektive und Sichtweise kritisch reflektiert.

5 Vgl. Steinkellner, P. (2007), S. 18.

Einen Dialog zu führen setzt nicht voraus, dass alle Beteiligten am Ende zu einem Konsens kommen oder dies zumindest anstreben. [...] Der Dialog soll nicht Vielfalt in Einfalt überführen, sondern ganz im Gegenteil die Vielstimmigkeit der Welt zum Ausdruck bringen.«[6]

Mit dem vorliegenden Buch möchten wir zum Nachdenken und Reflektieren anregen, alternative Perspektiven eröffnen und thematisieren, dass es mehrere denkbare Möglichkeiten gibt, den Sachverhalt und Themenkomplex »Unternehmensentwicklung« darzustellen. In diesem Sinne sollen sowohl die Perspektiven des Lesers als auch die der Autoren ergänzt und erweitert werden.

6 Gergen, K. (2002), S. 3f.

2 Sechs Schritte zur organisationalen Leistungsfähigkeit

2.1 Vorüberlegungen

Unter Intervention[1] ist »zunächst all das zu verstehen, was z. B. ein Berater in Anwesenheit des Auftraggebers und/oder Repräsentanten des Klientensystems tut oder unterlässt.«[2] Damit kann ein Berater in Beratungssituationen nicht »nicht intervenieren«, d. h. jede Tätigkeit eines Beraters kann aus der Perspektive des Klienten als Intervention interpretiert werden.[3] Im Rahmen dieses Buches wird die nachfolgende Definition von systemischer Intervention zugrunde gelegt:

> *»Systemische Interventionen sind zielgerichtete Kommunikationen zwischen Beratersystem[4] und Kunden/Klientensystem, welche die Autonomie des Kundensystems respektieren und über dessen Wirkung das Kundensystem entscheidet. Systemisches Interventionshandeln in Organisationen bedeutet daher zielgerichtete Kommunikation, die auf der Basis der modernen Systemtheorie verstanden sich als Fach- und/oder Prozessberatung zeigt.«[5]*

Anders ausgedrückt lassen sich Interventionen als Maßnahmen beschreiben, mit denen auf der Basis von Hypothesen das Verhalten eines Klientensystems beeinflusst wird. Interventionen verfolgen das Ziel, die Viabilität[6] (Überlebensfähigkeit) einer Organisation wiederherzustellen, zu erhalten oder zu verbessern.[7] Mithilfe von Interventionen sollen Impulse für die Weiterentwicklung des Klientensystems gesetzt werden, um da-

---

1 Das lateinische Wort »intervenire« bedeutet: sich einmischen, eingreifen, sich einschalten.

2 Titscher, S. (1997), S. 133.

3 Vgl. Titscher, S. (1997), S. 134.

4 Unter dem Begriff »Beratersystem« wird die Beraterorganisation verstanden; vgl. Königswieser, R./Hillebrand, M. (2007), S. 36 und Königswieser, R./Exner, A. (2006), S. 23f.

5 Köhninger, V. (2008), S. 4.

6 Der Begriff der Viabilität (Gangbarkeit, Überlebensfähigkeit) bezieht sich auf die Anpassungsfähigkeit, d. h. ein Organismus muss in der Lage sein, sein Gleichgewicht unter einschränkenden Bedingungen zu erhalten, um zu überleben. Dies bedeutet jedoch nicht, dass viable Organismen durch den Druck der Umwelt erzeugt werden, vielmehr existieren diese schon vor der Umweltänderung. Vgl. von Glasersfeld (1997 und 1998).

7 Vgl. Willke, H. (1999), S. 171.

durch u. a. Freiräume für mögliche Handlungsalternativen zu vergrößern bzw. um »die Selbstheilungskräfte eines Systems zu mobilisieren«.[8,9]

Der Begriff der »Architektur« ist ein Begriff aus dem Methodenkoffer von systemischen Beratern. Dieses Beratungselement wurde maßgeblich von Königswieser und Exner entwickelt und thematisiert die zentralen Gestaltungselemente und Abfolgen von Interventionen im Rahmen von Veränderungsprojekten. Damit kann die Architektur als eine Art »Landkarte der Entwicklung und des Wandels« interpretiert werden. Der Begriff der Architektur skizziert, dass es sich hierbei um die zeitliche, sachliche, inhaltlich abgestimmte und auf entsprechenden Hypothesen basierende Schaffung von »Räumen« handelt, in denen die am Prozess beteiligten Personen interagieren und handeln können.[10] Auf diese Art und Weise eröffnet die Interventionsarchitektur Möglichkeiten sowie Entwicklungsräume, in denen »Unterschiedlichstes« passieren kann.[11] Zusammengefasst stellt damit die Architektur den geplanten Rahmen des Beratungsprozesses (»Was«) dar. Ferner ermöglicht die gemeinsam mit Vertretern des Kundensystems entwickelte Beratungsarchitektur einen transparenten Überblick über das gesamte Projekt und verdeutlicht darüber hinaus auch Abhängigkeiten und Verbindungen zwischen den einzelnen Elementen der Architektur.

Im Vergleich zum klassischen Projektmanagement ergeben sich zwei wesentliche Unterschiede: Die eingesetzten Interventionselemente (»Was«) wie Großgruppenveranstaltungen, Diagnosen, Befragungen oder die Arbeit in Subprojekten werden zum einen transparent in den Gesamtprozess eingebaut und ersichtlich. Zum anderen sind die einzelnen Elemente zum Zeitpunkt der Planung noch nicht mit konkreten Inhalten (»Wie«) zu füllen und zu konkretisieren. Dies geschieht vielmehr erst im Verlauf des weiteren Prozesses. Damit thematisiert die Architektur, wie und auf welche Art und Weise die am Projekt beteiligten Personen miteinander kooperieren und wie das definierte Ziel zu erreichen ist.

Der Workshop Unternehmensentwicklung adressiert sowohl die betriebswirtschaftliche Managementperspektive als auch die systemisch-soziale Veränderungsperspektive, wie Abb. 2 verdeutlicht. Diese Architektur des Workshops Unternehmensentwicklung liefert ein systematisches Konstrukt zur Messung der Leistungsfähigkeit von Unternehmen und berücksichtigt dabei alle erfolgskritischen Leistungsdimensionen. Der Mehrwert der Architektur wird sowohl über die betriebswirtschaftlichen Unternehmensentwicklungsprozesse und Einzel- und Fit-Kennzahlen generiert als auch über die Art der Zusammenarbeit. Jeder Schritt zur Messung der Leistungsfähigkeit ist mit praktisch sinnvollen und erprobten Interventionen verknüpft — auf die Art der Zusammenarbeit wird bei der Vorstellung der Architektur mindestens ähnlich viel Wert gelegt wie auf die inhaltliche Perspektive.

8 Königswieser, R./Exner, A. (2006), S. 23f.
9 Vgl. Königswieser, R./Exner, A. (2006), S. 18.
10 Vgl. Königswieser, R. (2006), S. 81 und Königswieser, R./Exner, A. (2006), S. 47ff.
11 Vgl. Königswieser, R./Exner, A. (2006), S. 47ff.

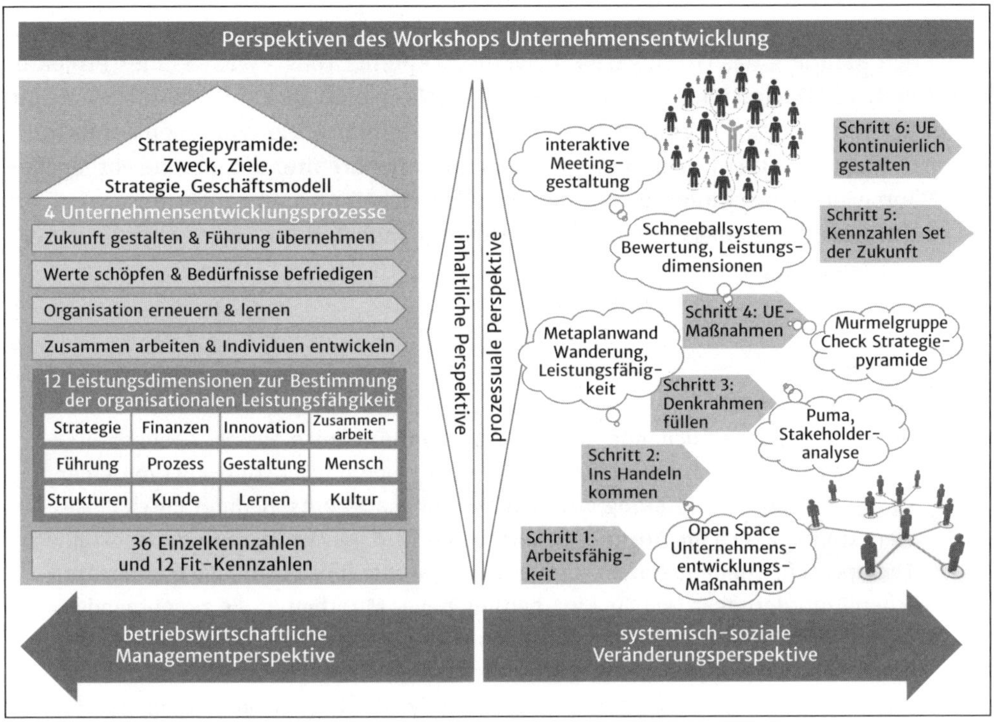

Abb. 2: Perspektiven des Workshops Unternehmensentwicklung (eigene Darstellung)

Dies macht die vorliegende Architektur zu einer erstmaligen Verknüpfung zwischen betriebswirtschaftlichen Fakten- und Führungsexperten und den Verhaltens- und Veränderungsexperten im Rahmen der strategischen Unternehmensentwicklung.

Die »Architektur« hat somit den Zweck bzw. die Funktion, »Räume« zu schaffen, die der Reflexion, Kommunikation und der Erarbeitung von inhaltlichen Lösungen dienen. Durch die Verwendung und den Einsatz neuer, evtl. ungewohnter Elemente im Kundensystem sollen neue Sichtweisen, Dialoge und Optionen ermöglicht bzw. erweitert werden. Darüber hinaus werden »rigide Schleifen« aufgelöst sowie Energie im System freigesetzt.[12] Damit wiederum schafft die Architektur die Voraussetzung, um vorhandene und eingefahrene Denkgleise und Handlungsmuster aufzubrechen. Derartige »Räume« können in Form von Großgruppenveranstaltungen, Workshops etc. ausgestaltet werden. Bei dem Thema »Architektur« geht es somit um die Frage, »[...] mithilfe welcher Vorgehensweise Verbesserungen, Veränderungen und Lernenlernen organisiert werden können; wie solche Prozesse geplant beziehungsweise gestaltet werden können«[13], und nicht etwa um die inhaltliche Ausgestaltung von Prozessstrukturen oder ähnlichen Konzepten.

12 Vgl. Königswieser, R. (2006), S. 83.
13 Königswieser, R. (2006), S. 84.

Zusammenfassend lässt sich festhalten, dass die Architektur im hier verstandenen Sinne den Rahmen, das Grundgerüst bzw. die Eckpfeiler (das »Was«) eines Projektes beschreibt. Das Design wiederum definiert das »Wie«, d. h. die konkrete Ausgestaltung der in der Interventionsarchitektur vorgestellten Elemente wie Workshops und Großgruppenveranstaltungen.[14] In Analogie zu einem Innenarchitekten, der die vorgegebenen Räume eines Architekten ausgestaltet, entwickelt das Interventionsdesign die Architektur weiter, so dass die durch den Prozess angestrebten Ziele bestmöglich erreicht werden können.

EXKURS

Ein Praxisbeispiel

Das Unterstützung suchende Dienstleistungsunternehmen aus der Gesundheitsbranche befindet sich seit mehreren Jahren auf einem Wachstumskurs mit einer kontinuierlichen Erweiterung des Dienstleistungsangebots. Bedingt durch dieses Wachstum hat sich die Anzahl der Mitarbeiter (z. B. Marketingmitarbeiter, Trainer, Therapeuten, Kundenberater) stark erhöht. Darüber hinaus sind die organisatorischen Anforderungen wie die Einarbeitung neuer Mitarbeiter, die zunehmende Anzahl an Besprechungen, verstärkte Marketingmaßnahmen sowie der Verwaltungs- und Organisationsaufwand stetig gestiegen. Diese Expansion macht interne Umstrukturierungen und neue Prozesse erforderlich. Bei der Gestaltung und Umsetzung dieser neuen Strukturen sollen von Beginn an die Mitarbeiter eingebunden werden.

Im Rahmen des Auftrags- und Zielklärungsprozesses wurde vereinbart, in einem ersten Schritt eine Diagnose durchzuführen, um die wesentlichen Brennpunkte im Unternehmen sowie erste Lösungsideen der Mitarbeiter zu identifizieren. Nach der Erfassung dieser Herausforderungen ist die weitere Vorgehensweise zur Erarbeitung und Umsetzung geeigneter Lösungen mit den Beteiligten zu entwickeln. In den gesamten Prozess sollen bewusst die Mitarbeiter als wesentliche Know-how-Träger integriert werden. Abbildung 3 zeigt die Interventionsarchitektur eines Beratungsprojekts.

Interventionen lassen sich auch aus einem anderen Kontext bzw. einer anderen Perspektive heraus betrachten und verstehen. Hierzu zählen die inhaltliche bzw. sachliche, die zeitliche, die soziale und die räumliche Gestaltungsdimension.[15] Die nachfolgenden Ausführungen stellen diese vier Dimensionen detailliert dar.

Inhaltliche bzw. sachliche Dimension

Ein zentraler Aspekt für die weitere Ausgestaltung und Planung der Intervention ist die Definition der Zielsetzung bzw. der inhaltlichen Schwerpunkte. Geeignete Inhalte und Ziele werden stets maßgeschneidert auf den jeweiligen Kunden und dessen spezifische Situation hin festgelegt.

14 Vgl. Königswieser, R./Exner, A. (2006), S. 48f.

15 Vgl. Königswieser, R./Exner, A. (2006), S. 31.

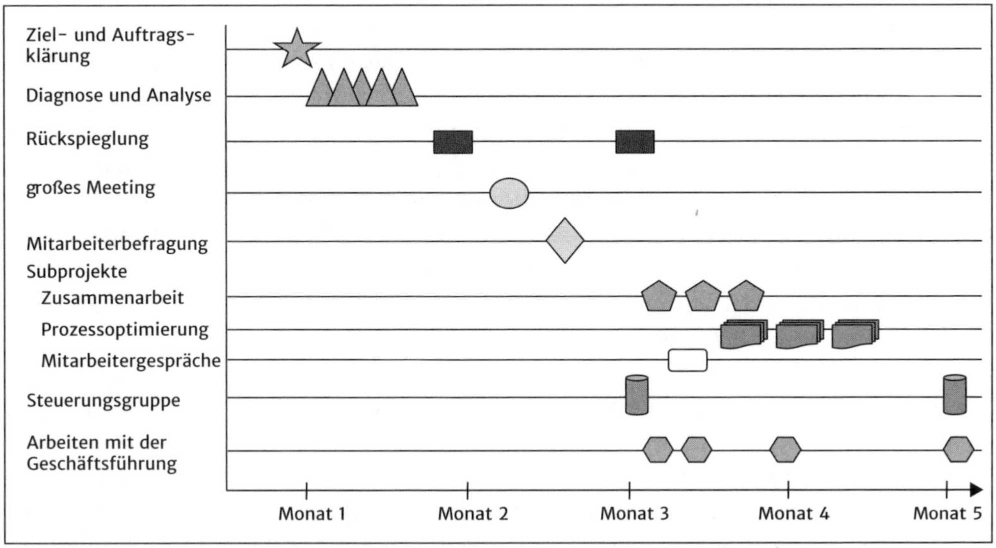

Abb. 3: Beispiel einer Interventionsarchitektur (nach Muhler, 2010, S. 114)

Zeitliche Dimension

Neben dem Timing von einzelnen Interventionen im zeitlichen Verlauf sind auch die häufig eher »unsichtbaren« Zeitaspekte von erfolgskritischer Bedeutung. Für das gesamte Projekt sollte es einen klar definierten Anfangs- und Endzeitpunkt geben. Dies gilt parallel auch für einzelne Interventionen wie Workshops oder Interviews. Die Häufigkeit und Abfolge von Interventionen strukturieren die entsprechenden Rahmenbedingungen und ermöglichen die Erschließung von Sinnzusammenhängen für die beteiligten Personen. Werden beispielsweise bestimmte Interventionselemente wie World Café oder Strategieklausuren zu häufig eingesetzt, so verlieren sie bei den beteiligten Menschen ihren Sinn. Abhängig von der jeweiligen Unternehmenskultur sind auch Gruppen- und Plenumsarbeitsprozesse zeitlich unterschiedlich zu bemessen. Diese thematisierten zeitlichen Aspekte erzeugen für die beteiligten Personen auf der einen Seite Struktur und geben auf der anderen Seite Partizipationsarchitekturen ihren spezifischen Charakter.

Soziale Dimension

Im Rahmen dieser Dimension werden sowohl die Zusammensetzung des Klienten- wie die des Beratersystems thematisiert. Hierbei liegt der Fokus auf der Beantwortung der Fragen, welche Personen zu welchen Veranstaltungen bzw. Ereignissen und in welcher Zusammensetzung eingeladen bzw. angesprochen werden. Teilweise erzielen bestimmte Workshops nicht die angestrebten Ergebnisse, weil die für die Lösung relevanten Personen nicht ausreichend oder gar nicht in den Prozess eingebunden sind.

Räumliche Dimension

Dieser Dimension wird in der Praxis häufig nicht die notwendige Bedeutung beigemessen. Für die Fokussierung der Aufmerksamkeit der beteiligten Personen macht es einen

Unterschied, ob die Arbeit innerhalb oder außerhalb der Unternehmensräumlichkeiten durchgeführt wird. Nagel und Wimmer sprechen in diesem Zusammenhang vom »Austreten aus dem operativen Fluss«, um beispielsweise strategische Zukunftsfragen bearbeiten zu können. Derart erfolgskritische und zukunftsbezogene Fragestellungen können nicht nebenbei bzw. quasi on top zum Tagesgeschäft erledigt werden. Diese Dimension umfasst auch die Gestaltung des jeweiligen Raums sowie die Sitzordnung (z. B. Stuhlkreis ohne Tische oder eine Stuhlanordnung mit Tischen). Die räumlichen Bedingungen sind ebenfalls zu beachtende Faktoren für den Erfolg einer Intervention. Sind beispielsweise die Sicht und/oder die Akustik unzureichend, können Aufmerksamkeit und Engagement der Beteiligten schnell sinken.

Die positiven Wirkungen und Effekte der einzelnen Dimensionen und Kennzahlen bzw. Indikatoren auf die langfristige Sicherung der Überlebensfähigkeit und die Umsetzung von eigenen Visionen werden in den nachfolgenden Abschnitten und Kapiteln dargelegt. Die gewonnenen Erkenntnisse aus Theorie und Praxis führen zur Ableitung des Modells der organisationalen Leistungsfähigkeit. Die »reine« Erkenntnis der Vorteilhaftigkeit und des Nutzens bietet jedoch keine Hilfestellung für das Management sowie für die Mitarbeiter. Auf dieser Tatsache aufbauend ist auf die bedarfsgerechte und kontinuierliche Darstellung der organisationalen Leistungsfähigkeit sowie der sich daraus ergebenden Konsequenzen hinzuwirken. Dieser Zielsetzung soll der Workshop dienen, indem organisationsspezifische Aussagen zur organisationalen Leistungsfähigkeit abgeleitet werden können. Der Workshop stellt somit die methodische Umsetzung zur Analyse und Bewertung der organisationalen Leistungsfähigkeit dar. Abbildung 4 verdeutlicht die Ziele des Workshops.

Die konkreten Ansatzpunkte sollen dann in die Gestaltung konkreter Unternehmensentwicklungsmaßnahmen übergehen.

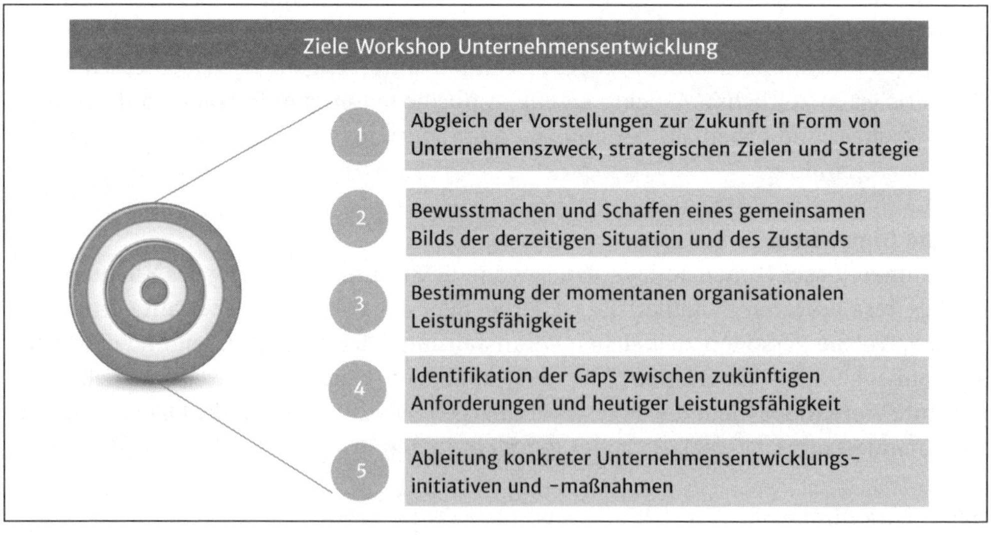

Abb. 4: Ziele des Workshops (eigene Darstellung)

2.2 Die Interventionsarchitektur — Workshopkonzept

Das Workshopkonzept sieht i. d. R. einen Zeitraum von 1,5 bis 2 Tagen vor. Gute Erfahrungen sind mit einem Zeitraum von 1,5 Tagen für die Kernarbeitszeit im Workshop gemacht worden, an denen am ersten Tag mittags mit einem gemeinsamen Imbiss gestartet wird und der zweite Tag komplett für die Messung der Leistungsfähigkeit zur Verfügung steht.

Der Abend des ersten Tages sollte unabhängig von der Entfernung der Anreise der Teilnehmer für ein gemeinsames Abendessen und ein »Abend-Outbrake« genutzt werden, an denen sich Mitarbeiter, Kollegen, Führungskräfte und externe Berater zwangloser kennenlernen können. Indirekt trägt dies zur Weiterentwicklung des sozialen Kernprozesses bei und stärkt die Offenheit zur Einschätzung der Leistungsfähigkeit der Organisation. Das gemeinsame Verbleiben am Workshoport ist vorwiegend eine Frage der Kosten. Weniger Reiseaufwand für die Teilnehmer, insbesondere morgens zum Workshoport, ist sicherlich für die Entspanntheit aller Teilnehmer zuträglich.

Das gesamte Workshopkonzept und damit die sechs Schritte zur gemeinsamen Messung der organisationalen Leistungsfähigkeit fokussiert sich nicht ausschließlich auf die Zeit vor Ort im eigentlichen Workshop. Der Erfolg oder Misserfolg dieser gemeinsamen Messung hängt insbesondere auch von der professionellen Vor- und Nachbereitung der gemeinsamen Kernveranstaltung ab. Im Überblick sind es die folgenden sechs Schritte, die zur Messung der organisationalen Leistungsfähigkeit und damit zur Gestaltung der Unternehmensentwicklung notwendig sind:

- Schritt 1: Arbeitsfähigkeit herstellen,
- Schritt 2: Gemeinsam ins Handeln kommen,
- Schritt 3: »Denkrahmen« füllen und bewerten,
- Schritt 4: Unternehmensentwicklung durch Maßnahmen gestalten,
- Schritt 5: Kennzahlen- und Indikatorenset der Zukunft aufbauen,
- Schritt 6: Unternehmensentwicklung kontinuierlich durch Messung und Maßnahmen gestalten.

Das Workshopkonzept beginnt mit den Schritten 1 bis 3 also schon im Vorfeld. Gemäß der bei Leistungsmessungen gemachten Erfahrungen sind diese vorbereitenden Schritte absolut erfolgskritisch für solch ein sensibles Thema wie das einer strategischen Messung. In der Praxis sind dies die Schritte, auf die aufgrund von Zeitmangel verzichtet wird.

Es entsteht ohne die Schritte 1 bis 3 ein nicht vollständig durchdachter Ablauf des Workshops ohne ausreichenden Input und Verständnis für das Warum dieses Workshops. Dies wird der großen Investition solcher Workshops in Form interner Arbeitstage und externer Kosten nicht gerecht. Bei 10–15 Teilnehmern entspricht alleine die Teilnahme ca. 20 Arbeitstagen — mit professioneller Vor- und Nachbereitung entsteht in Summe auch schnell ¼ Mitarbeiterjahr plus Sachkosten und externen Beraterkosten, also ca. 25.000 bis 40.000 EUR. Insbesondere für kleine und mittelständische Unternehmen ist dies eine spürbare Kostengröße. Eine solche Investition sollte einen guten Return bringen.

Aus dieser Perspektive heraus ist es notwendig, mit einem dreistündigen Auftaktmeeting in Vorbereitung auf den Workshop zu beginnen. Dieses Auftaktmeeting ist allerdings auch nur in den ersten 1–3 Durchläufen des Workshops zur Messung der organisationalen Leistungsfähigkeit durchzuführen. Wenn das Unternehmen seine Erfahrung mit der Durchführung des Workshops Unternehmensentwicklung gesammelt hat, können die vorbereitenden Schritte schneller durchlaufen werden. Diese Schritte gänzlich auszuschließen, wird nicht empfohlen, da sich das Unternehmen bei jeder Messung wieder in einer neuen Situation befindet und diese auch erneut aktuell eingeschätzt werden sollte.

In der folgenden Übersicht sind die sechs Schritte sowie die Interventionen und Werkzeuge aufgeführt, die zur Verfügung gestellt werden:

Schritte zur Messung	Aktivität	Intervention/Werkzeuge
Schritt 1: Arbeitsfähigkeit herstellen	• Stakeholder analysieren • Team zusammenstellen • Auftrag und Zielsetzung »Leistungsmessung« klären • Kommunikationsmatrix erstellen • Zeitplanung für Workshop erstellen • Spielregeln festlegen	Einzelgespräche mit Auftraggeber und Verantwortlichen Leistungsmessung/ Unternehmensentwicklung
Schritt 2: gemeinsam ins Handeln kommen	• gegenseitiges Kennenlernen der Teammitglieder • Verhalten der Teammitglieder analysieren und Teammitglieder zusammenführen • »Denkrahmen« und Werkzeuge zur organisationalen Leistungsmessung verstehen • Zweck- und Zielpyramide des Unternehmens verstehen • Ablauf des Workshops verstehen und Workshop gemeinsam vorbereiten	• Hashtagging, Line-up • Übungen zur Teamentwicklung • Präferenzanalysen (tieferes Verständnis von Präferenzen und Verhaltensmustern) • Initialmeeting »Unternehmensentwicklungsnavigator« • Einzelinterviews mit strukturiertem Fragebogen zur Bewertung der Leistungsfähigkeit (Qualitätsstufe 1)
Schritt 3: »Denkrahmen« füllen und bewerten	• Review Unternehmenszweck, Unternehmensziele und Unternehmensstrategie • vorhandene Kennzahlen zur Unternehmensentwicklung und deren Aussage vorstellen • gemeinsame Bewertung der vier Unternehmensentwicklungsprozesse • Identifikation der Leistungslücken in der Unternehmensentwicklung • Ggf. Erneuerung Zweck, Ziele, Strategie	• Workshop »Unternehmensentwicklungsnavigator« • Kurzvorträge zur Bewertung der Leistungsbereiche (z.B. Pecha Kucha) • Kennzahlen-»Denkrahmen« mit max. 36 Einzelkennzahlen und zehn Fit-Kennzahlen (heute) • Vorlage Beschreibung Leistungslücken • strukturierter Fragebogen zur Bewertung der Leistungsfähigkeit (Qualitätsstufe 2) • Vorlage zur Qualitätsprüfung Strategiepyramide (Zweck, Ziele, Strategie)

Schritte zur Messung	Aktivität	Intervention/Werkzeuge
Schritt 4: Unternehmensentwicklung durch Maßnahmen gestalten	• Bewertung der Leistungslücken und Leistungsdefizite in der Unternehmensentwicklung • Generierung von Maßnahmen zur Erreichung Zweck/Ziele/Strategie und Schließung der Lücken • Ableitung neuer Perspektiven auf die Unternehmensentwicklung und Ergänzung der Unternehmensentwicklungsmaßnahmen	• Portfolio Lücken in der Leistungsfähigkeit • Vorlage Maßnahmenbeschreibung Unternehmensentwicklung
Schritt 5: Kennzahlen- und Indikatorenset der Zukunft aufbauen	• Festlegung eines zukünftigen, für das individuelle Geschäft erfolgskritischen Kennzahlen- und Indikatorenset für die Unternehmensentwicklung • Verantwortliche festlegen zur Generierung der Kennzahleninhalte	Kennzahlen-»Denkrahmen« mit Einzelkennzahlen und Fit-Kennzahlen (zukünftig)
Schritt 6: Unternehmensentwicklung kontinuierlich durch Messung und Maßnahmen gestalten	• Vereinbarung Termin und Vorbereitung des nächsten Unternehmensentwicklungsnavigators • Festlegung der Verankerung von Messbarkeit der Unternehmensentwicklung im Unternehmen • Entscheidung über den Automatisierungsgrad (Apps, Häufigkeit, Darstellung) • Vereinbarung über den Teilnehmerkreis in der Zukunft • Termin Nachbetrachtung und Reflexion, Learnings aus dem Unternehmensentwicklungsnavigator	• Interventionsplanung zur Verankerung kontinuierlicher Messungen • Organisationsvorlage zukünftiger Messungen (Teilnehmerkreis, Termin für Reflexionsmeeting) • Anforderungen an strukturierten Fragebogen zur Bewertung der Leistungsfähigkeit (Qualitätsstufe 3)

Abb. 5: Sechs Schritte des Workshops im Überblick (eigene Darstellung)

Die dargestellten sechs Schritte sind aus sachlich-logischer und sozial-prozessualer Sicht verknüpft und führen in der konsequenten Anwendung zu den gewünschten Ergebnissen:

1. Mitarbeiter und Führungskräfte unterschiedlichster Abteilungen und Hierarchieebenen quer durch das Unternehmen verdichten ihre verschiedenen Perspektiven zu einer Perspektive und stellen gemeinsam die Leistungsfähigkeit des Unternehmens dar.
2. Die heutige unternehmerische Leistungsfähigkeit bezogen auf die Erreichung zukünftiger Ziele wird anhand von vier Unternehmensentwicklungsprozessen einfach und transparent in einem Unternehmensentwicklungsindex zusammengeführt.
3. Gemeinsam sind Maßnahmen zur mittel- bis langfristigen Steuerung der unternehmerischen Entwicklung identifiziert, welche die Leistungsfähigkeit strategisch erhöhen und die Umsetzung der Geschäftsstrategie sicherstellen.

Die sechs Schritte können mit den im Folgenden dargestellten Werkzeugen und aus den bereits gemachten Erfahrungen von Unternehmen selbstständig durchgeführt werden. Die Werkzeuge sind selbsterklärend, werden in den anschließenden Kapiteln mit weiterem, tiefer gehendem theoretischem Wissen untermauert und stehen elektronisch zum Download zur Verfügung. So können Agendavorschläge schnell mit dem eigenen Unternehmenslogo versehen und genutzt werden.

2.3 Workshopschritte im Detail — Werkzeuge und Erfahrungen

Der Workshop Unternehmensentwicklung bedarf einer guten Vorbereitung, die in den Schritten 1 und 2 im Folgenden erläutert wird.

2.3.1 Schritt 1: Arbeitsfähigkeit herstellen

Im Rahmen dieses ersten Schrittes gilt es, insbesondere den Auftrag und die Zielsetzung, die mit der Durchführung des Workshops erreicht werden soll, mit dem Auftraggeber abzustimmen. Dazu zählt u. a. die Einordung und Beschreibung des Kontextes, in dem agiert werden soll, die Erarbeitung eines »Vertrags« im Hinblick auf Ziel und Inhalt des Unternehmensentwicklungsprozesses sowie die Rollendefinition der beteiligten Personen. Den Auftrag und das Ziel genau zu fassen und zu vereinbaren, ist für das Gelingen des Prozesses wesentlich:

> *»Denn der Fehler liegt im Anfang, und der Anfang, heißt es, ist die Hälfte des Ganzen, so dass also ein kleiner Fehler im Beginn entsprechend große Fehler im weiteren Verlauf zur Folge hat.«*[16]

Die folgenden Grundfragen sind zu Beginn eines Auftrages zu klären bzw. zu definieren:[17, 18, 19, 20]

Fragen hinsichtlich der Beraterauswahl (nur relevant, wenn mit externer Unterstützung gearbeitet wird):
- Warum kommt der Klient gerade zu mir, zu meinem Unternehmen?

16 Aristoteles (2006).
17 Vgl. u. a. Hauser, E. (2007), S. 6f.; Niedereichholz, C. (2001), S. 192ff.; von Schlippe, A./Schweitzer, J. (2007), S. 127ff.; Gellert, M./Nowak, C. (2007), S. 280ff.; Seliger, R. (2006), S. 94ff.
18 In der Klarheit eines Kontrakts sehen Königswieser und Hillebrand einen wesentlichen Erfolgsfaktor der systemischen Beratung. Vgl. Königswieser, R./Hillebrand, M. (2007), S. 44f.
19 Vgl. Migge, B. (2005), S. 91ff. und S. 360ff.
20 Vgl. Berndt, C./Bingel, C./Bittner, B. (2007), S. 6 ff.

- Wer bin ich als Berater für den Klienten?
- Welches Image habe ich bzw. hat mein Unternehmen für den Klienten?
- Was bedeutet die Beraterwahl im Hinblick auf die Problemsicht?

Fragen hinsichtlich des Auftraggebers:
- Wer hatte die Idee, den Prozess zu initiieren?
- Wie haben die Beteiligten darauf reagiert?
- Was sind die Folgen einer erfolgreichen bzw. nicht erfolgreichen Unternehmensentwicklung?

Fragen zu Vorerfahrungen:
- Was wurde schon unternommen, um das Problem zu lösen (nicht zu lösen)?
- Was musste ich tun, um ähnliche (schlechte) Erfahrungen zu machen?
- Gibt es gleichzeitig andere Berater?
- Welche Erfahrungen hat das Unternehmen mit derartigen Unternehmensentwicklungsprozessen gemacht?

Fragen zur Zeitdimension:
- Was veranlasst das Unternehmen, gerade jetzt einen derartigen Prozess zu starten (und nicht früher oder später)?
- Gibt es einen aktuellen Anlass für den Prozessstart?
- Wie lange soll der Prozess dauern und wie intensiv soll dieser sein?

Fragen zu den Zielen[21]:
- Wer will mit wem wohin?
- Wie soll der Zustand am Ende der Beratung aussehen?
- Was wäre ein gutes bzw. schlechtes Ergebnis?
- Wie lässt sich das Ziel konkretisieren?
- Was wird das Unternehmen nicht mehr haben, nicht mehr tun können, wenn es sein Ziel erreicht hat?
- Wer wird woran erkennen, dass das Ziel erreicht worden ist?
- Wie kann sich das Unternehmen bei der Zielerreichung hindern? Gibt es noch Erwartungen anderer oder besteht Übereinstimmung?

Fragen zu den Erwartungen (nur relevant, wenn mit externer Unterstützung gearbeitet wird):
- Welches Bild von Beratung hat der Auftraggeber, das Klientensystem?
- Was wird unter »Beratung« verstanden?
- Welche Rolle[22] (z. B. Prozessbegleiter, Moderator oder Experte) ist vom Berater einzunehmen?

21 Ziele sind spezifisch, messbar, aktionsorientiert, realistisch sowie terminiert zu formulieren. Zu den Kriterien zur Formulierung von Zielen vgl. Schwing, R./Fryszer, A. (2007), S. 148ff.

22 Unter der Rolle wird die Gesamtheit der Verhaltenserwartungen, die in eine Person gesetzt wird, verstanden. Vgl. Schwan, K./Seipel, K. (2002), S. 211ff.

Fragen zur Administration:
- Wer berichtet an wen?
- Welche Meetings oder Workshops finden statt?
- Teilnehmerkreis der Meetings oder Workshops?

Zur besseren Einordnung des Kontextes des Unternehmens (z. B. Veränderungsnotwendigkeit und Veränderungsfähigkeit) hat sich die in Abb. 6 dargestellte Landkarte bewährt:

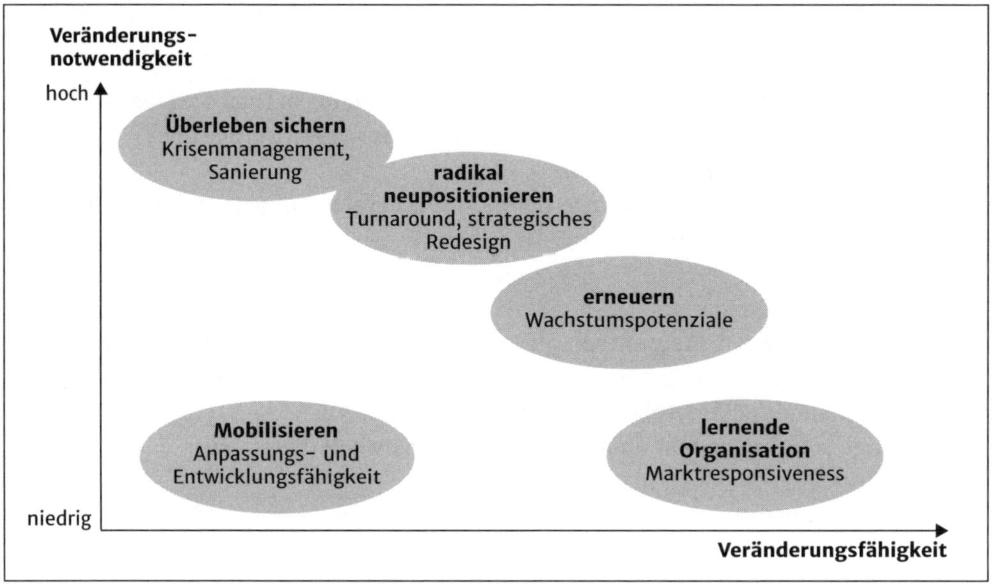

Abb. 6: Change-Landkarte (nach Heitger u. Doujak, 2002, S.28)

Es macht für die Gestaltung des weiteren Prozesses einen Unterschied, ob sich das Unternehmen in einer Überlebenskrise befindet oder sich aus einer gesicherten Position heraus »präventiv« (i. S. einer lernenden Organisation) weiterentwickeln möchte.

Die Mitglieder des Projektteams und damit auch die Teilnehmer am gesamten Prozess lassen sich z. B. mithilfe des »Kapitalformenmodells« bestimmen bzw. auswählen. Das Team sollte sich aus Menschen mit folgendem »Kapital« zusammensetzen:
- Sozialkapital: Personen mit einem guten Netzwerk,
- Wissenskapital: Personen mit guten Fachwissen und Know-how,
- Handlungskapital: Praktiker und Personen, für die Meetings etc. eine Qual sind,
- Entscheidungskapital: Personen mit Entscheidungsmacht, Topmanagement, Management.

In der Praxis können relevante Personen durchaus mehrere Kapitalformen in sich vereinen. Wichtig bei der Zusammenstellung des Teams ist, dass dieses einen Mikrokosmos des Unternehmens darstellt, um möglichst viele Sichtweisen im gesamten Prozess abdecken zu können.

Zum Ende dieses Schritts gilt es, die weitere Vorgehensweise abzustimmen (z. B. Terminierung Initialmeeting) und die entsprechenden Vorbereitungen (z. B. Einladungsschreiben erstellen) zu initiieren.

Der Workshop »Unternehmensentwicklung« mit seinen verschiedenen Schritten ist in ein bestehendes Umfeld eingebettet. Demnach umfasst die Gestaltung des Unternehmensentwicklungsprozesses (i. S. eines Projektes) neben der inhaltlichen Arbeit auch die Gestaltung der Stakeholder- bzw. Umfeldbeziehungen zu den relevanten Personen, Teams oder Organisationen. Die (Projekt-)Umfeld-Analyse als Instrument hilft, diese Beziehungen sichtbar zu machen, um in einer frühen Phase die Vernetzungen besser zu verstehen und gestalten zu können.

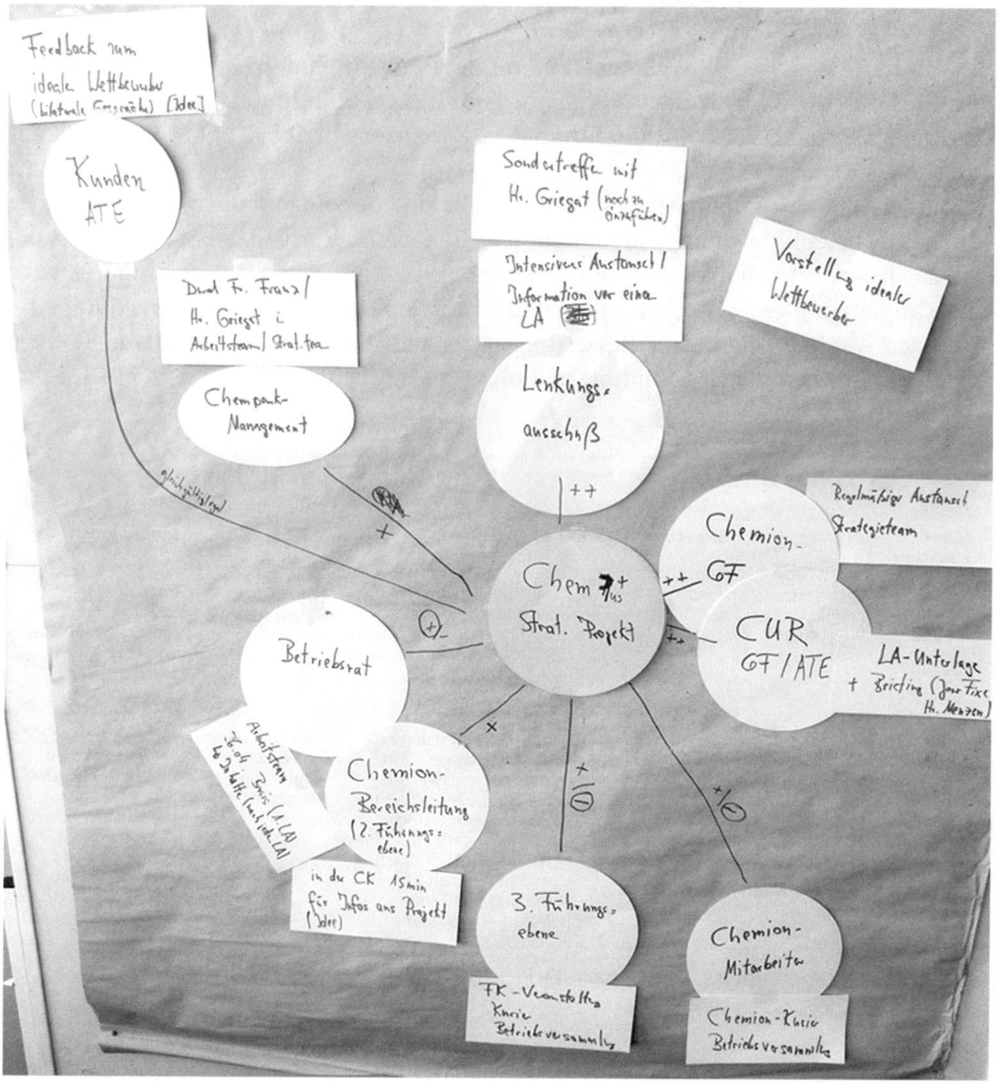

Abb. 7: Beispiel für eine (Projekt-)Umfeld-Analyse (eigene Darstellung)

Der Ablauf der (Projekt-)Umfeld-Analyse

1. Thema »Unternehmensentwicklung« in der Mitte des Blattes beschreiben,
2. relevante Umwelten auflisten, d. h. wichtige Abteilungen, Personen etc.,
3. relevante Umwelten skizzieren, differenziert nach
   - der Bedeutung für das Projekt (Größe der Kreise),
   - der Nähe zum Projekt (Distanz in der Darstellung),
4. Beziehungen zwischen den Umwelten und dem Projekt aus Sicht der jeweiligen Umwelt beschreiben (+ bzw. ++ = positive Erwartungen; – bzw. –– = Befürchtungen; –+ / – bzw. 0 = ambivalent bzw. neutrale Erwartung),
5. Ergebnisse reflektieren und die kritischen Erfolgsfaktoren mit dem Auftraggeber besprechen sowie Maßnahmen zur weiteren Arbeit entwickeln.

Die skizzierte Analyse sollte gemeinsam mit dem Projektteam im Rahmen des Initialmeetings durchgeführt werden. Als Zeitbedarf sind ca. 60 Minuten zu veranschlagen. Das Ergebnis einer (Projekt-)Umfeld-Analyse könnte wie in Abb. 7 auf S. 19 dargestellt aussehen.

Die Auswahl der Mitglieder des Projektteams und derjenigen, die am Prozess aktiv oder passiv beteiligt werden sollten, hängt auch insbesondere von der Stakeholderanalyse ab. In der Stakeholderanalyse werden einzelne Personen analysiert und es wird eine Abschätzung getroffen, wie sie in den Workshop Unternehmensentwicklung eingebunden werden sollen. Eine Bewertung unterschiedlicher Rollen im Rahmen eines Beispielprojekts ist in den Abbildungen 8 und 9 zusammengestellt, eine mögliche Auswertung in Abb. 10.

Stakeholderanalyse – Beispielprojekt »Digitale Weiterbildung«						
Name, Funktion	**Auftrag, Ziele**	**Bewertung (Stärke)**		**Chancen, Interessen**	**Risiken, Konfliktpotenziale**	**Maßnahmen**
Unternehmensführung	unterstützt Projekt, hoher Projektnutzen	Interesse: hoch	Einfluss: hoch	möchte Personalentwicklung fördern und umfassende, fortlaufende Mitarbeiterqualifizierung sicherstellen Kostenersparnisse	hohe Erwartungshaltung	fortlaufende Information über Projektergebnisse und Projektfortschritte
Leiter der Fachabteilungen	effiziente und effektive Arbeit in den einzelnen Funktionsbereichen	Interesse: vermutlich vorhanden	Einfluss: hoch	höhere Qualifizierung der Mitarbeiter führt zur Leistungssteigerung bei der Sachbearbeitung, weniger Fehlzeiten und geringere Weiterbildungskosten durch externe Präsenzweiterbildung, Instrument der Mitarbeiterbindung	Unsicherheit über den Nutzen von Onlineweiterbildungen	Informationsgespräche mit den Abteilungsleitungen, vertrauensbildende Maßnahmen durch gemeinsames Treffen und laufende Information

Abb. 8: Stakeholderanalyse Teil 1 (nach Litke, 2005)

Stakeholderanalyse – Beispielprojekt »Digitale Weiterbildung«

Name, Funktion	Auftrag, Ziele	Bewertung (Stärke)		Chancen, Interessen	Risiken, Konfliktpotenziale	Maßnahmen
betroffene Sachbearbeiter in den Fachabteilungen	hervorragende Arbeitsleistungen erbringen	Interesse: muss geweckt werden	Einfluss: mittel	neue Möglichkeiten der Weiterbildung eröffnen neue Qualifizierungschancen, Mittel zur Aktualisierung von Wissensbeständen (individuell, kollektiv), Individualisierung von Lerntempo und Lernort	technische Voraussetzungen müssen gegeben sein, Interesse wahrscheinlich sehr unterschiedlich, auch Hemmschwellen denkbar	Information und Schulung, Vorteile der neuen Möglichkeiten des E-Learning darstellen, Anforderungen abfragen
Personalabteilung	Personalmanagement und Personalentwicklung	Interesse: hoch	Einfluss: mittel bis hoch	besondere Profilbildung für die Personalentwicklung, effizientes Instrument der Personalentwicklung	Unsicherheit, was das Projekt bringt	vertrauensbildende Maßnahmen, enge Kooperation suchen, Vorteile darstellen
Betriebsrat	Chancengleichheit sämtlicher Mitarbeitergruppen, Sicherheit und Datenschutz (»wer darf welche Daten sehen?«), Verwendung und Kontrolle der Lernergebnisse	Interesse: hoch, da Personalentwicklung unmittelbar betroffen	Einfluss: mittel bis hoch	Information und Einwilligung der Mitarbeiter	Mitbestimmungspflicht bei Mitarbeiterqualifizierung, Arbeitszeitenausgleich und Überstundenregelung, Rationalisierungseffekte und Stellenabbau	Einbezug bei bestimmten Entscheidungen und Information über Projektfortschritte

Abb. 9: Stakeholderanalyse Teil 2 (nach Litke, 2005)

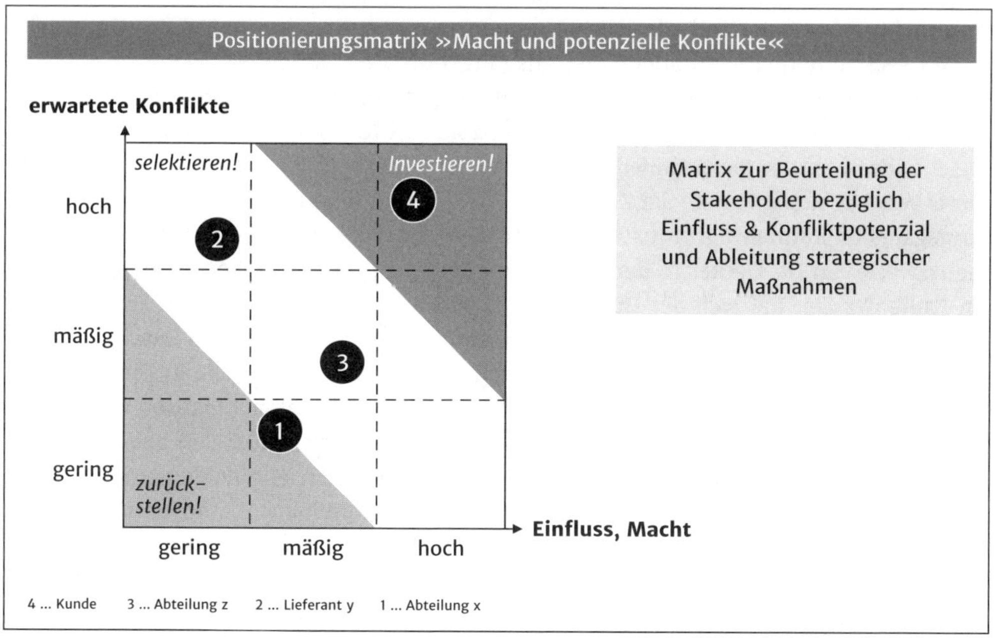

Abb. 10: Auswertung einer Stakeholderanalyse (nach Patzak u. Rattay, 2004)

Das Team wird zunächst mit Führungskräften besetzt, die aufgrund ihrer hierarchischen Stellung im Unternehmen zur Teilnahme verpflichtet sind. Darüber hinaus wird die Stakeholderanalyse etwaige erfolgskritische Mitarbeiter im Unternehmen identifizieren, deren Mitwirkung bei der Gestaltung der Unternehmensentwicklung eine große Hilfe ist. Damit können sowohl »Störer« und »Negativdenker« besser verstanden und von Beginn an mit in den Prozess einbezogen werden als auch weitere positive Denker, die sich nicht über ihre hierarchische Stellung, aber über ihre besondere Art und Weise in der inhaltlichen oder sozio-emotionalen Zusammenarbeit eine besondere Stellung erarbeitet haben.

2.3.2 Schritt 2: Gemeinsam ins Handeln kommen

Nachdem die Arbeitsfähigkeit in Schritt 1 hergestellt worden ist, wird nun ein gemeinsamer Weg gefunden, um ins Handeln zu kommen. Ziel ist es, gemeinsam das Workshopkonzept zur Messung der Leistungsfähigkeit von Organisationen und damit zur Steuerung der Unternehmensentwicklung kennenzulernen. Gleichzeitig soll eine Bearbeitungsarchitektur entwickelt werden, d. h., es müssen Aufgaben und Zuständigkeiten für das weitere Vorgehen verteilt werden.

Als Methode bietet sich ein Initialmeeting an, zu dem alle Beteiligten eingeladen werden. Dabei werden zunächst das »Warum« i. S. des »case for action«, die Zielsetzung, das Modell und die Prinzipien des Navigators vorgestellt bzw. besprochen. Im nächsten Schritt werden dann ein Unternehmenszweck und eine Vision entwickelt. Hierzu kann an die systemische Sichtweise angeknüpft werden. Was gehört alles zum Unternehmen, welche Teile des Unternehmens wollen wir betrachten? Der Unternehmenszweck und die Vision bilden den Ausgangspunkt des Modells.

Dazu ist es hilfreich, wenn die Geschichte der Organisation bzw. des Unternehmens kurz reflektiert wird. Aus den Anfängen lassen sich oft Ideen und Vorstellungen ableiten. Welche Ideen hatten die Gründer? Wie wurde der Unternehmenszweck zu Beginn definiert? Was hat sich im Laufe der Zeit verändert? Wie wurde mit Veränderungen der Vision umgegangen? Können ggf. Muster erkannt werden? Zu Beginn lag z. B. der Unternehmenszweck von Dr. Oetker in der Herstellung von qualitativ hochwertigem Backpulver. Im Laufe der Zeit hat sich der Unternehmenszweck mehrmals verändert. Heute ist Dr. Oetker ein international agierender Industriekonzern mit verschiedenen Geschäftsbereichen von Schifffahrt über Nahrungsmittel bis zu Finanzen und Chemie. Die Entwicklungsgeschichte sollte in einen für einen Zeitraum von ca. fünf bis acht Jahren schlüssigen zukünftigen Existenzgrund münden. Die Nachvollziehbarkeit von Zielen und Zweck des Unternehmens ist Basis für die Anwendung des Unternehmensentwicklungsnavigators.

Nach dem Initialmeeting haben die beteiligten Personen ein Grundverständnis des Unternehmensentwicklungsnavigators entwickelt und kennen die Struktur des Workshops Unternehmensentwicklung. Zugleich sind die Prozess- und Beteiligungsstrukturen festgelegt worden.

Die Agenda des Initialmeetings (8.30 bis 12.30 Uhr inkl. eines gemeinsamen Mittagessens) umfasst die Bausteine Fokussierung auf das Thema Unternehmensentwicklung, Kennenlernen des Unternehmensentwicklungsnavigators, Verstärkung des Teambuilding und Vorbereitung des Workshops Unternehmensentwicklung. Optimal ist ein Tagesmeeting von 8 bis 16 Uhr, dessen Organisation in der Praxis jedoch ein großes Problem sein kann. Im Detail sollte der Workshop gemäß der in Abb. 11 dargestellten Agenda (Tagesordnungspunkte — TOPs) ablaufen.

Agenda Initialmeeting, 8.30–12.30 (inkl. gemeinsames Mittagessen)

Zeitbedarf		Inhalt	Wer/Moderation?
15'	1	Begrüßung und Vorstellung der Teilnehmer	Geschäftsführung
30'	2	Vorstellung Zielsetzung und Ablauf »Workshop Unternehmensentwicklung«	Projektleiter/ Externer
30' (20/10)	3	Unternehmensentwicklung als Thema: Erfahrungen, Erwartungen, Erfolgsfaktoren	Gruppenarbeit/ Plenum
45'	4	Strategiepyramide und Unternehmensentwicklungs-navigator im Detail	Projektleiter/ Geschäftsführung
Pause 15'			
30'	5	Teambuilding (optional; Insights-Kartenspiel oder andere Methoden)	alle/Moderation
45'	6	gemeinsame Vorbereitung des Workshops Unternehmensentwicklung Prozessverantwortliche für die Unternehmensentwicklung benennen, Istkennzahlen gemäß Vorlage erfassen, Kurzvorträge vorbereiten, Interviewleitfaden vorbereiten	alle/Moderation
15'	7	weiteres Vorgehen, Feedback und Verabschiedung	Geschäftsführung
gemeinsames Mittagessen 30'			

Abb. 11: Agenda des Initialmeetings (eigene Darstellung)

TOP 1: Begrüßung und Vorstellung der Teilnehmer

Die Geschäftsführung übernimmt unter TOP 1 die Einführung in das Thema und erläutert die Wichtigkeit von neuem Denken und die Weiterentwicklung der Organisation mit neuen kreativen Ideen. Der Führungsmodus Explore (Experimentieren, Entdecken, Erneuern) wird hier zunehmend herausgestellt, da sich Organisationen in den meisten Fällen mehr im Führungsmodus Exploit (Effizienz-, Qualität-, Kostenoptimierung) anstatt Explore befinden. Auch die Anwendung des Unternehmensentwicklungsnavigators ist stärker auf den Explore- als auf den Exploit-Modus ausgerichtet. Die Führungskräfte sollen mit dem Navigator angeregt werden zu experimentieren. Der Dialog soll die Führungskräfte und Mitarbeiter zu neuen Ideen der Unternehmensentwicklung führen.

Es sollte ein kurzes Kennenlernen der Workshopteilnehmer untereinander stattfinden. Als erfolgreiche Methode hat sich das Hashtagging bzw. Line-up entwickelt. Beim Hashtagging stellt man sich persönlich anhand von drei Hashtags bzw. Schlagworten kurz vor.

TOP 2: Vorstellung Zielsetzung und Ablauf des Workshops Unternehmensentwicklung
Die in Abb. 12 zusammengefassten Folien können als Einführung in die Thematik im TOP 2 genutzt werden. Die Folien beschreiben die grundsätzlichen Herausforderungen von Unternehmen. Aus diesen Herausforderungen ergeben sich ein weiterentwickelter Anspruch zur Steuerung der Entwicklung von Unternehmen und damit auch ein veränderter Anspruch an die Messung der Leistungsfähigkeit von Organisationen. Die folgenden Punkte sollten adressiert werden:

a) Unternehmen im Markt und resultierende Entwicklung in Unternehmen,
b) Herausforderungen in Bezug auf die langfristige, vorausschauende Unternehmensentwicklung,
c) Kernaussagen zur Steuerungsfähigkeit von Unternehmen,
d) Umgang mit Komplexität, Dynamik, Unsicherheit, Risiko, Zukunft.

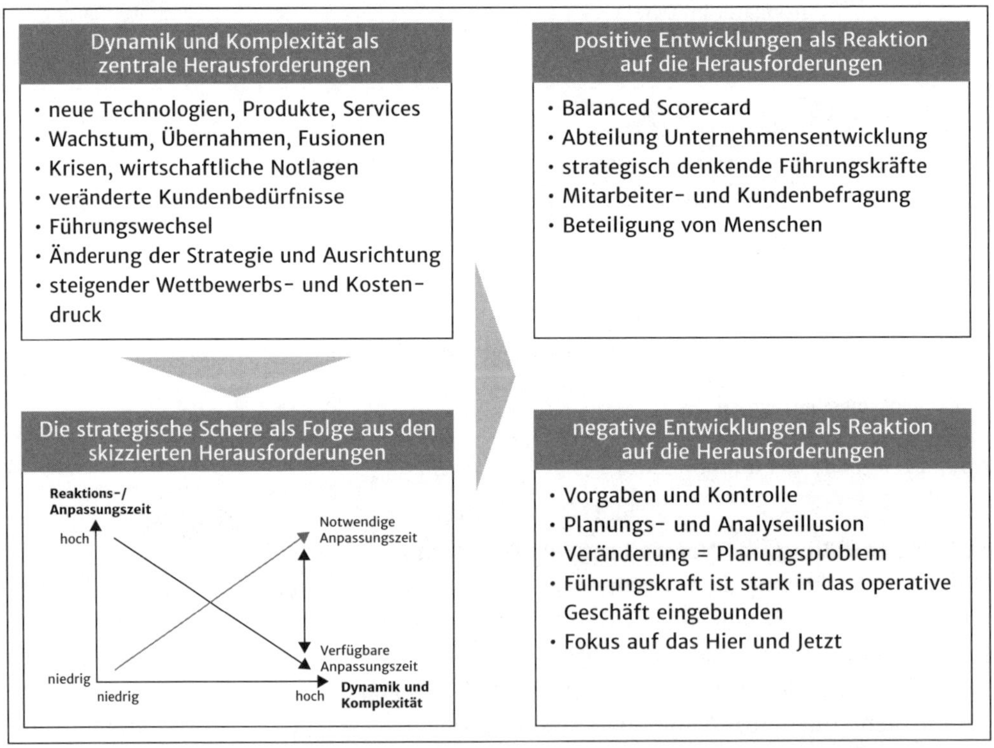

Abb. 12: Dynamik, Komplexität und Anpassungsverhalten in der Unternehmensentwicklung (eigene Darstellung)

Die substanziellen Veränderungen lassen sich natürlich im Umfeld der Organisation finden wie veränderte Kundenanforderungen und Wettbewerbssituationen, kürzer werdende Innovationszyklen, höhere Sensibilität der Kunden und extreme Transparenz zu Preisen oder auch Art und Weise der Herstellung und Vermarktung der Produkte. Aber auch im Innenverhältnis verändern sich mit neuen technologischen Möglichkeiten wie Digitalisierung oder Industrie 4.0, stetigem Wechsel von Führungskräften oder Veränderungen der Mitarbeiter der Generation Y einige Anforderungen an die Führung von Unternehmen.

Die strategische Schere setzt die Führungskräfte in vielen Branchen unter Druck, indem sich die Organisationen an sich verändernde Umwelten schneller anpassen müssen, die Reaktionszeit sich aber aufgrund der erhöhten Dynamik stetig verringert. Schnellere Entscheidungen werden also notwendig. Basis von Entscheidungen ist die beste Informationslage, die sich eine Führungskraft in der zur Verfügung stehenden Zeit erarbeiten kann. Dazu muss sie schnell das vorhandene Wissen aller entscheidenden Führungskräfte im Unternehmen konsolidieren und aufbereiten. Der Unternehmensentwicklungsnavigator unterstützt diese Aufgabe.

Zusätzlich haben Unternehmen gewisse Charakterzüge etabliert, die in Abb. 13 zusammengefasst sind. Die Unternehmen sind unglaublich zahlengläubig, unabhängig davon, wie die Zahlen entstanden sind, und die Unternehmen extrapolieren die Ver-

Weitere zentrale Herausforderungen in den Unternehmen

- Zahlengläubigkeit: Alles was messbar ist, ist klasse!
- von Mittelfristplanung zu Mittelfristplanung
- fehlendes Bewusstsein über unterschiedliche Sichtweisen im Team
- Beharrungsvermögen von Systemen
- rückwärtsgerichtete, vergangenheitsorientierte Planungen
- Erfolge der Vergangenheit werden in die Zukunft extrapoliert
- Fokus auf Negatives, Fehler, nicht erreichte Ziele, Pläne etc.
- »Einheitenentwicklung« statt Blick für das Ganze
- Unternehmensentwicklung wird an Stäbe oder Fachabteilungen und Externe verlagert
- starker Fokus auf Finanzen und Prozesse
- Das Unternehmen als »Maschine« → Vorgabe und Kontrolle

Wie reagieren viele Unternehmen auf diese Herausforderungen?

operative Hektik

Einzelkampf

Abschottung... oder

... mehr Kraft zur Erzielung des unbekannten Zieles

Abb. 13: Herausforderungen der Unternehmensentwicklung (eigene Darstellung unter Verwendung eines Cartoons aus Höfler u. a., 2014, ©ICG Integrated Consulting Group) hältnisse der Vergangenheit von Mittelfristplanung zu Mittelfristplanung in die Zukunft. Anstatt am System zu arbeiten — dazu müssten die Führungskräfte in eine Flughöhe aufsteigen, aus der sie auf das Unternehmen als Ganzes schauen können — arbeiten sie umso tatkräftiger im System.

Dies bewirkt, dass Unternehmen stärker Teile ihres Unternehmens analysieren und sich dadurch die Möglichkeit nehmen, zukunftsgerichtet Chancen zu entdecken, anstatt ausschließlich die Probleme der Vergangenheit zu bewältigen. Der Unternehmensentwicklungsnavigator erzeugt in jedem Fall die Möglichkeit, das Unternehmen als Ganzes aus großer Flughöhe zu betrachten.

Die Messung der organisationalen Leistungsfähigkeit mit dem Unternehmensentwicklungsnavigator ist der Wartungsvertrag für die Organisation. Die Mitarbeiter der Unternehmen gehen regelmäßig zur Vorsorge zum Arzt, für die Technik gibt es selbstverständlich Wartungsverträge und Instandhaltungspläne — den Wartungsvertrag für das Unternehmen und dessen Entwicklung hat das Unternehmen bisher nicht abgeschlossen. Dieser Wartungsvertrag wird mit der regelmäßigen Prüfung der organisationalen Leistungsfähigkeit und damit der Sichtung des Unternehmens aus ausreichender Entfernung als Ganzes in seiner kompletten Komplexität abgeschlossen.

Es gilt, die positive Komplexität zu bewältigen, und nicht zu versuchen, diese krampfhaft zu reduzieren. Negative Komplexität kann und muss reduziert werden. Negative Komplexität entsteht dort, wo Produkte in einem Markt vertrieben werden, wo allein die Marktzugangskosten den Deckungsbeitrag der in diesem Land verkauften Produkte übersteigen. Kunden, die einen höheren Aufwand produzieren und einen negativen Kundendeckungsbeitrag erwirtschaften, müssen eliminiert werden. Standorte, die langfristig nicht wettbewerbsfähig sein können, müssen eliminiert werden. Diese negative Komplexität muss identifiziert und reduziert werden. Das Internet als Kommunikationskanal zu verweigern, um die Komplexität gering zu halten, ist strategisch »unschlau« — der Kommunikationskanal ist positive Komplexität und muss gezielt eingesetzt werden. Wettbewerber aus Schwellenländern bedeuten eine erhöhte Komplexität, die das Unternehmen jedoch nicht ignorieren kann. Diese Komplexität sollte das Unternehmen mit einer Strategie der Kooperation oder Akquisition oder mit einer mittel- bis langfristigen, ethisch korrekten Überwältigung des Wettbewerbers meistern. Im Rahmen der Anwendung des Unternehmensentwicklungsnavigators kann diese negative Komplexität identifziert werden. Insbesondere ist hier den Anforderungen von Lattwein zu folgen: Die Erhöhung der Außenkomplexität durch den Markt muss sich in der Innenkomplexität einer Organisation widerspiegeln.[23]

Die Modelle zur Messung der organisationalen Leistungsfähigkeit und das Verständnis der Leistungsmessung haben sich in der jüngeren Vergangenheit nicht weiterentwickelt. Zahlreiche Unternehmen besitzen kein integriertes Ziel- und Kennzahlensystem, das sowohl zur Steuerung der strategischen Maßnahmen als auch zur Kommunikation zwischen den Führungskräften genutzt werden kann. In den meisten Fällen sind auch die vier Perspektiven der Balanced Scorecard stärker im Bereich der Finanzkennzahlen ausgeprägt als in den anderen Kennzahlenbereichen. Die vergangenheitsorientierten und

23 Lattwein, J. (2002), S. 198ff.

ergebnisorientierten Finanzkennzahlen sind in Unternehmen vorwiegend die Steuerungsgröße für die mittel- und langfristige Planung der strategisch wichtigen Initiativen. Die Entwicklung der Leistungsmessung ist in Abb. 14 zusammengefasst.

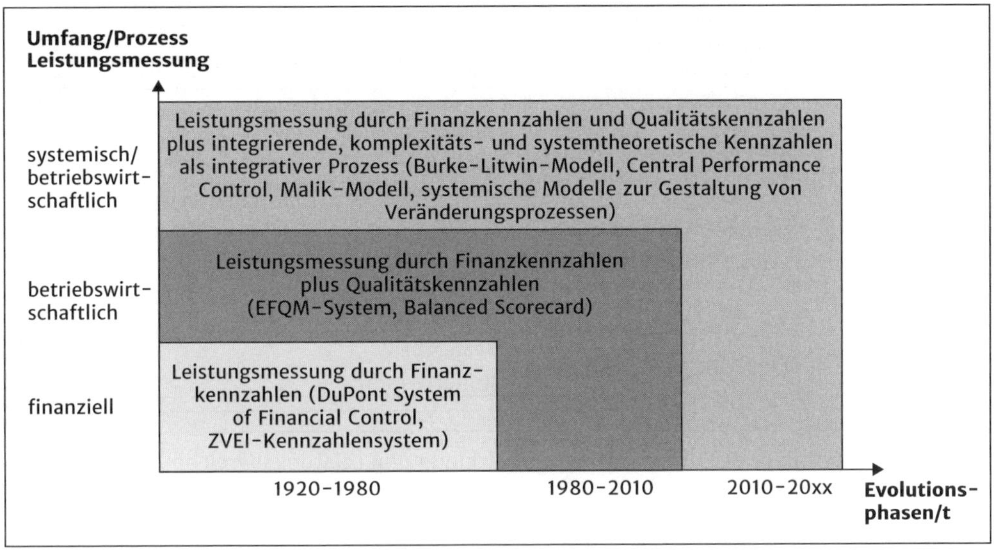

Abb. 14: Zukunft der Leistungsmessung in Organisationen (eigene Darstellung)

Die Zukunft der Leistungsmessung integriert verschiedene Kennzahlenbereiche des Unternehmens, ergänzt komplexitäts- und systemtheoretische Kennzahlen, gewichtet qualitativ messbare Leistungen gleich zu quantitativ messbaren und sieht nicht im Ergebnis der Kennzahlen, sondern in ihrer Entstehung und dem Dialog den Mehrwert. Dieses Verständnis wird erlangt, indem betriebswirtschaftliche und systemtheoretische Verständnisse von Organisationen verknüpft werden.

Dieses Verständnis führt dann zu einer Perspektive auf die Unternehmensentwicklung, die sich in vier Kernprozessen abbilden lässt. Diese vier Kernprozesse der Unternehmensentwicklung lassen sich mit zwölf Kennzahlenbereichen steuern und messbar machen (vgl. Abb. 15, S. 28). Damit erhält die Unternehmensentwicklung einen Maßstab in Form der organisationalen Leistungsfähigkeit, der sowohl qualitative als auch quantitative Messbereiche enthält. Die Messbereiche sind gemäß des systemischen Verständnisses nicht klar voneinander abzugrenzen, sondern ergänzen und bedingen sich gegenseitig. Dies führt zur Notwendigkeit, auch Leistungskennzahlen im Unternehmensentwicklungsnavigator zu verankern, die als sogenannte Fit-Kennzahlen diese Abhängigkeit zwischen Leistungsbereichen bewerten.

Der Unternehmensentwicklungsnavigator (vgl. Abb. 16, S. 28) stellt in der Zusammenfassung die Leistungsfähigkeit in den Leistungsdimensionen und die gesamte Leistungsfähigkeit in Bezug zum gemeinsam festgelegten Unternehmenszweck als »Füllstände« oder »Gradmesser« dar. Durch das einfache Abtragen von grünen, gelben und roten Bereichen wird schnell deutlich, wie gut die Leistungsfähigkeit aus Sicht der Teilnehmer in den einzelnen Leistungsbereichen und auf Gesamtunternehmensebene ist.

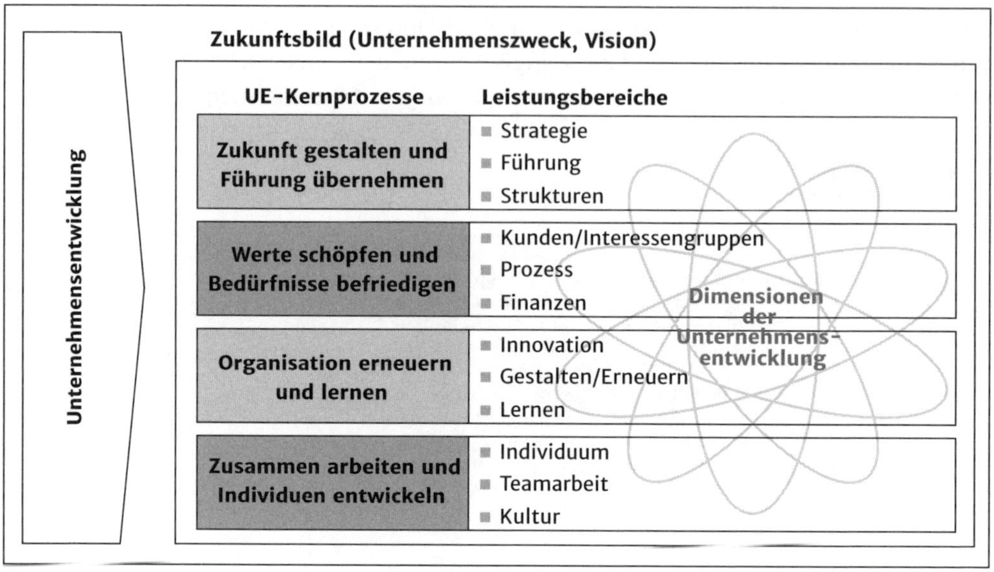

Abb. 15: Kernprozesse der Unternehmensentwicklung und Leistungsbereiche (eigene Darstellung)

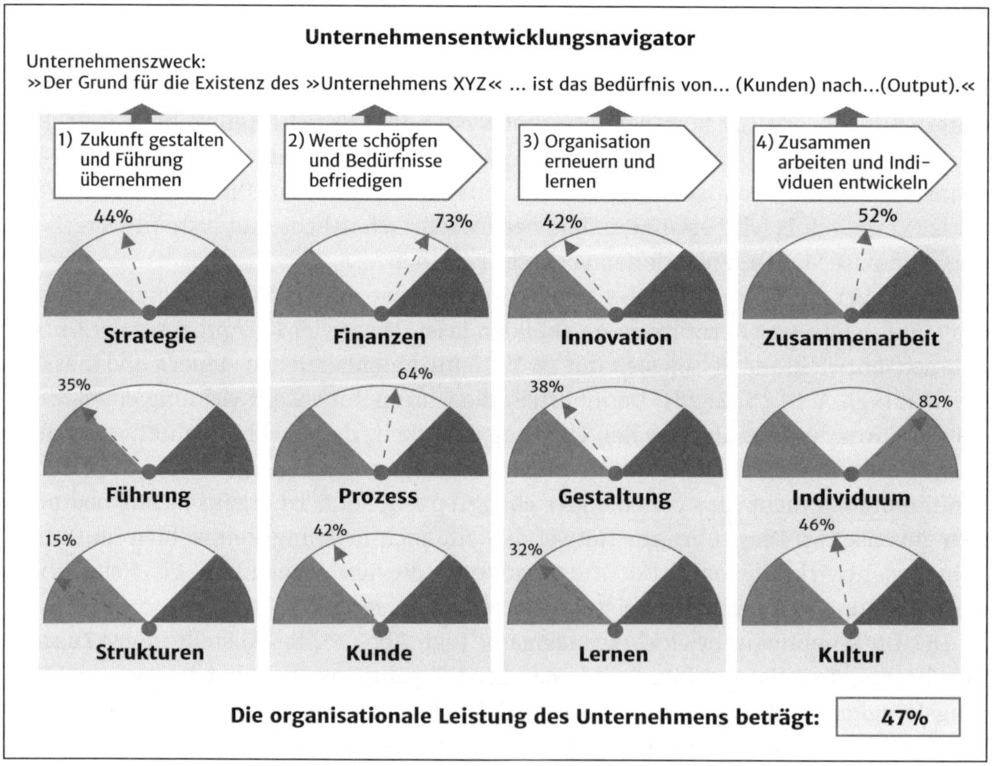

Abb. 16: Der Unternehmensentwicklungsnavigator (eigene Darstellung)

Das Modell ermöglicht die Betrachtung der Organisation mit zwölf unterschiedlichen Brillen. Für die Sicherung der Überlebensfähigkeit von Organisationen sind die zwölf Dimensionen und deren Verknüpfung untereinander relevant. Möglich ist auch die Darstellung mit einer individuell für das Unternehmen angefertigten mobilen App (vgl. Abb. 17), die ihren Einsatz in einem großen Beratungsunternehmen zur Steuerung des Veränderungsprozesses gefunden hat.

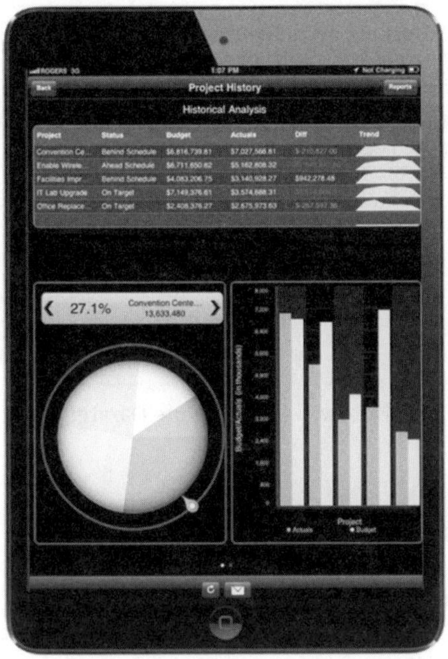

Abb. 17: Der Pulse Checker der P3-Group als Beispiel für die digitale Messung der Leistungsfähigkeit von Organisationen

Für die Darstellung im Initialmeeting wird der Einsatz von Postern auf DIN-A0 empfohlen, die im Workshopraum ausgestellt werden. Die Teilnehmer haben während der Vorträge des Initialmeetings die Möglichkeit, die Poster intensiver zu sichten. Neben den Postern sind Flipcharts positioniert, die entstehende Fragen direkt aufnehmen und dokumentieren sollen. Die wichtigsten Folien des Initialmeetings werden ebenso auf DIN-A6-Karten laminiert und als Reminder-Set an alle Teilnehmer verteilt. Hier sind auch Verweise auf den Theorieteil verankert, um den Interessierten die Möglichkeit zu geben, sich tiefgehender zu informieren.

Zum Abschluss dieser Einleitung unter TOP 2 wird eine Kurzübersicht des Workshops Unternehmensentwicklung eingeblendet (vgl. Abb. 18, S. 30). Der Ablauf des Workshops wird kurz erläutert, erste Fragen werden beantwortet.

Der TOP 2 sollte insgesamt in 30 Minuten vom Projektleiter der Leistungsmessung und damit Verantwortlichen für den Workshop Unternehmensentwicklung in Kooperation mit dem externen Experten vorgestellt werden. In der Vorbereitung muss der Projektleiter vollumfänglich in das Thema eingeführt und vollständig von der Vorgehensweise und dem Ansatz überzeugt sein.

Agenda und Inhalt des Workshop Unternehmensentwicklung

Tag 1

- Begrüßung und Zielsetzung des Workshops, Stimmungsabfrage
- Impulsvortrag zum Unternehmensentwicklungsnavigator
- Kurzvortrag pro Unternehmensentwicklungskernprozess und Bewertung der Leistungsbereiche
- Impulsvortrag von Topperformern in ausgewählten Leistungsbereichen
- Bewertung der Fit-Kennzahlen und Verdeutlichung von Abhängigkeiten

gemeinsame Abendaktivität

Tag 2

- Review von Unternehmenszweck, strategischen Zielen und Geschäftsstrategie
- Verbesserung der Leistungsfähigkeit und Ergänzung von Kennzahlen im Navigator
- weiteres Vorgehen, Feedback und Verabschiedung

gemeinsames Mittagessen

Abb. 18: Agenda und Inhalt des Workshops Unternehmensentwicklung (eigene Darstellung)

TOP 3: Unternehmensentwicklung als Thema: Erfahrungen, Erwartungen, Erfolgsfaktoren

Der Austausch von Erfahrungen zum Thema Unternehmensentwicklung ist ein interaktiver Punkt. In Workshops ist der Wechsel zwischen Information und Kommunikation ein Erfolgsfaktor. In TOP 3 ist eine Gruppenarbeit vorgesehen, die sich den Erfahrungen, Erwartungen und Erfolgsfaktoren der Unternehmensentwicklung widmet. Die Gruppen werden gemäß »Abzählung« eingeteilt. Teilnehmer eines Initialmeetings setzen sich i. d. R. so zusammen, wie diese entweder zusammenarbeiten oder sich soziokulturell gut aufgehoben fühlen. In dieser Gruppenkonstellation entstehen dann oft auch immer die gleichen Gruppenergebnisse. Daher ist es sinnvoll, neue Gruppen zu bilden, die zu anderen Ergebnissen kommen. Dazu zählt der Moderator von 1 bis x, entsprechend der Anzahl der Gruppen, die er für die Gruppenarbeit benötigt. Es sollten nicht mehr als drei bis vier Teilnehmer in einer Gruppe sein. Er teilt jedem Teilnehmer eine Zahl zu und die Mitarbeiter mit derselben Zahl sind in einer Gruppe. Dadurch entstehen i. d. R. neue Gruppenkonstellationen.

In dieser neuen Gruppenkonstellation erhalten die Gruppen ihre Leitfragen, die zu beantworten sind. Für die Gruppenarbeit stehen den Gruppen 15 Minuten zur Verfügung. Zur effizienten Entwicklung von Arbeitsergebnissen sollten auch in solchen kleinen Gruppen die verschiedenen Rollen aufgeteilt werden (vgl. Abb. 19).

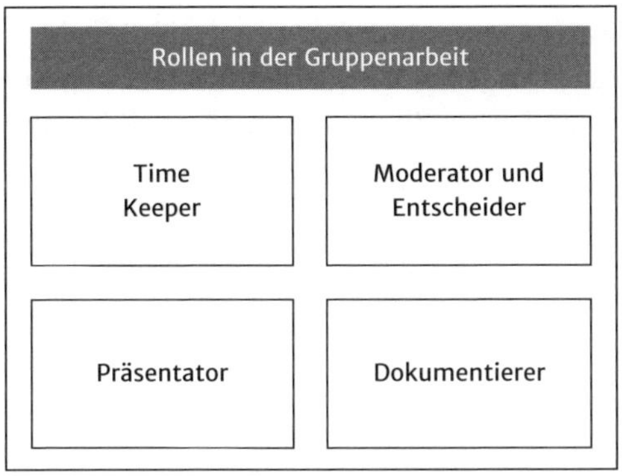

Abb. 19: Rollenaufteilung in der Gruppenarbeit (eigene Darstellung)

Diese vier Rollen können auch in Rollen-Dopplungen verteilt werden. Die Leitfragen sollten in jedem Fall vom Moderator schriftlich formuliert sein und werden den Gruppen an ihren Stehtischen ausgedruckt zur Verfügung gestellt. Der Grund hierfür ist: Gruppen vergessen von der Präsentation der Aufgabe im Plenum bis zur Arbeitsfähigkeit am Stehtisch die Aufgabe; es wird unnötige Unruhe erzeugt, indem einzelne Mitarbeiter die Aufgabe erneut hören möchten. Die schriftliche Bereitstellung verhindert auch unklare Aussagen des Moderators. Jedem ist damit in der Vorbereitung klar, was an diesem Punkt im Initialmeeting geschehen wird, und es entstehen keine unnötigen Überraschungen. Die Leitfragen für den TOP 3 sind:

LEITFRAGEN UND GRUPPENAUFGABE

Bitte tauschen Sie sich in Ihrer Gruppe zu Erfahrungen, Erwartungen und Erfolgsfaktoren der Unternehmensentwicklung aus.

1) Bitte notieren Sie auf zwei grünen Karten Ihre Erfahrungen mit Unternehmensentwicklungsprojekten in der Vergangenheit in diesem oder anderen Unternehmen.

- War das Unternehmensentwicklungsprojekt ein systematischer Prozess, etwas Aktives?
- War Unternehmensentwicklung für Sie etwas Hilfreiches und warum?
- Haben Sie bereits eine Messung der organisationalen Leistungsfähigkeit durchgeführt?

2) Bitte notieren Sie auf zwei gelben Karten Ihre Erwartungen an den Workshop Unternehmensentwicklung.

3) Bitte notieren Sie auf zwei blauen Karten die Faktoren für eine erfolgreiche Unternehmensentwicklung und Messung der organisationalen Leistungsfähigkeit.

Der Moderator prüft in den Arbeitsgruppen den Arbeitsfortschritt, erläutert ggf. die Aufgabenstellung erneut und steht für Rückfragen zur Verfügung. Er gibt keine inhaltlichen Hinweise und bringt auch seine persönlichen Erfahrungen und sein persönliches Wissen nicht in die Gruppenarbeiten mit ein. Die richtige Fragestellung ist das geeignete Interventionsinstrument zur Erzielung guter Gruppenergebnisse.

Nach 20 Minuten Gruppenarbeit werden die Karten vom Moderator an drei Metaplanwände geheftet (vgl. Abb. 20). Dazu fasst der Moderator erst die grünen »Erfahrungs«-Karten, dann die gelben »Erwartungs«-Karten und schließlich die blauen »Erfolgsfaktoren«-Karten zusammen.

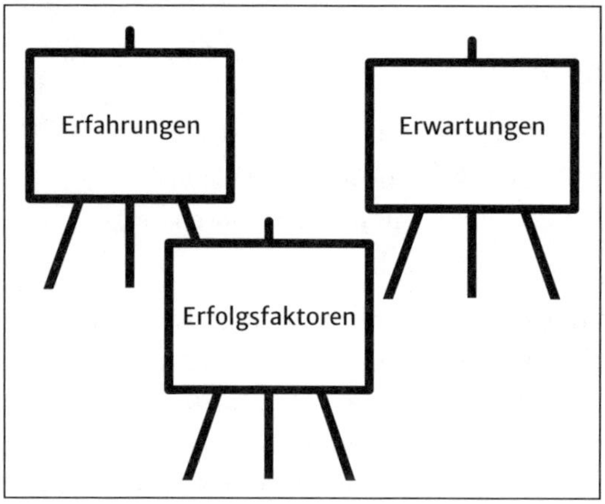

Abb. 20: Erfahrungen, Erwartungen, Erfolgsfaktoren der Unternehmensentwicklung (eigene Darstellung)

Erfolgskritisch für den Moderator ist, dass sich die Gruppen an die Maximalzahl von zwei Karten pro Themenbereich und Gruppe halten. In der kurzen Vorstellung der Karte und ggf. einer kurzen Erläuterung der Gruppe zur Karte gruppiert der Moderator die Karten zu Clustern, also gleichartigen Themengebieten. Damit entsteht für die Teilnehmer schneller ein klares Bild zu Erfahrungen, Erwartungen und Erfolgsfaktoren. Diese Inhalte werden in die Gestaltung des Prozesses, insbesondere des Prozesses nach dem Workshop Unternehmensentwicklung, eingebunden. Die Diskussion darf an diesem Punkt nicht ausufern. Der Moderator achtet auf ein striktes Zeitmanagement, um in zehn Minuten die Ergebnisse der Gruppen zusammengefasst zu haben.

TOP 4: Strategiepyramide und Unternehmensentwicklungsnavigator im Detail

In TOP 4 werden die Rahmenbedingungen und das strategische Fundament für die Leistungsmessung gelegt. Die heutige und zukünftige Leistung einer Organisation ist nur in Relation zu Zweck und Ziel der Organisation aussagekräftig. In den meisten Fällen sagt die Ausprägung einer Leistungskategorie in Form einer Kennzahl nur dann etwas aus, wenn sie in Relation zu etwas steht. Dies ist bei Finanzkennzahlen genauso wie bei einem Kulturindex. Natürlich gibt es eine gewisse Grundeinordnung, ob eine Kennzahl eher im guten oder eher im schlechten Bereich liegt. Eine Kennzahl EBIT-Marge mit einer Ausprägung von 8 % ist beispielsweise eine erst einmal grundsätzlich gute Ausprägung. In Relation zur Branche wird jedoch deutlich, wie gut oder schlecht diese Ausprägung wirklich ist: 8 % wären in der Logistik im Straßentransport für verpackte Ware eine sehr, sehr gute Ausprägung, die Pharmaindustrie wäre mit dieser Ausprägung sicherlich nahe einer Restrukturierung. Die Einordnung der Leistung sollte also immer im Kontext geschehen. Damit wird Leistung auch zu einer relativen Größe, obwohl oft absolute Größen gemessen werden.

Damit der gesamte Leistungsindex einer Organisation in Relation gestellt werden kann, müssen allen Teilnehmern des Workshops Unternehmensentwicklung die Zwecke und die Ziele des Unternehmens klar sein. Dies bedeutet hier: Im bestem Fall haben viele der Teilnehmer das zukünftige Bild des Unternehmens, den Zweck, die strategischen Ziele, das Geschäftsmodell und die Geschäftsstrategie, also den Weg zu den Zielen, selbst mitentwickelt. Klar sein bedeutet aber eben auch inhaltlich, dass alle Führungskräfte dieses zukünftige Bild des Unternehmens und die wichtigsten strategischen Initiativen, auf die sich das gesamte Unternehmen konzentrieren wird, in wenigen Sätzen und Folien einem Dritten homogen erläutern könnten. Diese Homogenität wird über Einzelinterviews geprüft, in denen kurze Stichworte zur Strategiepyramide (vgl. Abb. 21) abgefragt werden. In der Summe der Interviews müsste dasselbe Bild entstehen. Abweichungen in der Wahrnehmung sind dann Basis für strategische Diskussionen.

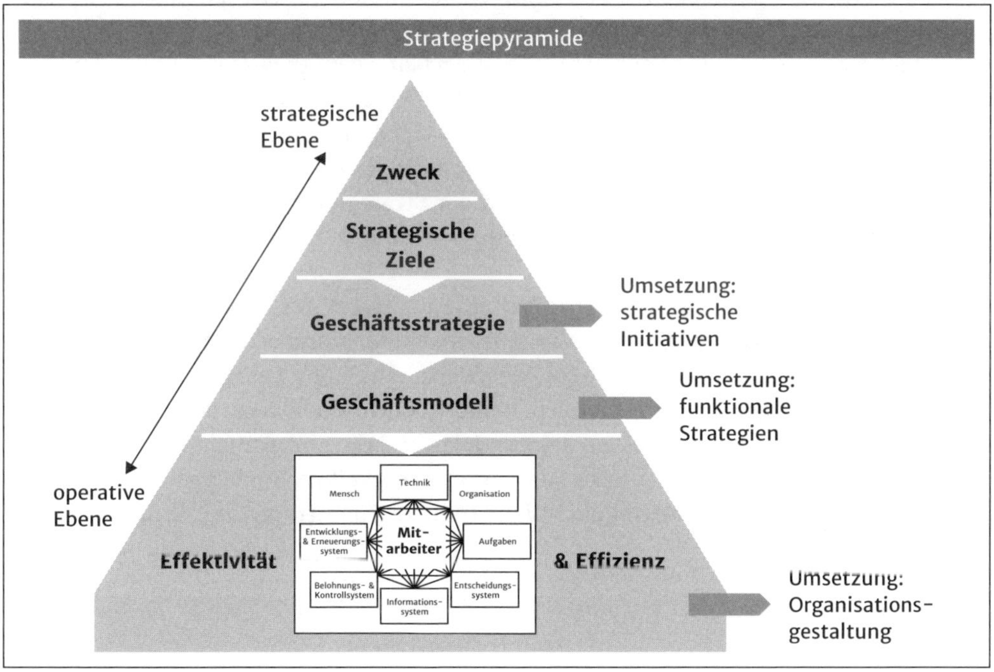

Abb. 21: Die Strategiepyramide (eigene Darstellung)

Die Strategiepyramide umfasst folgende Elemente:

- Zweck (»Existenzgrund«): Der Grund für die Existenz der Firma xxxx ist das Bedürfnis von »welchen Kunden« nach »welchen Leistungen bzw. Produkten« in »welcher Qualität« mit »welchen Fähigkeiten«,
- Strategische Ziele: Spezifisch, messbar, abgestimmt, realistisch, terminiert (also »smart«) für einen Zeitraum von drei bis sieben Jahren in unterschiedlichen Ziel-

segmenten (z. B. Umsatz, Ergebnis, Kosten, Mitarbeiterzufriedenheit, Innovationskraft, Teamentwicklung, Kulturindex),
- Geschäftsstrategie: Beschreibung des Wegs zu den strategischen Zielen wie Harmonisierung, Internationalisierung, Differenzierung, Restrukturierung mit klaren Inhalten,
- Geschäftsmodell: Detaillierte Beschreibung der sechs bis acht Submodelle Markt bzw. Kunden, Leistungsangebot, Leistungserstellung, Beschaffung, Distribution, Erlöse bzw. Kapital, Kernprozesse und Fähigkeiten.

Zur Vorbereitung auf das Initialmeeting ist es also notwendig, diese Strategiepyramide mit der Geschäftsführung und der Projektleitung der Leistungsmessung gemeinsam zu füllen. Oft existieren zahlreiche Unterlagen, da für verschiedene Veranstaltungen wie Vorstandssitzungen, Mitarbeiterversammlungen, Führungskräftetagungen im Laufe der Zeit unterschiedliche Dokumentationen entstehen. Teilweise liegen in der Praxis bis zu 2.000 Folien vor, die für immer unterschiedliche Zielsetzungen und Gremien dieselben Inhalte aus verschiedenen Perspektiven beschreiben. Nicht selten sind es jedoch nur Begrifflichkeiten, die den strategischen Managementprozess dann scheitern lassen, da diese zur Verwirrung bei den Mitarbeitern beitragen. In der Festlegung der Strategiepyramide geht es wirklich um jedes einzelne Wort. In Strategieprozessen wird oft um jedes einzelne Wort gekämpft und jedes abweichende Wort bringt die handelnden Führungskräfte wieder in eine neue Diskussionsrunde. Zu füllen bedeutet dann, dass sehr wenige Folien zu den einzelnen Ebenen der Strategiepyramide zusammengefasst werden müssen. Bestmöglich liegt pro Ebene eine Folie vor, die in Abb. 22 bis Abb. 25 als Template dargestellt sind.

Die Relation der Leistung der Organisation zum Zweck der Organisation ist für die Ableitung der Maßnahmen für die Unternehmensentwicklung erfolgskritisch und entscheidend. In der Leichtathletik ist beispielsweise eine hohe Laufgeschwindigkeit sicherlich ein wichtiger Leistungsbereich. Sollte jedoch der Zweck des Leichtathleten bzw. der Leichtathletin Kugelstoßen sein und das Ziel die Europameisterschaft im Kugelstoßen, wird der Leistungsbereich Laufgeschwindigkeit nicht maßgeblich zur Erfüllung von Zweck und Zielen beitragen. Auf die Industrie übertragen würde das bedeuten,

Unternehmenszweck

Der Grund für die Existenz des UNTERNEHMENS ist das Bedürfnis
- von der Kundengruppe A, Kundengruppe B und Kundengruppe C
- nach Produkten 1, Produkten 2 und Produkten 3
- mit der Unterstützung von Partnerfirmen im Kooperationsbereich X, im Kooperationsbereich Y und im Kooperationsbereich Z
- in einer Qualität Q1
- mit den unternehmerischen Fähigkeiten F1, den Fähigkeiten F2 und den Fähigkeiten F3
- zur Erreichung des Geschäftsziels Z1, des Geschäftsziels Z2 und des Geschäftsziels Z3

Abb. 22: Template Unternehmenszweck (eigene Darstellung)

Strategische Ziele					
Kostensenkung	**Effizienzsteigerung**	**Umsatzveränderung**	**EBIT-Marge**	**Mitarbeiterzufriedenheit**	**Innovationsrate**
Kompensation der Faktorkostensteigerung (ca. x Mio. €/p.a.)	Prozessoptimierung und Übertragung von Best-in-Class-Prozessen	Umsatzanteil Region 1 erhöhen: 20 %	Segment 1 mit 15 % in 2018	Verbesserung des Commitment-Index um 5 Punkte	3 neue Produkte pro Jahr
	Formulierung eines Kennzahlensystems (KPIs)	Umsatz durch internationales Geschäft x Mio. €/p.a	Segment 2 mit 12 % in 2018		1 Best-in-Class-Produkt alle 2 Jahre
		jährliche Umsatzsteigerung x %, entspricht ca. x Mio. p.a.			
Anforderungen an Ziele	spezifisch, messbar, aktionsorientiert und akzeptiert, realistisch, terminierbar (smart)				

Abb. 23: Template strategische Ziele (eigene Darstellung)

wenn ein Unternehmen eine Kostenführerstrategie anstrebt, um damit seinen Zweck zu erfüllen und seine Ziele zu erreichen, wird ihm eine hoch innovative Unternehmenskultur oder ein Portfolio an sehr flexibel-kreativ eingestellten Mitarbeitern nur bedingt helfen. Für den Innovationsführer in der Branche ist die Ausprägung dieser Leistungsbereiche Kultur und Team hinsichtlich Innovation und Kreativität allerdings überlebensnotwendig.

Diese Zusammenhänge zwischen Strategiepyramide und organisationaler Leistungsfähigkeit sollten im Initialmeeting dem Teilnehmerkreis unbedingt klar werden. Daher wird der TOP 4 auch mit 45 Minuten in der Agenda berücksichtigt, damit Rückfragen geklärt werden können. Werden an dieser Stelle Fragen aufgeworfen, die nicht

Abb. 24: Template Geschäftsstrategie (eigene Darstellung)

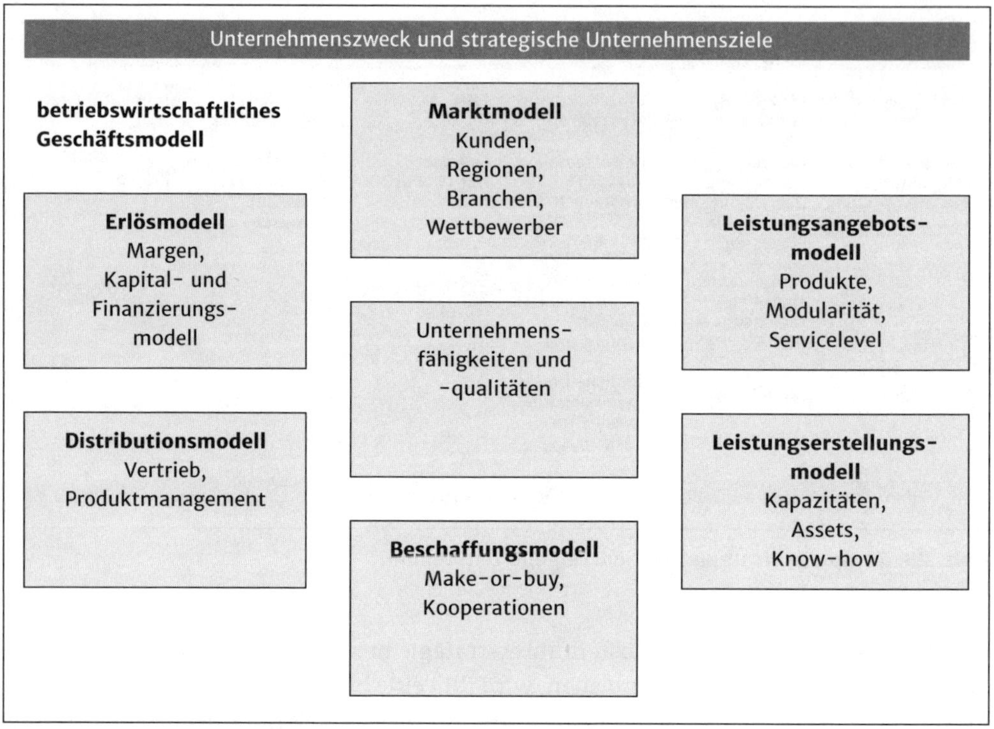

Abb. 25: Template Geschäftsmodell (eigene Darstellung)

gemeinschaftlich im Sinne aller beantwortet werden können, dann ist die Eröffnung des Strategieparkplatzes notwendig. Vor dem Workshop Unternehmensentwicklung muss dieser Parkplatz leer sein. Hier kann es aus der Erfahrung auch zu weiteren Zwischenmeetings kommen, sollten strategische Eckpfeiler des Unternehmens nicht einvernehmlich geklärt sein.

Im Anschluss an TOP 4 folgt eine 15-minütige Pause, die zum Abrufen der Mailbox und Mails genutzt werden kann. In den Spielregeln wird allerdings empfohlen, elektronische Devices nicht zu nutzen.

TOP 5: Teambuilding (optional)
Zum weiteren Aufbrechen existierender Distanzen zwischen den Teilnehmern oder zur weiteren Verstärkung bereits laufender sozialer Kernprozesse eignen sich in TOP 5 verschiedene Teamentwicklungsmaßnahmen (vgl. Abb. 26). Diese können zum einen eher still bzw. konzentriert oder lebendig ablaufen und zum anderen auf das Individuum oder auf die Interaktion zwischen den Teammitgliedern ausgerichtet sein.
Die Auswahl einer geeigneten Methode für TOP 5 hängt von folgenden Faktoren ab:
- Zusammengehörigkeit des Teams,
- Erfahrungen mit Teamentwicklungsmaßnahmen,

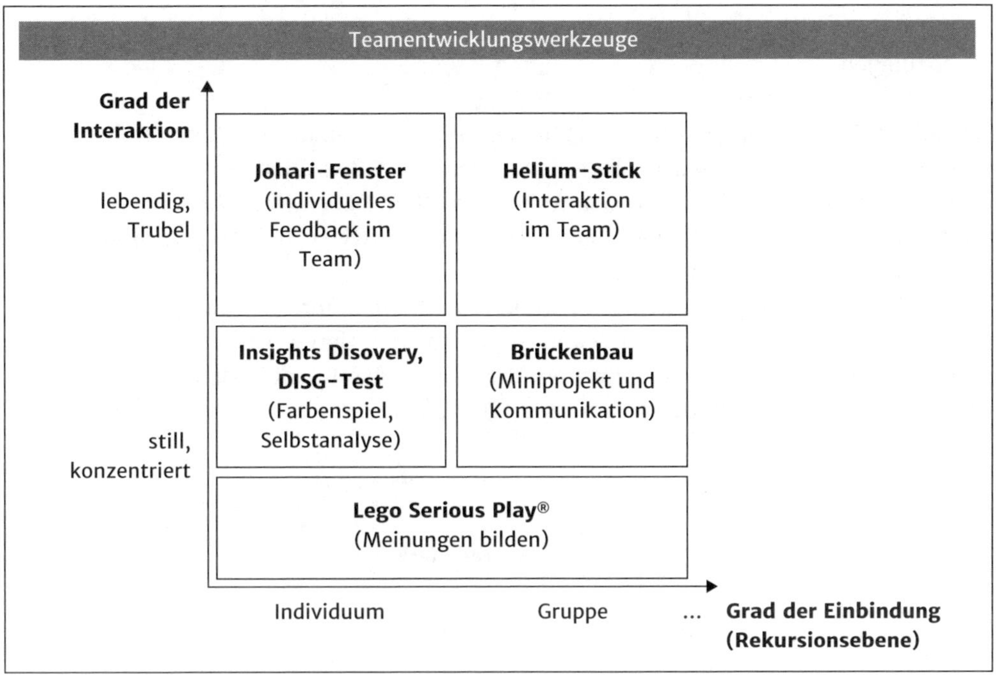

Abb. 26: Teamentwicklungswerkzeuge (eigene Darstellung)

- Grad der Offenheit und Reflexionsfähigkeit im Team,
- Abschätzung des Potenzials zur Weiterentwicklung.

An dieser Stelle werden beispielhaft die Teamentwicklungswerkzeuge Helium-Stick und Johari-Fenster vorgestellt. Weitere Werkzeuge können bei Bedarf gerne im offenen Dialog zugesandt werden.

Der Helium-Stick ist ein sehr leichter, dünner und langer runder Stab aus Bambus oder Aluminium, der von den Teilnehmern nur auf den Zeigefingern balanciert und dann gemeinsam auf dem Boden abgelegt werden soll. Dabei darf niemand den Kontakt zum Stab zwischendurch verlieren. Um dies sicherzustellen, tendieren die Teilnehmer unbewusst dazu, ihre Zeigefinger nach oben zu drücken, wodurch sich der Stab nicht wie geplant nach unten, sondern nach oben bewegt. Die Länge des Stabs richtet sich nach der Anzahl der Schulter an Schulter nebeneinander oder sich versetzt gegenüberstehenden Teammitglieder. Einige Beobachtungstipps für den Moderator:

- Wie sprechen sich die Teilnehmer untereinander ab?
- Gibt es Teilnehmer, die die Führung übernehmen oder von anderen dazu bestimmt werden?
- Wie fällt die Entscheidung über die Vorgehensweise?
- Wie führt das Team die geplante Vorgehensweise aus?
- Zu welchen Reaktionen kommt es, wenn ein Teammitglied den Kontakt zum Helium-Stick verliert?

- Auf welche Weise bewältigt das Team die Aufgabe, den Helium-Stick auf den Boden abzulegen?

Das Johari-Fenster eignet sich ausschließlich für mit Teamentwicklung erfahrene Belegschaften. Das Johari-Fenster legt die Stärken und Schwächen des einzelnen Individuums aus Sicht jedes einzelnen Teammitglieds offen. Dabei wird sehr schnell deutlich, dass das Fremdbild eine große Übereinstimmung aufweist und das Individuum sehr wenige geheime Bereiche hat.

Die Teilnehmer nehmen sich zehn Minuten Zeit, um in ihrem Team drei Stärken und zwei Schwächen jedes einzelnen Teammitgliedes zu notieren. Diese werden dann gemäß der Feedbackregeln in der gesamten Teamrunde dem Feedbacknehmer dargestellt, am besten mit konkreten Beispielen (vgl. TOP 7, S. 51).

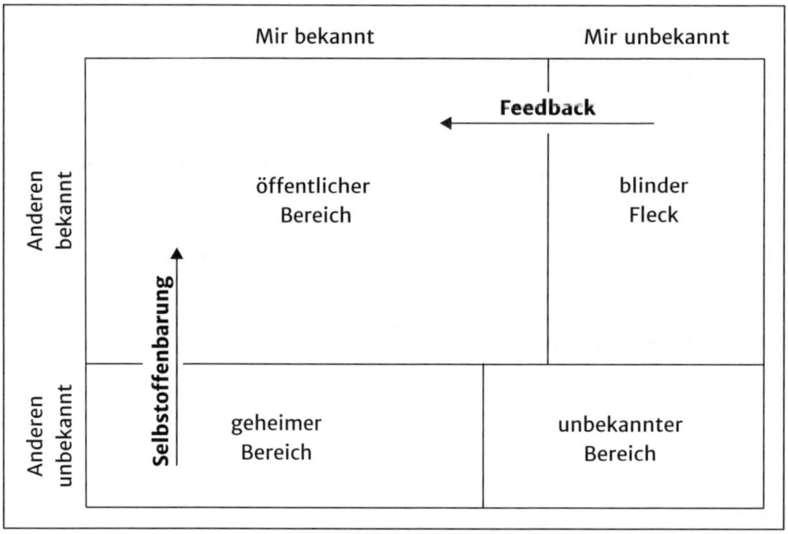

Abb. 27: Das Johari-Fenster (nach projekte-leicht-gemacht.de/blog/pm-methoden-erklaert/johari-fenster)

Ziel ist die Vergrößerung des öffentlichen Bereichs jedes Einzelnen im Team (vgl. Abb. 27). Je größer die öffentlichen Bereiche der Teammitglieder sind, desto besser können sich die Teammitglieder einschätzen und bei der Erreichung ihrer Ziele einsetzen.

TOP 6: Gemeinsame Vorbereitung des Workshops Unternehmensentwicklung

TOP 6 baut auf den Informationen zum Workshop Unternehmensentwicklung aus TOP 2 auf. In TOP 6 sollen folgende Punkte geklärt werden:

1. Annahmen des Modells zur Leistungsmessung verstehen,
2. Verantwortliche für die vier Unternehmensentwicklungsprozesse benennen,
3. Navigator gemeinsam sichten und Bereitstellung der Daten bzw. Kennzahlen organisieren,
4. Interviewleitfaden gemeinsam sichten und offene Fragen klären,

5. Präsentationen für Leistungsbereiche inhaltlich strukturieren und Verantwortliche benennen.

Für diese Punkte liegen Templates vor, die für die Vorbereitung des Workshops Unternehmensentwicklung genutzt werden können und bei den Autoren abrufbar sind.

Zu 1: Annahmen des Modells zur Leistungsmessung verstehen

Die Annahmen der Leistungsmessung sind in wenigen Folien zusammengefasst und können den Beteiligten vorgestellt werden. Die Reflexion zu den Annahmen ist auf einem Flipchart festzuhalten.

Es geht zum einen um die Annahmen bezüglich des Verständnisses von Organisationen. Hier gibt es in der Praxis eine Reihe unterschiedlicher Möglichkeiten, die Wirkungszusammenhänge in einem Unternehmen für sich als Führungskraft zu simplifizieren. Die größten Unterschiede bestehen zwischen dem Ansatz, das Unternehmen als eine Maschine zu sehen, und dem systemtheoretischen Ansatz, das Unternehmen als lebendes System zu betrachten. In der Führungspraxis paaren sich viele der gegensätzlichen Anschauungen im Kopf der Führungskraft. Bei der Sicht auf das Unternehmen als Maschine ist das folgende Verständnis bei der Führungskraft verankert:

- Maschinen-Metapher: Unternehmen werden als eine Art Maschine interpretiert, die sich aus einzelnen Bausteinen zusammensetzt.
- Prinzip der Kausalität: Jede Ursache hat eine bestimmte Wirkung (lineare Ursache-Wirkungs-Zusammenhänge).
- Prinzip der Verlässlichkeit: Vorgänge sind wiederholbar, eindeutig und berechenbar.
- Prinzip der Steuer- und Kalkulierbarkeit: Kennt man die Regeln, kann man die Organisation in seinem Sinne steuern.
- Beurteilungskategorien: »richtig« und »falsch«.
- Es gibt eine Wahrheit.
- Abweichungen sind Störungen und gehören beseitigt.

Bei der Sicht auf das Unternehmen als lebendes System sind es die folgenden Ansichten:

- Lebende Systeme erschaffen und erhalten sich selbst (Autopoiese).
- Umwelt und System stehen in Wechselbeziehung (System-Umwelt-Differenz).
- Systeme konstruieren bzw. erschaffen eigene Wirklichkeiten (Konstruktionsleistung des Gehirns).
- Wahrnehmung ist immer subjektiv — es gibt keine objektive Wahrnehmung.
- Denken und Abläufe sind rekursiv, selbstbezüglich, dynamisch.
- Lebende Systeme regulieren und organisieren sich selbst (Selbstorganisation).
- Planung, Steuerung, Vorhersagen sind subjektive Spekulationen.
- Organisationale Systeme bestehen aus Menschen und ihren Interaktionen.
- Veränderungen gehen vom Menschen aus.
- Organisationale Systeme werden gemeinsam geschaffen, jedoch individuell wahrgenommen.

In einer Zusammenfassung kann man im Initialmeeting die beiden Pole dieser beiden Sichtweisen darstellen (vgl. Abb. 28).

mechanistische Grundposition	**systemische Grundposition**
Bisher standen im Vordergrund:	*Jetzt und in Zukunft erhalten zusätzliche Bedeutung:*
Maschinenbild	Organisationsmodell, lebender Organismus
lineare Kausalketten, Logik, Widerspruchs-freiheit	Wechselwirkungen, Widersprüche, Feedback-schleifen
Rationalität, harte Fakten	Emotionalität, Intuition, weiche Faktoren, Psycho-Logik
richtig — falsch, schuldig — unschuldig	Funktionalität, Kontextabhängigkeit
linearer Fortschritt, ändern	Entwicklung, ändern und bewahren
messbarer, fixer Unterschied	sich unterscheiden, verändern
eine Wahrheit, Objektivität	viele Wahrheiten, Wirklichkeitskonstruktion (Konstruktivismus), Subjektivität

Abb. 28: Grundpositionen der Sicht auf ein Unternehmen (nach Königswieser u. Hillebrand, 2007, S. 28)

In der realen Führungspraxis vertreten viele Führungskräfte sowohl Grundpositionen der mechanistischen als auch der systemischen Sichtweise. Die Grundannahme des Workshops und auch dieses Buches ist die Vorstellung, dass beide Perspektiven für die Messung der Leistungsfähigkeit und für die Ableitung von Unternehmensentwicklungsmaßnahmen notwendig sind. Die Verknüpfung der klassischen betriebswirtschaftlichen Brille mit der systemtheoretischen Brille ist keine Verwässerung existierender Ansätze, sondern stellt eine sinnvolle, eigentlich notwendige Symbiose zur erfolgreichen Entwicklung von Unternehmen dar.

Für den Workshop Unternehmensentwicklung ist es somit hilfreich, diese beiden bipolaren Grundverständnisse zu erläutern und die Symbiose mit den Workshopteilnehmern zu teilen und zu diskutieren. Im besten Fall werden die beiden gegensätzlichen Positionen dargestellt, wird eine Diskussion erzeugt und das Grundverständnis zur Sichtweise auf Organisationen der anwesenden Führungskräfte aktiv am Flipchart zusammengefasst. In der Regel entsteht ein Bild, das der Symbiose aus den beiden Ansätzen sehr nahe kommt (vgl. Abb. 29).

Diese entwickelte Perspektive auf die Struktur und die Veränderungsfähigkeit von Unternehmen und der resultierenden Möglichkeiten der Unternehmensentwicklung sollten die Teilnehmer auf ihr Unternehmen übertragen. Jeder Teilnehmer kann für sich als Aufgabe nach dem Initialmeeting prüfen, inwieweit seine Sichtweise von der Sichtweise aus der Symbiose von Betriebswirtschaftslehre und Systemtheorie entfernt ist, und inwieweit er bereit ist, diese Sichtweise im Rahmen des Workshops zu erfahren und auszuprobieren.

Betrachtungsebene	Sicht der Betriebswirtschaft	Sicht des Modells der Organisationsperformanz	Sicht der Systemtheorie
Objekt von Veränderungen	Aufbau- und Ablauforganisation	Organisation als System mit betriebs- und sozialwissenschaftlichen Aspekten	Kommunikations- und Entscheidungsprozesse
Ziel(e) von Veränderung	Verbesserung der Wirtschaftlichkeit und der Produktivität	Finanziell langfristige Sicherung der Überlebensfähigkeit Sicherung der Antwortfähigkeit der Organisation	Lebensfähigkeit des Systems insgesamt

Abb. 29: Verbindung von betriebswirtschaftlicher und systemtheoretischer Sichtweise (eigene Darstellung)

Zu 2: Verantwortliche für die vier Unternehmensentwicklungsprozesse benennen

Im Anschluss an die einheitliche Perspektive auf die Entwicklung von Unternehmen werden den Teilnehmern anhand des Unternehmensentwicklungsnavigators erneut die vier Kernprozesse vorgestellt. Nach kurzer Erläuterung der Kernprozesse der Unternehmensentwicklung wird im Plenum diskutiert, welcher der Führungskräfte für welchen Kernprozess im Rahmen des Workshops in der Vor- und Nachbereitung sowie bei der Durchführung verantwortlich ist (vgl. Abb. 30, S. 42). Die Benennung der Verantwortlichen wird eingetragen und damit offiziell dokumentiert.

Zu 3: Navigator gemeinsam sichten und Bereitstellung der Daten bzw. Kennzahlen organisieren

Der Vorbereitung des Workshops dient insbesondere die Bereitstellung bereits vorliegender Daten und Kennzahlen. In einem ersten offenen Brainstorming können die aus Sicht der Beteiligten wichtigsten Kennzahlentypen zusammengefasst und dokumentiert werden. Die Moderation hält dazu wenn möglich vier Flipcharts bereit und notiert öffentlich die vorliegenden Kennzahlentypen. In den meisten Fällen werden zahlreiche Finanzkennzahlen (z. B. EBIT-Marge, Gewinn, Umsatz) und ggf. Prozesskennzahlen (z. B. Durchlaufzeiten) sowie Kundenkennzahlen (z. B. Kundenzufriedenheit) aufgelistet. Es wird Unsicherheit entstehen, welche Kennzahlen in den vier Kernprozessen der Unternehmensentwicklung »Zukunft gestalten und Führung übernehmen«, »Werte schaffen und Bedürfnisse befriedigen«, »Organisation erneuern und lernen« sowie »Zusammen arbeiten und Individuen entwickeln« möglich sind. Diese Unsicherheit werden die Moderatoren mit dem Verweis auf die Darstellung des Interviewleitfadens den Teilnehmern nehmen.

Des Weiteren wird an diesem Punkt möglicherweise die Diskussion zu den Ausprägungen der Kennzahlentypen entstehen. Das bedeutet, dass die Beteiligten zum einen über

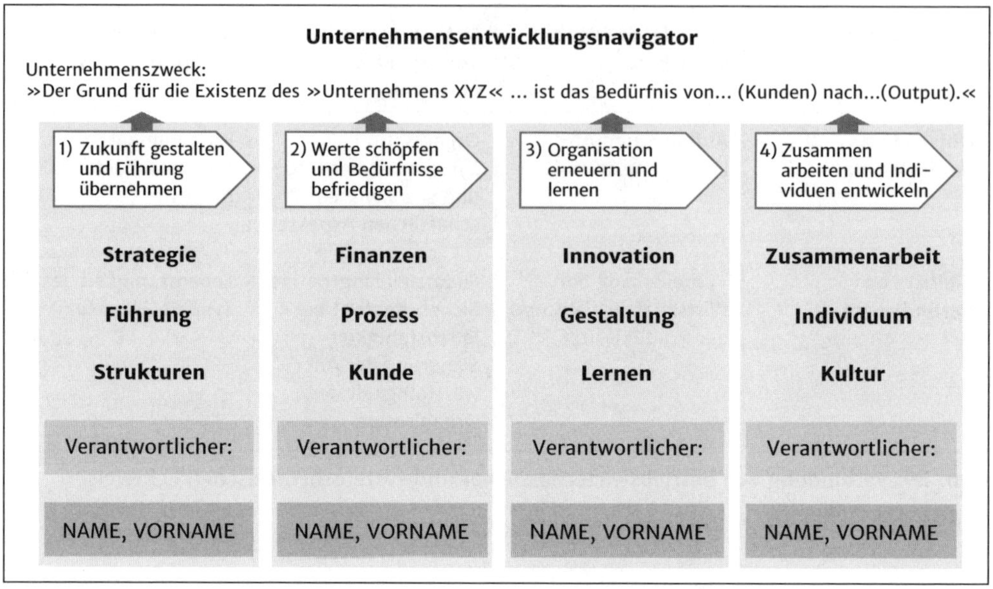

Abb. 30: Template Verantwortliche für die Kernprozesse der Unternehmensentwicklung (eigene Darstellung)

die konkrete Zusammensetzung einer Kennzahl, also deren methodische Berechnung diskutieren. Zum anderen kann auch die konkrete Ausprägung in konkreten Zahlen erörtert werden. An dieser Stelle ist es möglich, die Diskussion auf die in Abb. 31 dargestellte Weise zielorientiert zum Ergebnis zu führen. Beide Diskussionen, sowohl die über die Berechnung als auch die über die konkrete Ausprägung, können an dieser Stelle nicht weitergeführt werden. Die Festlegung des Kennzahlentyps, der Kennzahlenberechnung und der konkreten Ausprägung ist der wichtigste Teil der Vorbereitung des Workshops Unternehmensentwicklung.

Diese Struktur von Typ, Berechnung und Ausprägung ist im besten Fall für einige Kennzahlentypen mit den Teilnehmern gemeinsam zu besprechen, um Klarheit herzustellen. Im Anschluss erhalten die Prozessverantwortlichen die folgende Aufgabe:

- Identifizierung der geeigneten Kennzahlentypen,
- Abstimmung der Kennzahlentypen mit den anderen für die Kernprozesse der Unternehmensentwicklung Verantwortlichen,
- Festlegung einer bestimmten Anzahl von Kennzahlentypen pro Kernprozess und Leistungsbereich,
- Festlegung der geeigneten Berechnungsgrundlage,
- Darstellung der Ausprägung der Kennzahl.

Diese Aufgabe sollte im vorliegenden Template (vgl. Abb. 31) dokumentiert werden. Bei Rückfragen sollten die Verantwortlichen umgehend auf die Moderatoren zurückgreifen, um die kurze Vorbereitungszeit effizient nutzen zu können.

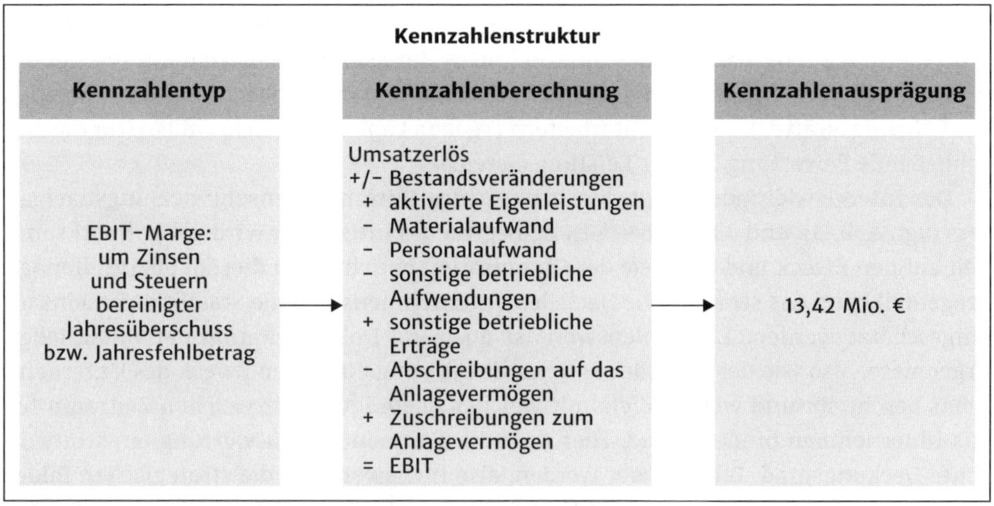

Abb. 31: Template Kennzahlen: Typ, Berechnung, Ausprägung mit Beispiel (eigene Darstellung)

Zu 4: Interviewleitfaden gemeinsam sichten und offene Fragen klären

Die Kennzahlen helfen, die einzelnen Leistungsbereiche zur Messung der organisationalen Leistungsfähigkeit besser einschätzen zu können. Die Führungskräfte kennen in der Regel das Unternehmen und die Leistungsfähigkeit der einzelnen Leistungsbereiche recht gut. Zumindest die Leistungsbereiche im Unternehmensentwicklungskernprozess »Werte schaffen und Bedürfnisse befriedigen« sind aus dem Bauch heraus gut einzuschätzen. Die Einschätzung der anderen Unternehmensentwicklungskernprozesse fällt den Führungskräften dagegen oft schwerer. Grundsätzlich ist es den Führungskräften also möglich, auch ohne Kennzahlen eine Einschätzung der Leistungsfähigkeit der verschiedenen Leistungsbereiche vorzunehmen.

Die Führungskräfte wünschen sich an dieser Stelle immer eine systematische und mit klaren Kennzahlen untermauerte Vorlage. Dass der Prozess der Entwicklung des Kennzahlensystems und die Abstimmung zu geeigneten Kennzahlen bereits Teil des Unternehmensentwicklungsprozesses ist, muss von den Moderatoren und der Unternehmensführung immer wieder verdeutlicht werden. Allerdings ist die Betriebswirtschaftslehre auch kein unerforschtes Neuland und viele Erkenntnisse können als Vorlage für die Führungskräfte eingebracht werden. Zu diesem Zweck wird ein Interviewleitfaden angeboten, mit dem neutrale Moderatoren ein sehr gutes Stimmungsbild zu den verschiedenen Leistungsbereichen erzeugen können.

Struktur, Themenbereiche und Logik des Interviewleitfadens werden im Folgenden dargestellt, damit diejenigen, die im Initialworkshop den Interviewleitfaden kurz vorstellen, wissen, wie der Leitfaden funktioniert. Die eigentliche Anwendung des Leitfadens folgt erst in der Phase zwischen dem Initialworkshop und dem eigentlichen Unternehmensentwicklungsworkshop. In dieser Phase besucht ein neutraler Interviewer den Interviewten an seinem Arbeitsplatz und dieser beantwortet in einem ca. eineinhalbstündigen Gespräch die gestellten Fragen des Interviews. Der Besuch am Arbeitsplatz ist für die Einschätzung des Unternehmens durch einen neutralen Interviewer ein großer Mehrwert. Das Sichten des Arbeitsumfelds und die Beobachtung des Umgangs der Führungskräfte mit ihren Mitarbeitern ergeben zahlreiche Rückschlüsse für die anschließende Bewertung einiger Leistungsbereiche.

Der Interviewleitfaden folgt der Struktur des Unternehmensentwicklungsnavigators (vgl. Abb. 32 und 33, S. 46—49). Zu Beginn des Interviews wird die Aufmerksamkeit auf den Zweck und die Ziele der Organisation gerichtet. In diesem übergreifenden Fragenteil kann das strategische Dach des Unternehmens und die Stabilität gemeinsam eingeschätzt werden. Empfehlenswert ist auch die Dokumentation der inhaltlichen Ergebnisse, also wie der Mitarbeiter bzw. die Führungskraft den Zweck des Unternehmens beschreibt und welche Ziele mit welcher Ausprägung für welchen Zeitraum für das Unternehmen bindend sind. Hier kann im Rahmen der Auswertung ein strategisches Deckungsgrad-Bild erzeugt werden, also inwieweit sich die strategischen Bilder der Führungskräfte decken und wo Unterschiede entstehen. Diese Differenzen sollten in jedem Fall vor dem Workshop Unternehmensentwicklung geklärt sein.

Die weiteren Einschätzungen orientieren sich an den vier Kernprozessen der Unternehmensentwicklung und den zwölf Leistungsbereichen. Bisherige Erfahrungen mit dem Unternehmensentwicklungsnavigator zeigen, dass Führungskräfte oft den Wunsch nach klarer Orientierung haben. Führungskräfte fühlen sich oft unsicher, wenn ihnen die Skalierung nicht klar ist oder klar vorgegeben wurde. Dass es keine klare Einteilung geben kann, wenn die Finanzkennzahlen oder die Kennzahlen im Strukturbereich auf einer Skala von 1 bis 6 bewerten werden sollen, ist nach kurzer Diskussion im Initialmeeting auch jedem klar. Dennoch wird mit dieser Klarheit nicht das Bedürfnis eliminiert, klare Vorgaben für die Einteilung von 1 mit einer sehr guten Ausprägung bis 6 mit ungenügender Ausprägung zu haben.

An dieser Stelle wird die betriebswirtschaftliche Sicht- und Denkweise mit der systemtheoretischen Sicht- und Denkweise operativ verknüpft. Der Wunsch der Führungskräfte wird erfüllt, indem die Minimal- und die Maximalausprägung des Leistungsbereichs dargestellt und erläutert werden. Es liegen in Wissenschaft und Praxis etwaige Zustände vor, die aus verschiedenen Perspektiven als optimal oder weniger optimal definiert werden können.

So sind auch diese Ausprägungen entstanden, jedoch nicht mit dem Anspruch, die optimale Organisation oder die optimale Leistungsfähigkeit einer Organisation beschreiben zu können bzw. wollen. Dies ist schnell bei den Finanzkennzahlen zu erkennen, die in ihrer Bewertung stark vom Umfeld des Unternehmens abhängen. Eine EBIT-Marge von 5 bis 6 % ist in einem Markt wie der Pharmaindustrie ein sehr schlechter Wert und würde von sehr schlechter Leistungsfähigkeit zeugen. Für den Logistikdienstleister im Standardversand per Straße wäre diese Marge überdurchschnittlich gut — es wäre klar, dass dieses Unternehmen in seiner Leistungsfähigkeit Hebel identifiziert hat, die andere nicht identifiziert haben. Diese Relativität der Einschätzung in der Minimal- und Maximalausprägung ist in allen Leistungsbereichen zu berücksichtigen.

Aus Sicht des Prozesses zur Gestaltung der Unternehmensentwicklung ist es neben der quantitativen Einschätzung des Leitungsbereichs entscheidend, warum diese Einschätzung so vorgenommen worden wurde. Die Gründe zur Einschätzung mit einer 3 oder 6 sind im Rahmen des Interviews zu dokumentieren. Eine Hinterfragung der Begründung sollte nur in wenigen Fällen stattfinden, denn die Bewertung des Interviewten ist seine Perspektive auf die Organisation. Diese ist nicht zu bewerten und mit der eigenen Bewertung des Interviewers abzugleichen. Auch die Fragen des Interviewten, wie der Interviewer das einschätzen würde, sind zu negieren. Die Antwort sollte nachvollziehbar sein, erläutert werden können und keine massiven logischen Brüche besitzen, was nicht heißen muss, dass es eine reine Bauchbeurteilung bleibt.

In einem weiteren qualitativen Teil dieses teilstrukturierten Interviewleitfadens wird der Interviewte gebeten, inhaltlich zum Leistungsbereich Stellung zu nehmen. War der erste Teil des Interviews noch mit einer Bauchgefühlzahl und der Begründung für diese Einschätzung recht vage, muss der Interviewte jetzt konkrete Inhalte wie Werte der Kultur nennen oder die aus seiner Sicht drei wichtigsten Kernprozesse. Der Interviewte kann hierzu natürlich Unterlagen zu Hilfe nehmen. Die Unterlagen sollten als Quelle im Interviewleitfaden gekennzeichnet werden.

Die dokumentierten Gründe für die Bewertung und diese inhaltlichen Aussagen bieten im Workshop Unternehmensentwicklung die erfolgversprechendsten Ansätze zur Ableitung von Gestaltungsmaßnahmen. Daher sind diese Gründe und inhaltlichen Aussagen im Nachgang zu allen Interviews vom Interviewführer zu konsolidieren und aufzubereiten.

Das Verhalten des Interviewers ist bei dieser Art von Interviews entscheidend für den Erfolg des Interviews und der entsprechenden Aussagen. Der Interviewer muss die Interviews offen und vorbehaltlos führen. Seine eigene Meinung darf nicht zur Beeinflussung des Interviewten führen. Auch wenn die Bewertung des Interviewten wie in den meisten Fällen zu positiv erscheint, ist es das Bild des Interviewten und das Bild von den Teilnehmern dieser spezifischen Organisation. Die Veränderung dieses Bilds und der daraus notwendigen Unternehmensentwicklungsmaßnahmen wird nicht im ersten Interview vollzogen, sondern muss durch einen mühseligen Prozess zielgerichtet gestaltet werden. Der Interviewte muss in dem Interview sein eigenes Bild von der Organisation schärfen und sich klar machen, warum er dieses Bild von der Organisation so aufbaut, wie er es aufbaut. Dabei kann ihm der Interviewer helfen und geeignete Fragen stellen. Insbesondere den inhaltlich getriebenen neutralen Interviewern muss klar sein, dass eine inhaltliche Diskussion an dieser Stelle keinen Sinn macht. Teilweise kann es zu diesem Zeitpunkt hilfreich sein, die Branche und das Unternehmen als Interviewer gar nicht zu kennen. Bei der späteren gemeinsamen Bewertung ist eine Einordnung des Unternehmens in seinen globalen oder regionalen Marktkontext und die Kenntnis von Erfolgsfaktoren sicherlich sehr hilfreich, um mit den Führungskräften positiv streiten zu können. Zu diesem Zeitpunkt des Interviews ist das neutrale Aufnehmen der Erfolgsfaktor für den Prozess zur Entwicklung von Unternehmensentwicklungsmaßnahmen.

Die Durchführung und insbesondere Auswertung der Interviews wird im Schritt 3 ausführlicher dargestellt. An dieser Stelle im Initialmeeting soll ein Grundverständnis zum Interviewleitfaden und dem groben Vorgehen ausreichen.

Bewertung Schulnotensystem (1: sehr gut — 6: ungenügend)							
	Ausprägungen						
		1	**2**	**3**	**4**	**5**	**6**
Unternehmenszweck:	formuliert, bekannt, kommunziert, gemeinsam entwickelt						
strategische Ziele:	formuliert, bekannt, kommunziert, gemeinsam entwickelt						
UE-Prozess: Zukunft gestalten und Führung übernehmen							
Leistungsdimensionen	**Sehr gute Ausprägunng**	**1**	**2**	**3**	**4**	**5**	**6**
Strategie	formuliert, bekannt, kommunziert, gemeinsam entwickelt						
Führung & Management	Kenntnis zu Mitarbeiterbedürfnissen, authentisch, konsequent, transparent, situativ richtiger Führungsstil (autoritär bis partizipativ), neue Ansätze der Führung						
Struktur (Organisation, Technik, Standort, Eigentümer)	Unterstützung Strategie, Flexibilität in der Weiterentwicklung, situativ zur Unternehmenssituation, ausgeglichenes Verhältnis zentral/dezentral, innovative Technik, erfolgreiche Verknüpfung Linie/Projekte						
UE-Prozess: Wert schöpfen und Bedürfnisse befriedigen							
Leistungsdimensionen	**Sehr gute Ausprägung**	**1**	**2**	**3**	**4**	**5**	**6**
Finanzen	dauerhafte Wertoptimierung, ausreichend Liquiditätsreserven, Marge über Branchendurchschnitt, Orientierung an langfristigen DB-/EBIT-Zielen, Kostenbewusstsein						
Prozesse	Einbindung Prozessverantwortliche in Design und Optimierung, integriertes Prozessmodell, Prozesse am strategischen Zielsystem ausgerichtet (Kosten- vs. Qualitätsführer), abteilungs- und unternehmensübergreifend Prozesse ausrichten (Wertschöpfungskette)						
Kunde	regelmäßiges Kennen und Erfassen der Kundenbedürfnisse, Einbeziehung von Kunden bei Produkt- und Unternehmensentwicklung, zukünftige Bedürfnisse kennen/marktorientiertes Leistungs-/Produktportfolio						

Abb. 32: Interviewleitfaden zur Messung der organisationalen Leistungsfähigkeit Teil 1 (eigene Darstellung)

	Gründe für die Bewertung	**Inhaltliche Bewertung — Frage**	**Antwort**
nicht formuliert, keine Dokumentation			
nicht formuliert, keine Dokumentation			
Ungenügende Ausprägungen			
nicht formuliert, keine Dokumentation		Bitte nennen Sie drei Kernaussagen zur Strategie	
Führung durch Macht/Funktion unangepasstes Verhalten		Bitte skizzieren Sie Merkmale für den Führungsstil Ihres Unternehmens (auch gerne als Gegenstand, Foto etc. zum Workshop mitzubringen)	
Eigentümer unterstützen nicht Kerngeschäft, partielle Optimierung/Silo-Denken, komplizierte Aufstellung		Bitte nennen Sie eine Ihrer heutigen Strukturen, welche zum einen gut und zum anderen weniger gut zu Ihrem Unternehmen passt	
Ungenügende Ausprägungen			
Abschöpfung, kurzfristige Ergebnisoptimierung, reine Umsatz-/Absatzorientierung		Bitte nennen Sie die aus Ihrer Sicht wichtigste finanzielle Steuerungsgröße (gibt es bereits heute bzw. müsste etabliert werden)	
kein Werteflussmodell etabliert (Verknüpfung zwischen Kundenbedürfnis, Leistung, Prozess und Ressourcen), keine Kennzahlen zur Prozesssteuerung		Bitte nennen Sie Ihre drei wichtigsten Kernprozesse	
keine Differenzierung von Kunden/Ansprechpartner,		Bitte nennen Sie die aus Ihrer Sicht drei wichtigsten Kundenbedürfnisse	

Bewertung Schulnotensystem (1: sehr gut — 6: ungenügend)							
	Ausprägungen						
UE-Prozess: Organisation erneuern und lernen							
Leistungsdimensionen	**Sehr gute Ausprägung**	**1**	**2**	**3**	**4**	**5**	**6**
Innovation	unternehmensweit verankert, Out-of-Box-Denken, ideale Verknpüfung digital und analog, Ebenen Produkt-, Prozess-, Geschäftsmodellinnovation						
Gestalten/Erneuern	proaktive Auseinandersetzung mit Trends/Entwicklungen, initierte Prozesse/Maßnahmen werden nachgehalten und ggf. Vorgehenswesien angepasst, Offenheit gegenüber neuen Ansätzen (z. B. Scrum, Design Thinking etc.), bewusste Entwicklung von Partizipationsprozessen, etabliertes Change- und Projektmanagement (z.B. Standards), Agilität						
Lernen	Reflexionsschleifen/ Lessons Learned, Paten-/ Mentoringsysteme, kontinuierliche Feedbackprozesse von relevanten Umwelten (z.B. Kunden, Lieferanten; Kongressen/ Workshops etc.) etabliert, Emotionalität/ Fühlen als Teil von Lernprozessen zulassen (Bauchgefühl zulassen), bewusste Prozesse zur Bewahrung von Wissen etabliert						
UE-Prozess: Zusammen arbeiten und Individuen entwickeln							
Leistungsdimensionen	**Sehr gute Ausprägung**	**1**	**2**	**3**	**4**	**5**	**6**
Kultur & Werte	eingesetzte Instrumente und Vorgehensweisen sind der jeweiligen Kultursituation/dem jeweiligen Kulturstatus angepasst, proklamierte Werte werden gelebt, Offenheit etwas testen/ ausprobieren zu dürfen, Change als Kernkompetenz, Kultur ist regelmäßiges Thema (nicht nur von HR)						
Teamwork	etablierter sozialer Kernprozess (Insights, Johari-Fenster) → gegenseitiges Kennen von Stärken und Schwächen, teamarbeitfördernde Anreizsysteme, fördernde Maßnahmen (z.B. Teammeetings, -offsites etc.) etabliert, regelmäßige Reflexion von Teamerfolgsfaktoren, Vernetzung zw. Teams						
Individuum	bewusste Entwicklung von Menschen, Stärken der vorhandenen Mitarbeiter stärken, Mitarbeitergespräche finden mindestens 2 x p. a. statt, Mitarbeiterbeurteilung ist etabliert						

Abb. 33: Interviewleitfaden zur Messung der organisationalen Leistungsfähigkeit Teil 2 (eigene Darstellung)

	Gründe für die Bewertung	Inhaltliche Bewertung — Frage	Antwort
Ungenügende Ausprägungen			
starres Festhalten an derzeitigen Produkten, Prozessen und Geschäftsmodellen, Bewahrungsmentalität und Abwehr von jeglichem Neuen, zufallsgesteuert		Bitte nennen Sie die drei aus Ihrer Sicht wichtigsten Innovationen Ihres Unternehmens	
Impulse kommen nur Top-down, Prozesse werden nur durch Krisen (externe Ereignisse) ausgelöst, Monitoring von Projekten/Maßnahmen findet nicht statt (never ending projects), kein etabliertes Change- und Projektmanagement		Bitte nennen Sie max. drei heute genutzte Instrumente zur Gestaltung Ihrer Unternehmensentwicklung	
Lernen als zufallsgesteuertes Ereignis, keine bewusste Befassung mit dem Thema »Lernen«		Bitte nennen Sie drei konkrete Beispiele, wo in Ihrem Unternehmen Lernen als bewusster Prozess stattgefunden hat	
Ungenügende Ausprägungen			
Vorgaben und Kontrolle als handlungsleitende Kulturmerkmale, Suche nach Schuldigen/Fehlern sind zu vermeiden, Organisation verstanden als Maschine, Mitarbeiter sind faul und müssen kontrolliert werden		Bitte nennen Sie drei Werte, die Ihre Unternehmenskultur bestmöglich charakterisieren (auch gerne als Gegenstand, Foto etc. zum Workshop mitzubringen)	
Silo-Denken, auf das Individuum ausgerichtete Anreiszsysteme		Bitte erläutern Sie drei Stärken Ihres Teams	
Entwicklung/Weiterentwicklung ist Sache des Mitarbeiters, kein Bewusstsein für Potenzialträger und deren Förderung, Mitarbeiter als »Rädchen«, das zu funktionieren hat, Mitarbeiter als Kostenfaktor, Mitarbeitergespräche finden nicht bzw. nur zufällig statt, kein Verständnis für individuelle Bedürfnisse		Bitte beschreiben Sie einen Fall, bei dem die individuellen Bedürfnisse eines Mitarbeiters in der Unternehmensentwicklung berücksichtigt wurden	

Zu 5: Präsentationen für Leistungsbereiche inhaltlich strukturieren und Verantwortliche benennen

Entscheidend für einen erfolgreichen Workshop ist auch im Workshop Unternehmensentwicklung die professionelle und gut verständliche Vorbereitung des inhaltlichen Inputs. Der inhaltliche Input für diesen Workshop ist neben den Ergebnissen des beschriebenen Interviewleitfadens die substanzbasierte Bewertung der Leistungsbereiche. Dazu müssen im Initialmeeting die Erwartungen an die zu erstellenden Präsentationen pro Leistungsbereich verdeutlicht werden. In den Präsentationen sollte in Stichworten erläutert werden, wie der Leistungsbereich inhaltlich eingeschätzt wird:

- Beschreibung der heutigen Leistungsfähigkeit im spezifischen Leistungsbereich,
- konkrete Beispiele zur Erläuterung der Leistungsfähigkeit,
- aktuelle Kennzahlen zur quantitativen Darstellung der Leistungsfähigkeit.

Die in Abb. 34 dargestellte Vorlage sollte von den Verantwortlichen genutzt werden, um eine Vergleichbarkeit der Leistungsbereiche zu erzeugen und die Vorgabe einer Präsentationszeit von fünf Minuten zu erfüllen.

Template zur Darstellung der Leistungsfähigkeit pro Leistungsbereich

Beschreibung der heutigen Leistungsfähigkeit	• Beschreibung • Beschreibung • Beschreibung • Beschreibung • Beschreibung
konkrete Beispiele zur Erläuterung	• Beispiel 1 • Beispiel 2 • Beispiel 3 • Beispiel 4 • Beispiel 5
heutige Kennzahlen (Überblick, Auswertung und Einordnung)	• Kennzahl 1 • Kennzahl 2 • Kennzahl 3 • Kennzahl 4 • Kennzahl 5

Abb. 34: Template zur Darstellung der Leistungsfähigkeit pro Leistungsbereich (eigene Darstellung)

Im Anschluss an die Erläuterung des Templates ist die Benennung eines Verantwortlichen für die Qualität des Outputs entscheidend. Bei der Auswahl des Verantwortlichen zur Vorbereitung des Inputs für den Workshop Unternehmensentwicklung ist nach folgenden Kriterien vorzugehen:

- hohes eigenes Interesse an der Darstellung des Leistungsbereichs,
- fachliche Übereinstimmung mit der Verantwortung im Unternehmen,
- hohe Eigenmotivation, mehr über das Unternehmen verstehen zu wollen.

Der Moderator fragt nach diesen Kriterien die entsprechenden Leistungsbereiche ab. In den meisten Fällen kommt es zu Selbsternennungen durch die Teilnehmer. Diese »Leistungsbereichs-Owner« sollten für die Vorbereitung des Workshops Unternehmensentwicklung die Inhalte mit einem kleinen Team absprechen. Dies erzeugt eine höhere Verbindlichkeit bei der Präsentation der Ergebnisse im Plenum.

TOP 7: Weiteres Vorgehen, Feedback und Verabschiedung

In TOP 7 wird das weitere Vorgehen vom Moderator zusammengefasst und auf dem Flipchart für alle sichtbar dokumentiert und verabschiedet. Das weitere Vorgehen umfasst insbesondere die Durchführung der Interviews und die Vorbereitung der Präsentation pro Leistungsbereich. Hierzu werden Termine vereinbart, die nicht vier Wochen später liegen sollten. Die Interviews sollten in den nächsten zwei Wochen mit jedem Einzelnen geführt werden und die Präsentationen müssen eine Woche vor dem Workshop Unternehmensentwicklung zur Vorbereitung zur Verfügung stehen.

Im Anschluss an die Terminierung der nächsten Schritte schließt der Moderator das Initialmeeting inhaltlich und leitet über zum Feedback mit den Teilnehmern. Dies sollte schriftlich geschehen und in der Ergebnisunterlage des Initialmeetings dokumentiert werden. Als Vorgehen bietet sich an, zuerst die positiven Rückmeldungen zum Workshop einzuholen und anschließend die negativen Rückmeldungen auf dem Flipchart zu dokumentieren. In der Regel lassen sich aus den negativen Punkten oft mehr Learnings ableiten als aus den positiven Punkten, da die Workshopverantwortlichen natürlich negative Punkte beim nächsten Workshop eliminieren möchten.

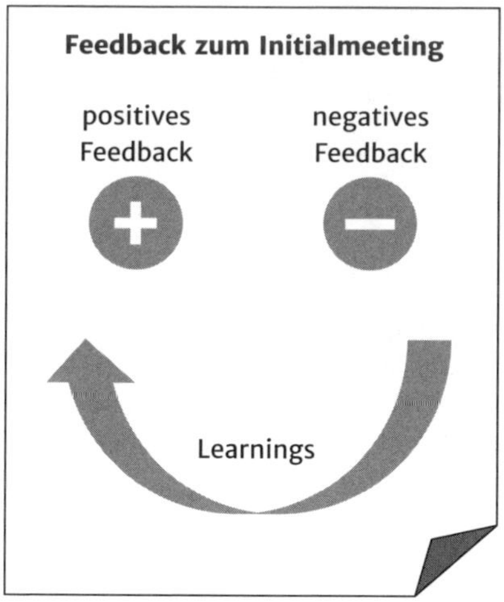

Abb. 35: Feedback zum Initialmeeting (eigene Darstellung)

Die Darstellung in der Abb. 35 hat sich für Workshops bewährt. Neben der inhaltlichen Diskussion, wie die Teilnehmer den Workshop empfunden haben, ist das »Herunterfahren« der zwischenmenschlichen Zusammenarbeit der mindestens ebenso wichtige Punkt. Die Teilnehmer haben sich in vielen Fällen sehr gegensätzlich mit Themen beschäftigt. Dieses Gegensätzliche führt zu emotionalen Regungen, die in der Diskussion sehr fruchtbar sind und das Unternehmen maßgeblich nach vorne bringen. Sollte wenig emotional diskutiert worden sein, so liegt der Schluss nahe, dass sich die Teilnehmer mit dem Thema nicht identifizieren können und emotionale Diskussionen als nicht zulässig erachten.

EXKURS

Spiegelung des Gruppenverhaltens im Initialmeeting

An dieser Stelle ist der Moderator im Workshop aufgefordert, der Gruppe ihr Verhalten zu spiegeln. Die Gruppe kann je nach Teamentwicklungsprozess zwei unterschiedliche Ausprägungen der Zusammenarbeit aufweisen. Die Spiegelung der Zusammenarbeit im Initialmeeting kann für den Workshop Unternehmensentwicklung extrem zielführend sein und sollte im Laufe des Initialmeetings stattfinden, nicht am Ende des Meetings. Zur Spiegelung des Gruppenverhaltens eignet sich das Liebe-Wahrheit-Diagramm, das alleine durch die Nutzung des Wortes »Liebe« zu frühpubertären Verhaltensweisen im Meeting führt.

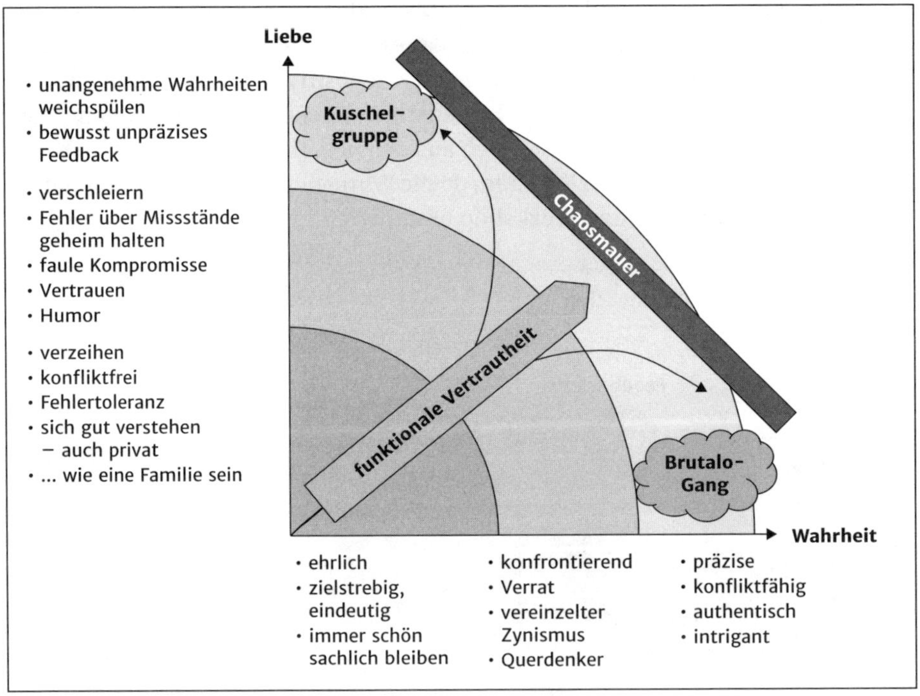

Abb. 36: Das Liebe-Wahrheit-Diagramm (nach Meinecke, 2015, S. 7)

Gruppen neigen dazu, sich in die eine oder andere Richtung zu entwickeln. Einige Gruppen empfinden sich als hocheffizient, wenn es ausschließlich klar und sachlich zugeht. Andere Gruppen verwechseln dagegen das »Sich-gut-Verstehen« mit hocheffizienter Gruppenarbeit. So kommt es zur Entwicklung hin zu einer »Kuschelgruppe« oder zu einer »Brutalo-Gang«. Funktionale Vertrautheit wird in beiden Extremen nicht erzielt. Die Verknüpfung beider Achsen in einem Team stellt aus

Sicht der Wissenschaft aber auch aus den Erfahrungen von sehr vielen Gruppenveranstaltungen das Optimum dar.
Das Liebe-Wahrheit-Diagramm ermöglicht eine einfache Spiegelung mit dem Team. Der Moderator kann direkt im Initialmeeting bei den Teilnehmern abholen, wo sie sich sehen. Die beschriebene emotionsfreie Stimmung im Team könnte Basis einer wahrheitsgerichteten Zusammenarbeit sein. In jedem Fall ist die Verknüpfung der beiden Seiten des Diagramms zur Erzielung funktionaler Vertrautheit eine Voraussetzung.

Das Feedback darf auch die Stimmung der gesamten Gruppe wiedergeben. Dabei sollen die Regeln des Feedbackgebens und des Feedbacknehmens befolgt werden. Dazu zählen insbesondere:

- konstruktiv sein: d. h. Perspektiven für die Zukunft bieten (neue Ideen können dann bei den Lerneffekten eingebracht werden),
- beschreibend sein: d. h. Bewertungen und Interpretationen außen vor lassen; außerdem ist Meckern, Schimpfen und Beleidigen völlig unangebracht und Kritik immer sachlich zu äußern,
- konkret sein: Durch Verallgemeinerungen und pauschale Aussagen wissen die Gestalter der Workshops nicht, wie das Problem zu beseitigen ist,
- subjektiv formulieren: Von seinen eigenen Beobachtungen und Eindrücken sprechen.

Aus der Summe von Feedbackschleifen nach einem Workshop wird immer wieder deutlich, dass es den Teilnehmern nicht gelingt, das Feedback zu äußern, ohne die Gründe und Herkunft für das Feedback diskutieren zu müssen. Diese Diskussion ist dort nicht angebracht und hilft dem Kreis nicht weiter. Im Bereich der Learnings kann das Team konstruktive Ideen anbringen, wie positives Feedback in die nächsten Veranstaltungen transportiert und wie negatives Feedback mit konkreten Maßnahmen eliminiert werden kann. Die Feedbackrunde ist nicht der Auftakt zur Diskussion der bereits diskutierten Inhalte im Initialmeeting. Hier muss der Moderator massiv eingreifen, sonst kippt die Stimmung zu einer ggf. unnötig negativen Stimmung — die Teilnehmer sollen das Initialmeeting mit einem guten Gefühl verlassen, auch wenn nicht alles vollständig verstanden und geklärt ist. Hierbei soll die Feedbackrunde helfen zu verstehen, wie die Teilnehmer das Meeting empfunden haben und was alle Beteiligten besser machen können. Der neutrale Moderator verabschiedet sich von den Teilnehmern nach Abschluss des Feedbacks und übergibt zur Verabschiedung und zum sozialen Closing an den Geschäftsführer.

Der Geschäftsführer bedankt sich für das große Engagement, hebt für sich positive Erkenntnisse hervor, unterstützt die Notwendigkeit der gemeinsamen Erkenntnis der organisationalen Leistungsfähigkeit im Rahmen der Unternehmensentwicklung und verabschiedet die Teilnehmer. Zum Abschluss wird zu einem gemeinsamen Mittagessen eingeladen, das im optimalen Fall mit allen Beteiligten gemeinsam eingenommen wird.

Im Anschluss an das Initialmeeting entsteht mit der Durchführung der Interviews eine Leistungsbewertung der Qualitätsstufe 1. Neutrale Moderatoren führen Interviews mit den am Workshop Unternehmensentwicklung beteiligten Führungskräften und wichtigen Stakeholdern im Unternehmen. Das Ergebnis der Interviews wird erstmalig im Unternehmensentwicklungsnavigator dargestellt. Die Bewertung der Leistungsbereiche in Summe erfolgt über den Ausschlag des Leistungszeigers im Bereich 1-6. Die Farben grün, gelb und rot geben in Verbindung mit der Bewertung einen direkten Hinweis auf starke und schwache Leistungsbereiche. In Abb. 37 hat sich das Unternehmen nur in wenigen Bereichen als sehr gut eingeschätzt, in den meisten Bereichen eher als mittelmäßig.

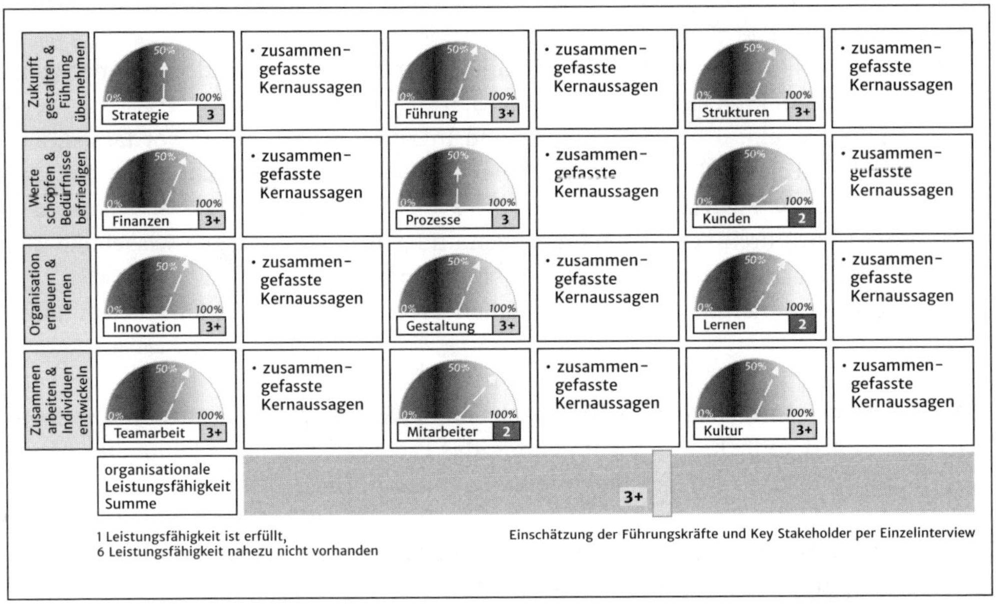

Abb.37: Unternehmensentwicklungsnavigator Qualitätsstufe 1 nach Einzelinterviews (eigene Darstellung)

Damit diese klassische Tendenz zur Mitte aufgebrochen wird, sollte der Interviewer den Hinweis auf die Schwarz-Weiß-Betrachtung im Gespräch geben. Das Ergebnis zeigt sehr schnell, inwiefern die Interviewten das Unternehmen in seiner Leistungsfähigkeit als Front-Runner, Restrukturierungsfall oder Mittelmaß einschätzen. Es kann hilfreich sein, die Häufigkeitsverteilung pro Leistungsbereich im Ergebnis mit darzustellen. Dies gibt Aufschluss über die Streuung der Aussagen, inwieweit sich die Interviewten in einem Leistungsbereich eher sehr einig sind oder ihn völlig unterschiedlich bewerten.

Die Kernaussagen als Begründung der Einschätzung fasst der Interviewer im Nachgang zu den Gesprächen zusammen. Im Beispiel sind die Kernaussagen entfernt worden, da sonst ein Rückschluss auf das Unternehmen möglich wäre.

In diesem Schritt 2 überwacht der neutrale Moderator auch die Erstellung der Präsentationen pro Leistungsbereich und leistet bei Bedarf Hilfestellung in den Gruppen-

oder Einzelgesprächen. Das Angebot einer Unternehmensentwicklungssprechstunde pro Woche in der Zeit zur Vorbereitung auf den Workshop kann hier ein geeignetes Instrument sein.

Abgeschlossen wird Schritt 2 mit der anwenderfreundlichen Aufbereitung der gesamten Informationen zu einer Vorbereitungsdokumentation für den Workshop Unternehmensentwicklung. Dazu zählen:

- Zielsetzung und Agenda für den Workshop Unternehmensentwicklung,
- Auswertung der Interviews in quantitativer und qualitativer Form,
- Präsentation zur Bewertung jedes Leistungsbereichs.

Anwenderfreundlich bedeutet, nicht auf einer Folie mehrere DIN-A4-Seiten Text zu schreiben, sondern die Information kurz und präzise auf den Punkt zu bringen. Es sollte klar sein, welche Information welchen Ursprung hat. Die Ergebnisse der Einzelinterviews sind im Detail anonym. Mit dieser Dokumentation ist man in der Lage, in den nächsten Schritt 3 »Denkrahmen füllen und bewerten« zu gelangen. Falls der vorgestellte Prozess ohne externe Moderation durchgeführt wird, sollte an dieser Stelle eine Qualitätsprüfung der vorliegenden Dokumentation und der Ergebnisse stattfinden.

Mit Schritt 2 »Gemeinsam ins Handeln kommen« sind die Teilnehmer der Leistungsmessung in der Lage, Sinn und Zweck der Leistungsmessung und deren Auswirkungen auf die Unternehmensentwicklung abschätzen zu können. Die Teilnehmer haben sich besser kennengelernt und sich über ihre Erwartungen an die Leistungsmessung und die Erfahrung über Unternehmensentwicklungsprozesse ausgetauscht. Das Initialmeeting dient der Klarheit, welche Informationen für den Workshop Unternehmensentwicklung genutzt werden. Die Hausaufgaben aus dem Initialmeeting helfen, einen weitgehend strukturierten und effizienten Workshop durchführen zu können.

Die Ziele und der Zweck des Unternehmens sollten jedem Teilnehmer klar sein — Unklarheiten oder Ungereimtheiten sollten angesprochen sein; diese sind bis zum Workshop Unternehmensentwicklung und der Anwendung des Unternehmensentwicklungsnavigators zu klären. Ggf. kann es hier zu notwendigen Zwischenmeetings kommen, damit Fragen zu strategischen Zielen und zum Unternehmenszweck geklärt sind. Die Anwendung des Navigators bei unklarer Ziel- und Zweckvorstellung des Unternehmens ist nicht zielführend.

Die Beteiligten haben sich mit dem Unternehmensentwicklungsnavigator auseinandergesetzt und können ihren eigenen Beitrag im Rahmen der Messung besser einordnen. Die Prinzipien des Unternehmensentwicklungsnavigators sollten bei den Teilnehmern zu neuen, gegensätzlichen Sichtweisen auf die Steuerbarkeit von Organisationen, die Möglichkeiten der Messbarkeit auch nicht quantitativ messbarer Größen und der Verteilung der Wichtigkeit zwischen harten und weichen Steuerungsgrößen der Unternehmensentwicklung führen. Im Nachgang kann diese erzeugte Unsicherheit zum regen Austausch untereinander oder auch mit den internen und externen Experten führen.

2.3.3 Schritt 3: »Navigator Unternehmensentwicklung« füllen und bewerten

Nach dem Schritt 2 »Gemeinsam ins Handeln kommen« und dem Initialmeeting heißt es nun in Schritt 3, den vorliegenden Denkrahmen des Unternehmensentwicklungsnavigators gemeinsam zu füllen und zu qualifizieren. Das Ziel dieses Schritts der Interventionsarchitektur ist es, vorhandene Kennzahlen zur Unternehmensentwicklung zusammenzutragen und zu bewerten. Diese werden dann den Leistungsdimensionen des Modells zugeordnet. In Einzelarbeit werden Analysen vorgenommen, die dann in der Gruppe diskutiert werden.

Im Ergebnis werden vorhandene Kennzahlen und Indikatoren erfasst, geordnet und bewertet. Vorhandene Kennzahlen können den Leistungsdimensionen zugeordnet werden und jede Leistungsdimension kann anhand einer Kurzpräsentation von maximal drei Minuten vorgestellt werden. Das hat den Vorteil, dass sich die Workshopteilnehmer auf das Wesentliche konzentrieren und sich nicht in Details verlieren. Im Anschluss an die Präsentation können die einzelnen Dimensionen und die operationalisierten Kennzahlen auf einer Skala von 1 bis 10 bewertet werden.

Zum Ablauf des Workshops zählen folgende wichtige Aktivitäten:

- Review Unternehmenszweck, Unternehmensziele und Unternehmensstrategie,
- Vorstellung vorhandener Kennzahlen zur Unternehmensentwicklung und deren Aussagen,
- gemeinsame Bewertung der vier Unternehmensentwicklungsprozesse,
- Identifikation der Leistungslücken in der Unternehmensentwicklung,
- ggf. Erneuerung von Zweck, Zielen und Strategie.

Als Unterstützung zur Vorbereitung des Workshops finden sich folgende Vorlagen und Denkrahmen auf den folgenden Seiten und stehen als Download zur Verfügung:

- Workshop »Unternehmensentwicklungsnavigator«,
- Vorlage Standardkurzvorträge zur Bewertung der Leistungsbereiche,
- Kennzahlen-»Denkrahmen« mit 36 Einzelkennzahlen und 10 Fit-Kennzahlen,
- Vorlage Beschreibung einer Leistungslücke,
- strukturierter Interviewleitfaden zur Bewertung der Leistungsfähigkeit (Qualitätsstufe 2),
- Vorlage zur Qualitätsprüfung Strategiepyramide (Zweck, Ziele, Strategie).

Die Vorbereitung des Workshops entscheidet über Erfolg oder Misserfolg. Dabei sind sowohl die frühzeitige Information über den Termin an die Teilnehmer, das Versenden einer Agenda mit der entsprechenden Zielsetzung für den Workshop als auch die Kenntnis und Ausgestaltung der Workshopräume sowie des notwendigen Workshopmaterials wie der Metaplanwand, Flipcharts und Moderatorenkoffer unerlässlich. Die qualitative Prüfung der Ergebnisse aus dem Initialmeeting ist Voraussetzung für den Workshop Unternehmensentwicklung.

Verschiedene Instrumente der Zusammenarbeit

Für den Workshop werden unterschiedliche Instrumente der Zusammenarbeit genutzt:

- Metaplanwand-Wanderung,
- Schneeballsystem,
- Open Space mit Kleingruppe,
- Interviewleitfaden Leistungsfähigkeit (bekannt aus Schritt 2).

Zur Bewertung der einzelnen Leistungsbereiche dient die Metaplanwand-Wanderung (vgl. Abb. 38). Hier werden vier Metaplanwände zur Darstellung und Bewertung der vier Unternehmensentwicklungsprozesse und der entsprechenden Leistungsbereiche eingesetzt. Die Gesamtgruppe wird in vier Gruppen aufgeteilt. Jede Gruppe wird einer Metaplanwand zugeordnet. Nach Vortrag, Diskussion und Bewertung geht die jeweilige Gruppe zur nächsten Wand.

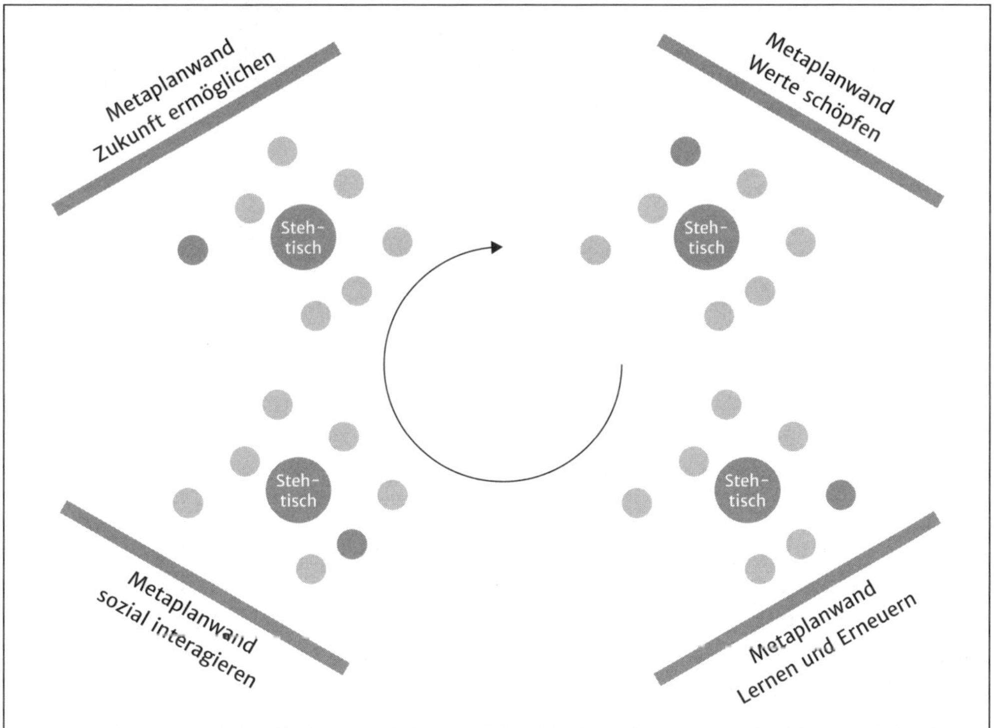

Abb. 38: Methodik Metaplanwand-Wanderung (eigene Darstellung)

Die nächste Methode, die im Workshop verwendet wird, ist das Schneeballsystem. Beim Schneeballsystem (vgl. Abb. 39, S. 58) hat jeder Teilnehmer die Möglichkeit, sich für ca. 20 Minuten zu einer bestimmten Fragestellung alleine Gedanken zu machen. Nach dieser Zeit sucht sich der Teilnehmer einen anderen Teilnehmer des Workshops. Die beiden Teilnehmer stellen sich ihre jeweiligen Gedanken und Ergebnisse zur Fragestellung »Fit-Kennzahlen« vor. Beide Teilnehmer müssen nach ca. 15-20 Minuten ein gemeinsames Ergebnis erarbeiten und dokumentieren. Die beiden Teilnehmer suchen sich ein anderes Teilnehmerpaar und finden erneut einen gemeinsamen Nenner der Bewertung der Fragestellung. Zum Ende stellen sich zwei Gruppen ihre Ergebnisse vor und konsolidieren diese zu einem Verständnis im Plenum. Über diesen iterativen Prozess hat jeder Teilnehmer die Möglichkeit, sich selbst Gedanken zu machen. Gleichzeitig entsteht ein gemeinsam getragenes Gruppenergebnis.

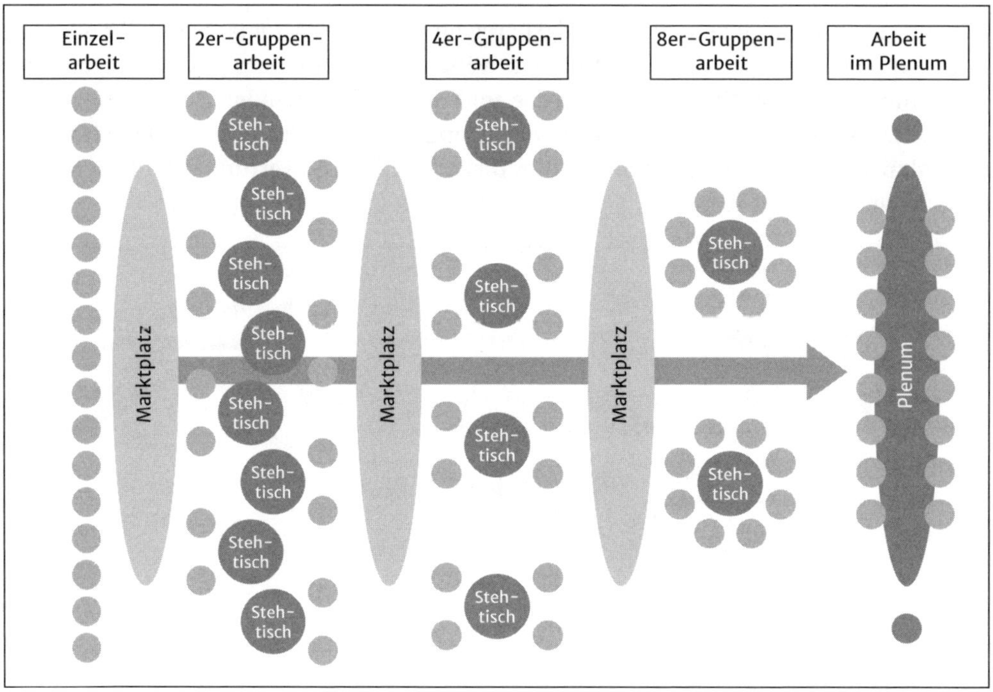

Abb. 39: Methodik Schneeballsystem (eigene Darstellung)

Die dritte im Workshop verwendete Methode ist die Open-Space-Methode. Diese Methode eignet sich zur Generierung neuer Ideen. In diesem Fall sollen Maßnahmen der Unternehmensentwicklung aus der Bewertung der organisationalen Leistungsfähigkeit abgeleitet werden. Bei diesem Verfahren (vgl. Abb. 40) finden sich selbstständig Arbeitsgruppen, die zu verschiedenen Maßnahmen Ideen entwickeln. Die Ideen werden später im Zentrum anhand von Flipcharts oder Metaplanwänden vorgestellt.

Open Space wird immer zu einem konkreten Leitthema durchgeführt, hier die Ableitung von Unternehmensentwicklungsmaßnahmen auf Basis der festgestellten organisationalen Leistungsfähigkeit. Innerhalb dieses Rahmens existiert ein Open Space, in dem die Teilnehmer ihre eigenen Themen und Anliegen rund um das Leitthema einbringen können.

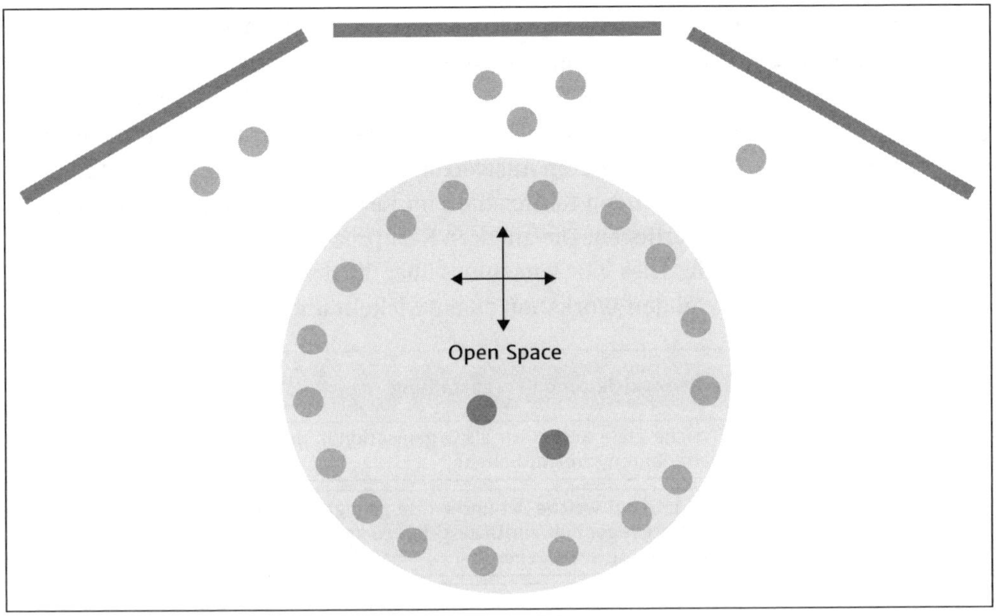

Abb. 40: Methodik Open Space (eigene Darstellung)

Impulsvortrag und Kurzvorträge

Im Detail läuft der Workshop wie folgt ab: Die Geschäftsführung begrüßt die Teilnehmer und leitet in das Thema ein. Da die Teilnehmer mit dem Initialmeeting und der zugesandten Agenda auf den Workshop vorbereitet sind, ist die Gruppe sehr schnell arbeitsfähig.

Zu Beginn des Workshops Unternehmensentwicklung ist es hilfreich, einen Impulsvortrag zum Thema Unternehmensentwicklung zu platzieren. Hierzu können Experten aus Wissenschaft und Praxis je nach Vorliebe des Auditoriums ausgewählt werden. Zu empfehlen ist dabei immer ein Vortrag eines aktuellen Kunden, der sich mit dem Thema Unternehmensentwicklung selbst auseinandersetzt. Die anschließende kurze Diskussion führt das Team weg vom operativen Geschäft und den tagesaktuellen Problemen. Parallel zum Vortrag wird der Unternehmensentwicklungsnavigator auf einen DIN-A0-Poster dargestellt. Der externe Moderator erläutert erneut die Zusammenhänge zwischen dem strategischen Ordnungsrahmen, der Leistungsfähigkeit des Unternehmens in einzelnen Leistungsdimensionen und den entsprechenden Möglichkeiten zur Gestaltung der zukunftsgerichteten Unternehmensentwicklung. Zusätzlich werden an die Teilnehmer entsprechende DIN-A6-Karten mit dem Unternehmensentwicklungsnavigator ausgegeben. Auf den DIN-A6-Karten ist sowohl die Struktur des Navigators zu erkennen als auch einige Zusammenhänge der Unternehmensentwicklung dargestellt. Dies hilft den Teilnehmern, eine Orientierung zu behalten. Des Weiteren sollen die Teilnehmer auf den laminierten Karten die Bewertung notieren. Parallel wird es notwendig sein, eigene Gedanken und Notizen zur Begründung der Bewertung festzuhalten. Hierzu ist es erforderlich, den Teilnehmern Papier, auf dem die entsprechende Struktur der Leistungsdimensionen vermerkt ist, für die Notizen auf den Tisch zu legen.

Anschließend werden die Kurzvorträge zur Darstellung der Leistungsfähigkeit in den einzelnen Leistungsbereichen, die die Teilnehmer vorbereitet haben, im Plenum vorgestellt. Dies geschieht nach der Struktur der Unternehmensentwicklungsprozesse und in der Reihenfolge der Leistungsdimensionen. Innerhalb der Kurzvorträge werden die vorbereiteten Kennzahlen und deren Auswertungen vorgestellt. Im ersten Durchlauf des Workshops werden ausreichend Kennzahlen im Kernprozess »Werte schöpfen und Bedürfnisse befriedigen« vorliegen. Die anderen Kernprozesse werden mit Kennzahlen ggf. unterrepräsentiert sein. Dies gibt Aufschluss über die notwendigen weiteren Kennzahlen, die im Anschluss an den Workshop zu entwickeln und festzulegen sind.

Dimension	erkenntnisleitende Fragestellung
Zweck/Ziele	Welche Ziele wollen wir als Organisation in den nächsten drei bis zehn Jahren erreicht haben?
Strategie	Wie und auf welche Art und Weise gelingt es, die Festlegungen der Vergangenheit zur Disposition zu stellen und eine zukünftige Ausrichtung vorzugeben?
Führung und Management	Wie lassen sich die organisationalen Herausforderungen durch das Management gestalten, um das Überleben der Organisation zu sichern und die Visionen umzusetzen?
Strukturen	Welche Strukturen sichern die Überlebensfähigkeit der Organisation, unterstützen die Umsetzung der Visionen, ermöglichen Freiräume, ohne den Zusammenhalt des Ganzen zu gefährden?
Finanzen	Wie kann die Wertorientierung in der Organisation dauerhaft sichergestellt werden?
Kunden und Interessengruppen	Welche Anforderungen und Bedürfnisse haben die Interessengruppen an die Organisation und wie werden diese erfüllt?
Prozesse und Wertschöpfungskette	Wie kann die Wertschöpfung in der Organisation sowie in der gesamten Wertschöpfungskette dauerhaft sichergestellt werden?
Innovation	Auf welche Art und Weise wird das Leistungsportfolio weiterentwickelt und die Organisation neu erfunden?
Gestalten	Wie gestaltet die Organisation bewusst den eigenen Entwicklungsprozess und werden dazu sinnvolle Instrumente eingesetzt?
Wissen und Lernen	Wie bewahrt und nutzt die Organisation Wissen und fördert das Lernen, ohne dabei die Eigenheiten der Organisation zu vernachlässigen?
Zusammenarbeit	Wie gut ist die Arbeit in und zwischen den Teams gleicher und verschiedener Disziplinen innerhalb der Organisation?
Mensch	Welche Rahmenbedingungen sind notwendig, um die Leistungsbereitschaft und -fähigkeit der Mitarbeiter auf der Grundlage von Eigeninitiative zu fördern bzw. zu steigern?
Kultur und Werte	Wie muss die Kultur gestaltet sein bzw. welche kollektiven Wahrnehmungsmuster und Interpretationen sind notwendig, um das langfristige Überleben und die Umsetzung von Visionen zu ermöglichen?

Abb. 41: Erkenntnisleitende Fragestellungen zu den Leistungsbereichen (eigene Darstellung)

Die Methodik zur Darstellung der Leistungsfähigkeit je Kernprozess ist die Wandwanderung. Nach jedem Kurzvortrag an den Wänden der Wandwanderung schließt sich eine Diskussion der Wahrnehmung der Teilnehmer zur Leistungsfähigkeit in der entsprechenden Leistungsdimension an. Hier kann eine erste Einschätzung auf der Skala abgegeben werden und die Teilnehmer können sich Notizen auf ihrer DIN-A6-Karte machen.

Die Herausforderung bei den Kurzvorträgen ist die Länge jedes einzelnen Vortrags. Vorab ist deutlich zu machen, dass sich die Vortragenden kurz fassen und auf den Punkt kommen sollen. Jeder Unternehmensentwicklungsprozess erhält eine Wand, an der der Vortrag von ca. 5–10 Minuten Länge gehalten wird. Wenn der Vortragende Folien zur Darstellung der Inhalte nutzen sollte, gibt es zum einen die Möglichkeit, diese als DIN-A1-Poster auszuhängen. Damit ist die Anzahl der Folien begrenzt, die zu präsentieren sind. Zum anderen bestehen die Methoden »Pecha Kucha« oder das »Format 20x20«. Dabei springen die Folien in einer vorab eingestellten Laufzeit automatisch weiter bzw. es werden 20 Folien á 20 Sekunden präsentiert. Dies reduziert die Vortragszeit auf ein sinnvolles Maß. Dabei helfen die in Abb. 41 zusammengestellten erkenntnisleitenden Fragestellungen pro Leistungsdimension.

Hilfreich ist es, zentrale Aussagen auf einem Flipchart zusammenzufassen und/oder zentrale Aussagen auf entsprechenden Folien darzustellen. Jede »Leistungswand« kann als individueller Marktplatz verstanden werden. Jegliche Hilfe zum besseren Verständnis der vier Leistungsbereiche ist möglich.

Im Anschluss diskutieren die Teilnehmer mit dem Vortragenden die entsprechenden Aussagen. Hierzu werden Statements von den Teilnehmern auf einem Flipchart dokumentiert. Zum Abschluss nach 30–45 Minuten einigen sich die Teilnehmer auf eine gemeinsame Bewertung von 1 bis 6 pro Leistungsbereich. Nach zwei Vorträgen und den entsprechenden Unternehmensentwicklungsprozessen gehen die Teilnehmer in eine 15-minütige Pause. Nach der Pause werden zwei weitere Unternehmensentwicklungsprozesse gesichtet und bewertet. Danach schließt sich die Mittagspause mit einem gemeinsamen Mittagessen an. Ein gemeinsamer Spaziergang nach dem Mittagessen wird empfohlen.

Bewertung der Leistungsbereiche

Nach dem Spaziergang stellen die Verantwortlichen der vier Unternehmensentwicklungsprozesse die Bewertung, das Fazit und die Bemerkungen dem Teilnehmerkreis vor. Hierbei ist es wichtig, auf die individuelle Wahrnehmung jedes Einzelnen und dessen Bilder, die über seine persönliche Situation (Zukunft bzw. Vergangenheit) individuell im Kopf entstehen, zu verweisen. Diese in Abb. 42 auf S. 62 dargestellten Zusammenhänge sollten vom Moderator kurz erläutert werden.

Es geht bei der Bewertung der Leistungsbereiche nicht um richtig oder falsch, sondern um das Verstehen der Wahrnehmung der anderen Führungskraft. Dabei kann jeder erläutern, aus welcher Situation und mit welchen Rahmenbedingungen (Zukunft bzw. Vergangenheit) die Wahrnehmung entstanden ist. Die Mitarbeiter aus der Abteilung Forschung & Entwicklung werden eine andere Perspektive zum Thema Innovation haben als die Führungskräfte aus dem Controlling. Der Aufbau gegenseitigen Verständnisses ist einer der großen Mehrwerte des Workshops Unternehmensentwicklung.

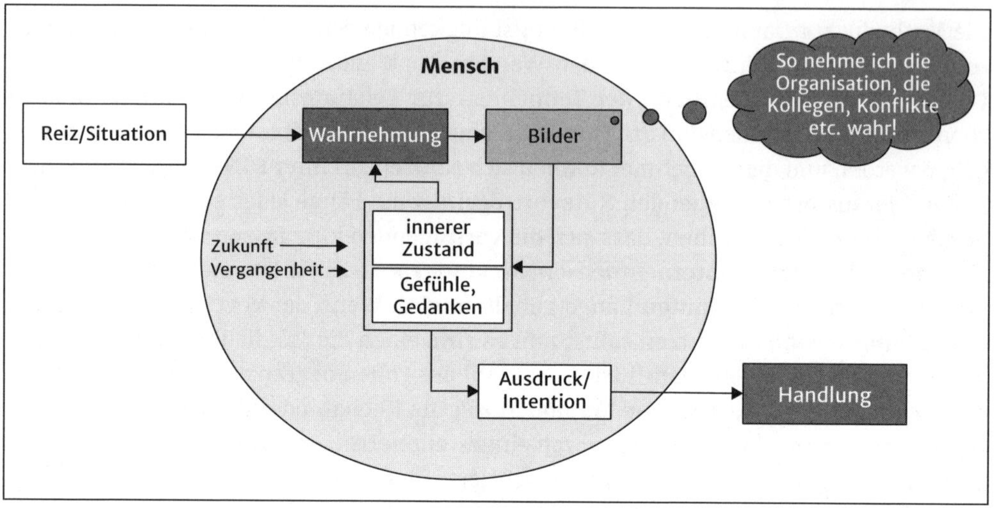

Abb. 42: Individuelle Wahrnehmung jedes einzelnen Teilnehmers (nach Tomaschek u. Strobel, 2006, S. 230)

Anschließend besteht pro Prozess die Möglichkeit für eine zehnminütige Diskussion. Im Hintergrund haben die Moderatoren bereits eine Durchschnittsbewertung aus allen zwölf Leistungsbereichen durchgeführt. Die Gesamtbewertung wird jedoch zuerst durch die Bewertung aller Teilnehmer im Plenum vorgenommen. Auf einem Flipchart wird die Gesamtbewertung eingetragen. Nach der Bewertung wird den Teilnehmern die durchschnittliche Gesamtbewertung basierend auf den zwölf Leistungsbereichen vorgestellt.

Im Anschluss an die gemeinsame Bewertung ist es hilfreich, eine andere Perspektive einzunehmen. Zur Entfernung von der eigenen Leistungsfähigkeit eignen sich Vorträge anderer Topperformer. Hier ist es möglich, Kunden, Lieferanten und/oder Branchenbeste einzuladen und zu bestimmten Leistungsbereichen referieren zu lassen. Die Teilnehmer erarbeiten gemeinsam mit den Referenten Learnings, wie die hohe Leistungsfähigkeit bei den Partnern entstehen konnte.

An dieser Stelle erhalten die Teilnehmer erneut die Möglichkeit, den Interviewleitfaden organisationale Leistungsfähigkeit auszufüllen und die verschiedenen Leistungsbereiche zu bewerten. Der Leitfaden sollte nach dem umfangreichen Input und den konkreten Aussagen über Kennzahlen pro Leistungsbereich qualitativ hochwertiger auszufüllen sein (Qualitätsstufe 2). Es folgt eine erneute Auswertung und Darstellung mit dem Navigator Unternehmensentwicklung wie in Abb. 37 (S. 54).

Verknüpfung von Leistungsbereichen: Fit-Kennzahlen

Die Komplexität der Leistungsfähigkeit ist nicht mit der Bewertung einzelner Leistungsbereiche abzudecken. Oft entstehen exzellente Leistungen oder Leistungsdefizite durch die Kombination verschiedener Leistungsbereiche. Diese Erkenntnis wird voraussichtlich auch durch die Vorträge der Topperformer herausgestellt. Auf diese Verknüpfung von Leistungsbereichen konzentriert sich der letzte Agendapunkt des ersten

Tages des Workshops Unternehmensentwicklung. Aus einer Auswahl von sogenannten Fit-Kennzahlen werden ca. zehn Kennzahlen im Plenum von den Teilnehmern ausgewählt.

Viele Leistungsbereiche sind miteinander verbunden. Dies macht auch die Komplexität der Führung eines Unternehmens aus. In zahlreichen betriebswirtschaftlichen Sichtweisen, vielen Kennzahlensystemen und Veränderungsprozessen wird diese Komplexität reduziert und vernachlässigt. Der Workshop Unternehmensentwicklung berücksichtigt diese Abhängigkeiten mit einem großen Zeitanteil am ersten Workshoptag. So gibt es Abhängigkeiten zwischen guten oder schlechten Prozessen und der Zufriedenheit des Kunden und/oder den finanziellen Ergebnissen. Es gibt Abhängigkeiten zwischen der Art der Führung und der Kultur oder auch zwischen Führung und der Leistungsfähigkeit des Individuums. Der Abgestimmtheit dieser Leistungsbereiche aufeinander und der Abhängigkeit untereinander wird mit der Fit-Kennzahl Rechnung getragen. Mithilfe der Methode Schneeballsystem werden die Führungskräfte mit dieser Denkweise vertraut gemacht. An dieser Stelle sind die Moderatoren und Experten des Workshops Unternehmensentwicklung von großer Bedeutung. Fragen und Unverständnis müssen direkt mit den einzelnen Teilnehmern geklärt werden.

Die wichtigsten Fit-Kennzahlen, die die Teilnehmer bewerten sollten, sind:

1. Strategie-Prozess-Fit,
2. Strategie-Mensch-Fit,
3. Struktur-Prozess-Fit,
4. Lernen-Mensch-Fit,
5. Aufgaben-Mensch(Talent)-Fit,
6. Finanzen-Strategie-Fit,
7. Kunde-Zusammenarbeit-Fit,
8. Führung-Kunde-Fit,
9. Führung-Mensch-Fit,
10. Innovation-Kunde-Fit,
11. Lernen-Kultur-Fit,
12. Gestaltung-Zusammenarbeit-Fit.

Die Teilnehmer haben im Rahmen der Methode Schneeballsystem zunächst ca. 15 Minuten Zeit, sich über die Leistungsfähigkeit der jeweiligen Fit-Bereiche Gedanken zu machen. Dazu stellen sich die Workshopteilnehmer die Frage, ob und inwieweit die Leistungsbereiche aufeinander abgestimmt sind. Stimmen beispielsweise die Kernprozesse des Unternehmens mit den strategischen Zielen überein, entspricht das Wissensmanagement im Bereich Lernen den tatsächlichen Fähigkeiten der einzelnen Mitarbeiter, arbeiten die Teams innerhalb der Abteilung und zwischen den Abteilungen so zusammen, dass die Kundenwünsche befriedigt werden und die Kundenzufriedenheit hoch ist. Dies sind Beispiele für die wechselseitigen Abhängigkeiten der Leistungsbereiche, aber auch der Unternehmensentwicklungsprozesse untereinander.

Die Ergebnisse der Einzelarbeit sind zum einen mit Begründungen für die Bewertung und zum anderen mit der Bewertung selber in Form einer Zahl auf einer Skala von 1 bis 6 zu dokumentieren. Im Anschluss an die Einzelarbeit organisiert sich jede Führungskraft einen Diskussionspartner am sogenannten Marktplatz. In der anschließenden Runde sind die Begründungen als auch die Bewertungen pro Fit-Kennzahl mit dem Partner zu konsolidieren. Dieser Prozess der Konsolidierung erfolgt noch zweimal. Neben der Bewertung von einzelnen Kennzahlen (drei bis fünf Kennzahlen pro Leistungsbereich, also in Summe ca. 36 einzelne Kennzahlen) ergeben sich weitere Aussagen aus ca. zehn Fit-Kennzahlen.

Die Bewertung der Leistungsfähigkeit der Organisation und der daraus resultierenden Qualität der Unternehmensentwicklung sollte auf Basis dieser vielen subjektiven Einordnungen ein objektives Gesamtbild ergeben. Dieser objektive Gesamteindruck der Entwicklung der Organisation im Verhältnis zu den zu erreichenden strategischen Zielen ist nun die Basis für die Ableitung erfolgskritischer Unternehmensentwicklungsmaßnahmen.

Dieser Gesamteindruck vom Unternehmen schließt den ersten Tag des Workshops Unternehmensentwicklung. Der pünktliche Abschluss hinterlässt bei den Teilnehmern zusätzlich einen positiven Gesamteindruck, neben den vielen spannenden, abwechslungsreichen Diskussionen aus ganz anderen Perspektiven. Der Tag schließt mit einem gemeinsamen Abendessen, ggf. mit einem gemeinsamen Abendevent, der mit dem Tagungsort zusammenhängt. Hierzu können klassische Teamaktivitäten wie Bogenschießen, Kartfahren, GPS-Nachtwanderung, Rafting, Crossgolf oder ein gemütlicher Grillabend gehören. Aktive Aktivitäten sind geeigneter als Abende mit alkoholischen Getränken und großen Mengen Essen, damit die Nachtruhe auch zum Aufladen von Geist und Körper genutzt werden kann. Die Belastung an den 1,5 Tagen ist sehr hoch und sollte den Teilnehmern auch so gespiegelt werden.

Learnings und klares Zielbild

Der zweite Tag des Workshops Unternehmensentwicklung beginnt wenn möglich mit einem gemeinsamen Frühstück und einem frühen Start um 8 Uhr. Die Teilnehmer sollten die Chance erhalten, den vorherigen Tag zu reflektieren. Daher werden 15 Minuten auf das Erstellen eines Lerntagesbuchs verwendet. Die Teilnehmer sollen ihre Erfahrungen und insbesondere auch die Learnings für die Entwicklung ihres Unternehmens aber auch für sich persönlich dokumentieren. Die Erfahrung zeigt, dass nicht immer direkt von allen Teilnehmern gleichermaßen verstanden wird, was mit einem Learning gemeint ist und wie man bewusst Learnings identifizieren kann. Daher steht am Beginn des zweiten Tags ein Exkurs zum Thema Learnings.

EXKURS

Was sind Learnings?

Learnings werden im Rahmen des Workshops Unternehmensentwicklung als das Ergebnis eines bewussten Lernprozesses verstanden, das sowohl eine Weiterentwicklung des inhaltlichen Wissens als auch eine Modifikation vorhandener Verhaltensweisen sein kann. Der Lernprozess ist dabei komplexer als gedacht, da dieser, wie in Abb. 43 dargestellt, an das Fühlen der Teilnehmer anstatt an das bewusste sachliche Verarbeiten von Wissen appelliert.

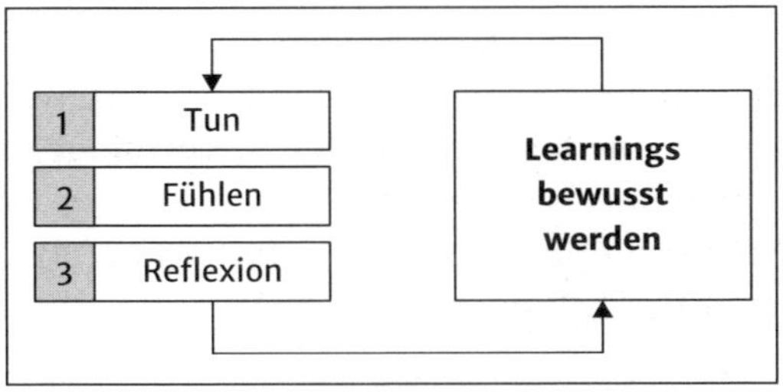

Abb. 43: Der Lernprozess (nach Meinecke, 2015, S. 15)

Es ist also kein Learning möglich, ohne vorab etwas getan zu haben. Ohne etwas zu tun, ist die Entstehung eines Gefühls nicht möglich. Das bedeutet, dass »theoretische Gefühle«, die sich der Teilnehmer in seinem Kopf zusammensetzt, nicht wirklich zu echten Learnings führen. Wenn also die Teilnehmer am ersten Workshoptag sehr gegensätzlich und ggf. auch emotional über die Einschätzung der gemeinsamen Werte diskutiert haben, ist jetzt zu überlegen, was dieses dort entstandene Gefühl über die gemeinsame Bewertung aussagt. Das ist bewusst am Morgen des zweiten Workshoptags zu reflektieren, um daraus Learnings abzuleiten.

In vielen Fällen kommt es in der Bewertung der Leitungsfähigkeit und damit der Einordnung des zukünftigen Wegs der Unternehmensentwicklung zu Grundsatzfragen im strategischen Management. Im Initialmeeting hat sich das Team über den Zweck des Unternehmens, die strategischen Ziele, die Geschäftsstrategie und das Geschäftsmodell ausgetauscht und eine Perspektive gewonnen. Teilweise ist es in Unternehmen dann noch notwendig, zwischen dem Initialmeeting und dem Workshop Unternehmensentwicklung die Strategiepyramide nachzuschärfen. Das strategische Bild sollte eigentlich für die Führungskräfte, die die Leistungsmessung durchführen, spezifisch, eindeutig, messbar, aktiv beeinflussbar, realistisch und klar terminiert sein. Im Rahmen der Bewertung am ersten Tag des Workshops kann dieses strategische Bild allerdings »verschwimmen«.

Als zweiter Agendapunkt am zweiten Workshoptag ist es daher notwendig, diesen Grad der »Verschwommenheit« in den Köpfen der Teilnehmer transparent zu machen. Dazu wird der erste Tag in wenigen Stichworten, die die Moderatoren mit dem Projektleiter am Vorabend zusammengefasst haben, am Flipchart erläutert. Nach diesem kurzen Input von ca. 15 Minuten kommt die Methodik der Murmelgruppe zum Einsatz. Die Murmelgruppen rütteln das Thema Strategiepyramide. Die Führungskräfte werden gebeten, in Dreierteams zu einigen Fragen innerhalb von 15 Minuten Stellung zu nehmen:

- Welche negativen Ergebnisse und Erlebnisse der Vergangenheit sollen nicht in die Zukunft transportiert werden?
- Was soll in der strategischen Zukunft nicht geschehen?
- Welche positiven Ereignisse der Vergangenheit möchten wir gemeinsam in die Zukunft transferieren?
- Wie wird die Zukunft unseres Unternehmens aussehen — was wird zukünftig sein?

Darüber hinaus überlegen sich die Teams, ob es offene Fragen gibt, die die anderen Teams beantworten sollten. Der Austausch im Plenum findet nur dann statt, wenn Unsicherheit oder Uneinigkeit in den Teams entstanden sind. Die Methodik geht davon aus, dass bei Übereinstimmung der Meinungen dieses Bild in den anderen Gruppen ähnlich entsteht. Die Abb. 44 in Anlehnung an Hinnen und Krummenacher (2012) wird als Orientierung für die Fragestellungen an die Teilnehmer verteilt.

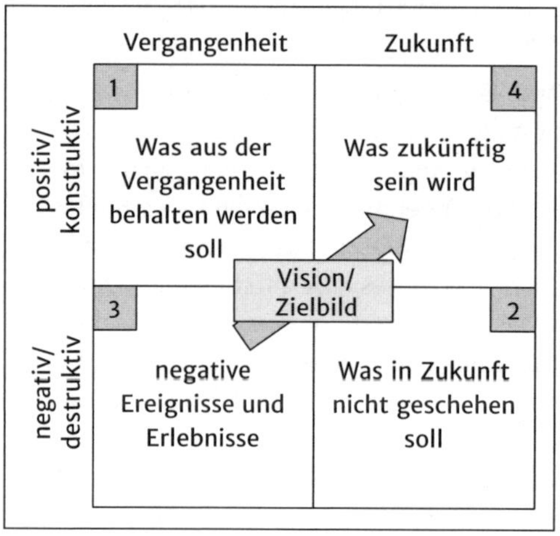

Abb. 44: Die Erarbeitung eines Zielbilds gibt den Beteiligten Orientierung (eigene Darstellung)

Als Absicherung können die Moderatoren eine Zusammenfassung des positiven Bilds zum Feld 4 im Plenum abrufen. Fehlende Übereinstimmung sollte an dieser Stelle im Plenum gelöst und dokumentiert werden. Eine kurze Kaffeepause schließt sich an.

2.3.4 Schritt 4: Unternehmensentwicklung durch Maßnahmen gestalten

Im diesem Teil des Workshops Unternehmensentwicklung geht es um die Beantwortung der Fragen:

1. Wo sind die größten Lücken in der Leistungsfähigkeit des Unternehmens im Verhältnis zu dem Zweck und den strategischen Zielen, die das Unternehmen erreichen möchte?
2. Was müssen wir tun, um die Leistungsfähigkeit des Unternehmens nachhaltig zu verbessern, und mit welchen Maßnahmen werden wir die Entwicklung unseres Unternehmens maßgeblich positiv beeinflussen?

Dieser Workshopteil ist für die aktive Entwicklung des Unternehmens entscheidend und erfolgskritisch. Hierzu wird die Open-Space-Methodik genutzt, die auch die Fortsetzung der Diskussion in weiteren Meetings ermöglicht bzw. notwendig macht (z. B. Auftakt zur kontinuierlichen Auseinandersetzung mit dem Thema Unternehmensentwicklung). Bei einer Open-Space-Konferenz (Open Space = engl. für »offener Raum«) gibt es ein Leitthema, in diesem Fall Unternehmensentwicklungsmaßnahmen, aber keine festgelegten Moderatoren oder vorbereiteten Arbeitsteams. Die Führungskräfte bestimmen selbst, wer wie lange zu welchen Themen arbeiten will. Nach dem Vorstellen der Open-Space-Prinzipien durch den Moderator bringen die Teilnehmer ihre Themen für die Workshops ein. Die vier Prinzipien lauten:

1. Wer immer in die Arbeitsgruppe eintritt, ist gerade die richtige Person.
2. Was auch geschehen mag — es ist das einzige, was geschehen kann.
3. Wann immer es beginnt, es ist die richtige Zeit.
4. Vorbei ist vorbei.

Der »offene Raum«, den eine Open-Space-Konferenz verspricht, sollte tatsächlich auch möglich sein. Inhalte des Open Space sind Themen, die den Teilnehmern am Herzen liegen, die sie bewegen, die sie mit anderen zum Thema Unternehmensentwicklung und Erhöhung der Leistungsfähigkeit bearbeiten wollen und für die sie auch Verantwortung übernehmen möchten. Auf diese Weise entsteht eine lebendige, vielschichtige Agenda, die genau den Interessen der Teilnehmer entspricht und i. d. R. die vorangegangenen Ergebnisse aufnimmt.

Die Agenda entsteht im Plenum durch die Diskussion der größten Leistungslücken, die das Unternehmen in Bezug auf die Erreichung seines Zwecks und seiner strategischen Ziele hat. Die Leistungslücken werden von den Teilnehmern auf kreisrunde Karten geschrieben und auf den Achsen mit einer Punktzahl von 1 bis 5 bewertet. Die Achsen haben folgende Bedeutung:

- X-Achse: Höhe der Gestaltungsfähigkeit der unternehmerischen Zukunft bei Eliminierung,
- Y-Achse: Eliminierung führt zu monetären und qualitativen Nutzenbeiträgen.

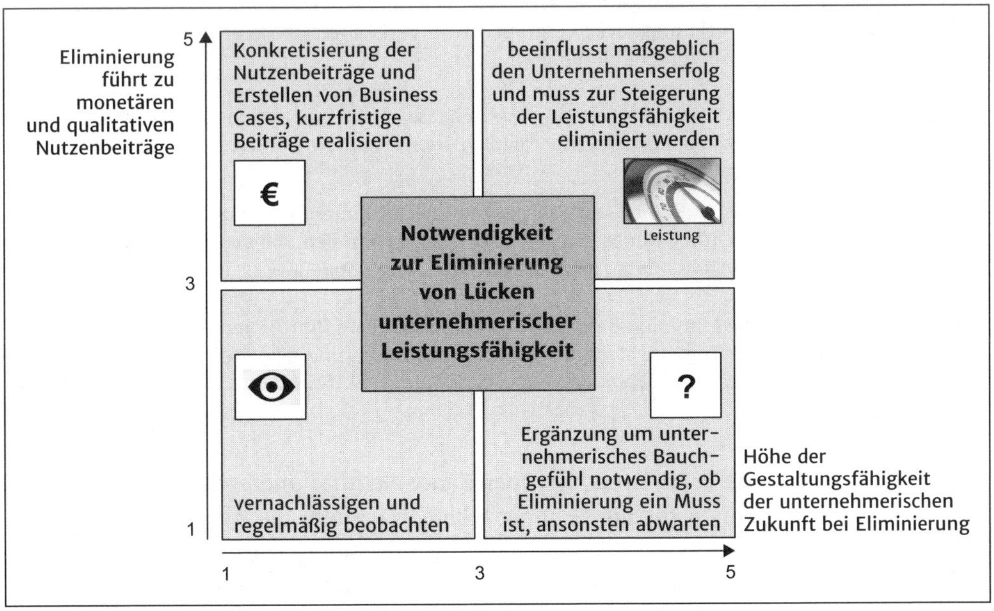

Abb. 45: Portfolio der Lücken der Leistungsfähigkeit (eigene Darstellung)

Der Moderator sammelt diese »Lücken-Karten« der heutigen Leistungsfähigkeit im Bezug zur notwendigen zukünftigen Leistungsfähigkeit zur Erzielung von Zweck und strategischen Zielen ein und positioniert diese am Metaplan-Portfolio. Das Portfolio wird wie in Abb. 45 an der Metaplanwand vorab aufgezeichnet.
Die folgenden Hilfen in Form von Beschreibungen und Kriterien unterstützen die Teilnehmer bei der Einschätzung der Werte auf den beiden Achsen.

X-Achse (Höhe der Gestaltungsfähigkeit der unternehmerischen Zukunft bei Eliminierung):

- möglicher strategischer Vorteil,
- Abgrenzung zu Wettbewerbern,
- großer Gestaltungsraum,
- Auswirkung auf Gesamtleistungsfähigkeit.

Y-Achse (Eliminierung führt zu monetären und qualitativen Nutzenbeiträgen):

- Reduktion von Fehlinvestitionen,
- Simulation von Kosten- und Nutzenkonsequenzen (Business Case),
- Abschätzung von Projektkosten,
- Zeit- und Kostenreduzierung durch die Eliminierung,
- positive Überraschung bei den Kunden.

Die Felder spiegeln dann Priorisierungs- und Aktionsgrade wider:

Feld	Beschreibung des Grades der Eliminierung der Leistungslücke
	Beobachtung: Je nachdem, ob verändern sich Rahmenbedingungen verändern oder sich die Leistungslücke vergrößert bzw. verkleinert, muss gehandelt werden; ansonsten vorerst nicht eliminieren
?	Bauchgefühl: Oft ist das unternehmerische Bauchgefühl bei nicht klar abschätzbaren Leistungslücken ein Gradmesser, ob die Lücke eliminiert werden muss oder nicht
€	Aufwand/Nutzen: Die Leistungslücke kann bei Eliminierung einen quantifizierbaren Nutzen hinsichtlich Kunde, Kosten oder Qualität erzielen, die genaue Bestimmung mit einem Business Case ist für die Entscheidung notwendig
	Toplücke: Die Eliminierung der Lücken in diesem Feld führt in jedem Fall zu einer Erhöhung der Leistungsfähigkeit des Unternehmens und gestaltet die Zukunft positiv

Das Portfolio ist für alle Teilnehmer des Open Space sichtbar und nachvollziehbar. Hieraus entsteht eine Agenda für die Gruppenarbeit. Nachdem die Agenda steht, finden viele parallele und aufeinanderfolgende Kleingruppenarbeiten statt, die i. d. R. 60 bis 75 Minuten dauern und zu denen sich kleine Gruppen unterschiedlicher Größe zusammenfinden. Derjenige, der das Thema eingebracht hat, übernimmt meistens die Moderation der Gruppe und hält Ergebnisse fest.

Für diese Phase gilt das »Prinzip der zwei Füße«: Jeder wählt selbst, an welchen Workshops er teilnimmt und wie lange. Deshalb ist der Wechsel zwischen den Arbeitsgruppen nicht nur möglich, sondern ausdrücklich gestattet. Das Ganze ist immer sehr lebendig und man spürt das Engagement und die Freude der Teilnehmer, an Themen zu arbeiten, die sie wirklich interessieren. Die wichtigsten Ergebnisse aller Workshops werden von den Themengebern in kurzer Form dokumentiert, laufend veröffentlicht und am Ende der Bearbeitungszeit für alle vervielfältigt.

Die Dokumentation der Arbeitsgruppen wird von allen gemeinsam im Rahmen eines Marktplatzes gesichtet, reflektiert und die wichtigsten Themen, Ideen und Ziele herauskristallisiert. Wiederum in Freiwilligengruppen werden anschließend nächste Schritte besprochen. Die Zuordnung der Maßnahmen zu den vier Unternehmensentwicklungsprozessen, wie in Abb. 46 dargestellt, ermöglicht eine Strukturierung der Maßnahmen.

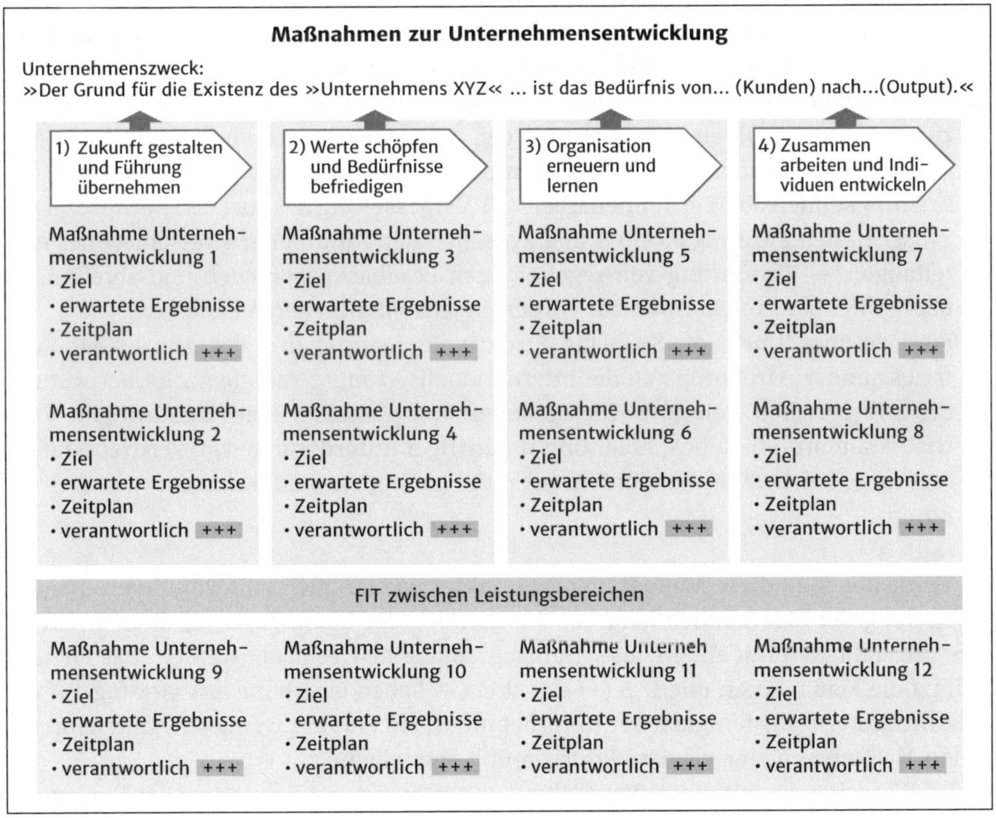

Abb. 46: Unternehmensentwicklungsmaßnahmen (eigene Darstellung)

Da die Maßnahmen der Unternehmensentwicklung mehrere Leistungsbereiche betreffen können, kann es zu Überschneidungen zwischen den Unternehmensentwicklungsprozessen kommen. Es empfiehlt sich dann, einen Maßnahmenbereich »Fit« zu eröffnen, um auch die Vernetzung der Maßnahmen zu verdeutlichen. Der Schwerpunkt liegt jedoch auf der gemeinsamen Sichtweise, dass die identifizierten Maßnahmen wichtig sind, und die Teilnehmer die Maßnahmen initiieren und umsetzen möchten. Die Strukturierung hat dabei eine nachgelagerte Priorität.

Die Maßnahmen zeigen einen deutlich mittel- bis langfristigen Charakter auf und richten sich auf die Gestaltung der Zukunft. Zur Beschreibung der Maßnahmen werden die folgenden Kriterien verwendet:

- Ziel der Maßnahme,
- erwartete Ergebnisse der Maßnahme,
  - inhaltliche Darstellung des erwarteten Ergebnisses,
  - Art der Auswirkung auf die Leistungsfähigkeit,
- Zeitplan der Umsetzung,
- Verantwortliche und Beteiligte der Maßnahme.

Konkrete Unternehmensentwicklungsmaßnahmen könnten beispielhaft sein:

1. Leistungsdimension Innovation: die Erhöhung der Innovationskraft durch die Einführung eines übergreifenden Innovationsprozesses auf den Ebenen Geschäftsmodell, Produkt und Prozess zur Differenzierung unter den Wettbewerbern — Einführung von Kennzahlen zur Messung der Innovationskraft und zur frühzeitigen Ableitung von Innovationsschwächen im Umfeld der Wettbewerber.
2. Leistungsdimension Zusammenarbeit: die Verbesserung des sozialen Kernprozesses zwischen den Führungskräften und zwischen den Mitarbeitern verschiedener Abteilungen — Einführung von regelmäßigen Feedbackgesprächen und abteilungsübergreifender Projektarbeit zur Förderung des inhaltlichen Austauschs.
3. Fit-Leistungsdimension Strategie-Struktur: die Anpassung der Anzahl der Vertriebsstandorte in Europa an die Internationalisierungsstrategie nach Überprüfung der strategischen Relevanz jedes Standorts — Erstellen eines zukünftigen Vertriebsstandort-Portfolios, Ableitung zukünftiger Anforderungen an Vertriebsstandorte (z. B. Reichweite, Kundenanzahl) und Planung zur Reduktion der Standorte in Europa.

Im Workshop sind diese Maßnahmen so konkret wie möglich zu formulieren. Bei der Vorstellung der Maßnahmen kann die Auswirkung der Maßnahme auf die zukünftige Leistungsfähigkeit mit einem Auswirkungsgrad messbar gemacht werden. Das Plenum schätzt die Maßnahmen mit 1–3 (+) ein, drei (+) haben eine hohe Auswirkung auf die zukünftige Leistungsfähigkeit des Unternehmens, ein (+) eher weniger. Damit kann bei vielen Maßnahmen eine gewisse Priorisierung entstehen.

Im Workshop ist mit dieser Vorstellung, Einordnung und Bewertung der Unternehmensentwicklungsmaßnahmen der wichtigste Schritt vollzogen. Der Teilnehmerkreis hat sich auf Maßnahmen, deren Priorisierung untereinander und deren inhaltliche Ausgestaltung verständigt. Dies ist im Sinne des Veränderungsmanagements der größte Erfolg, verschiedene Perspektiven auf ein Ziel auszurichten. Aus Sicht der Spannungskurve des Workshops lässt diese jetzt bewusst nach und mit Schritt 5 wird wieder ein eher systematisches Arbeitspaket bearbeitet.

2.3.5 Schritt 5: Kennzahlen- bzw. Indikatorenset der Zukunft aufbauen

Nachdem in Schritt 4 eine gemeinsame Bewertung der vorerst abschließenden organisationalen Leistungsfähigkeit vorgenommen worden ist, besteht das Ziel in Schritt 5 darin, die Kennzahlen und Indikatoren zukunftsorientiert weiterzuentwickeln: Es sollte eine kritische Diskussion über die Verwendung und Nutzung von bestehenden Kennzahlen stattfinden. Zugleich sollten Vorschläge für neue Kennzahlen erarbeitet werden. Die Orientierung der Beteiligten an dem erarbeiteten Unternehmenszweck und den strategischen Zielen ist an dieser Stelle im Workshop bereits Teil des Selbstverständnisses der Teilnehmer. In diesem letzten Abschnitt sollen die folgenden Fragen beantwortet werden:

1. Welche Kennzahlen und Steuerungsinstrumente müssen wir installieren, um die integrierte (betriebswirtschaftlich-menschorientierte) Steuerung unseres Unternehmens auf ein neues, marktführendes Niveau zu heben?
2. Wie gehen wir mit den Kennzahlen um und wann sind wir erfolgreich im Umgang mit komplexen Kennzahlensystemen?

Externe Experten und/oder die Moderatoren können in dieser Phase den Prozess der Willensbildung unterstützen. Es können aber auch die Erkenntnisse des Open Space genutzt werden. Hier können in Kleingruppenarbeit und ggf. im Rahmen eines Peer-Review-Verfahrens die Ergebnisse weiterentwickelt werden. Beim Peer-Review-Verfahren können die Ergebnisse des Open Space zum Thema »notwendige Kennzahlen« zwischen den einzelnen Gruppen ausgetauscht und bewertet werden, d. h. jede Gruppe bewertet das Ergebnis der anderen Gruppe. Dies hat den Vorteil, dass die Ergebnisse ganzheitlich betrachtet werden. Aus den unterschiedlichen Bewertungen können dann Konsequenzen für die Weiterentwicklung der einzelnen Kennzahlen gezogen werden.

Der Einsatz von externen Experten hat den Vorteil, dass diese als Sparringpartner die Diskussion stimulieren und bereichern. Externes Wissen hat den Vorteil der Objektivierbarkeit. Im Ergebnis sollte bei allen Beteiligten Klarheit über die zukünftig relevanten Kennzahlen des Unternehmensentwicklungsnavigators vorliegen. Dies geschieht in einem gemeinsamen Aushandlungsprozess, in dem das »Was« und das »Wie« festgelegt werden:

- Was: Welche Kennzahlen werden verwendet? Welche sind neu, welche liegen bereits vor?
- Wie: Wie werden die Kennzahlen ermittelt? Auf welcher Grundlage basieren die Kennzahlen? Welcher Weg der Ermittlung der Kennzahlen wird eingeschlagen?

Bei der Festlegung des zukünftigen Unternehmensentwicklungsnavigators und der verwendeten Kennzahlen sind die folgenden Prinzipien zu berücksichtigen:

1. Weniger ist mehr: Für jede Leistungsdimension müssen es nicht 3 bis 5 Kennzahlen sein, es sollten jedoch nicht mehr als 3 bis 5 Kennzahlen sein.
2. Kennzahlen führen zur Aktion: Die positive oder negative Abweichung einer Kennzahl muss zu einer Aktion im Unternehmen führen; ist dies nicht der Fall, ist die Kennzahl überflüssig.
3. Interpretation ist wichtiger als Zahlenwert: Die Diskussion um die Aussagekraft der Kennzahl ist wichtiger als die elektronische Verfügbarkeit von Kennzahlen.

Im Workshop können im Plenum erste weitere notwendige Kennzahlen ermittelt und diskutiert werden. Diese Diskussion wird im Workshop nicht zu Ende zu führen sein. Daher ist es wichtig, die Verantwortlichen für die Vervollständigung des Kennzahlensystems innerhalb des Unternehmensentwicklungsnavigators ebenso festzulegen wie einen Zeitraum, bis wann ein weiterer Vorschlag vorliegt.

Die Teilnehmer haben sich mit diesem letzten Agendapunkt das Ende des Workshops Unternehmensentwicklung »erkämpft«. Aus der Erfahrung solcher eineinhalbtägigen Veranstaltungen und der Komplexität dieser sehr schwierigen Thematik besonders für operative Führungskräfte ist es wichtig, einen guten Abschluss zu finden. Zum Ende sollten keine schwierigen Themen diskutiert oder gegensätzliche Meinungen aufgebaut werden. Daher ist es wichtig, den Workshop pünktlich inhaltlich abzuschließen.

Im Anschluss folgt noch das Feedback gemäß Abb. 35 (S. 51), aus dem viele wichtige Learnings für die weitere Gestaltung solcher Workshops zu ziehen sind. Wichtiger ist jedoch, die 1,5 Tage zu resümieren und das Tempo aus der Veranstaltung zu nehmen. Daher muss der Moderator jegliche inhaltliche Diskussionen, Rechtfertigungen oder Missverständnisse an dieser Stelle unterbinden und mit einem konstruktiven Blick nach vorne den Workshop aus der Rolle der Moderation beenden. Das Abschlusswort obliegt dem Geschäftsführer und Projektleiter des Workshops Unternehmensentwicklung. Die Agenda des Workshops Unternehmensentwicklung ist in der Zusammenfassung den Abbildungen 47 und 48 zu entnehmen.

Zeitbedarf	Inhalt	Wer/Moderation?
15'	Begrüßung und Vorstellung der Teilnehmer	Geschäftsführung
30'	Impulsvortrag: Unternehmensentwicklung als Thema inkl. Diskussion	Experte
15'	Unternehmensentwicklungsnavigator – Funktion und Ablauf	Moderator
240'	Kurzvorträge je Unternehmensentwicklungskernprozess und Bewertung	Metaplanwand-Wanderung
60' Mittagessen inkl. Spaziergang		
60'	Reflexion der Ergebnisse und Bewertung im Interviewleitfaden	alle/Moderation
30'	Impulsvortrag: Topperformer in ausgewählten Leistungsbereichen	Kunde/Lieferant/ Branchenbeste
150'	Fit-Kennzahlen und Bewertung	Schneeballsystem
Abendessen ggf. mit Abendaktivität		

Abb. 47: Agenda Workshop Unternehmensentwicklung Tag 1 (eigene Darstellung)

Zeitbedarf	Inhalt	Wer/Moderation?
15'	Begrüßung und Lerntagebuch	Geschäfsführung/ alle
15'	Zusammenfassung Ergebnisse Tag 1	Moderator/ Projektleitung
30'	Review: Zweck, strategische Ziele, Strategie	Murmelgruppe
150'	Lücken der Leistungsfähigkeit identifizieren und Maßnahmen ableiten	Open Space
60'	Kennzahlensystem der Zukunft festlegen	alle/Moderator
30'	Feedback und weiteres Vorgehen	Geschäfsführung/ Projektleitung

Mittagessen und Abreise

Abb. 48: Agenda Workshop Unternehmensentwicklung Tag 2 (eigene Darstellung)

2.3.6 Schritt 6: Unternehmensentwicklung kontinuierlich mit Messung und Maßnahmen gestalten

Im Anschluss an den eineinhalbtägigen Workshop Unternehmensentwicklung ist die größte Herausforderung, das erlangte Energieniveau der Teilnehmer, die resultierenden Ideen und Maßnahmen in einen kontinuierlichen Prozess zu überführen. Die einmalige Messung und einmalige Ableitung von Maßnahmen ist nicht hilfreich, da weder vergleichbare Werte entstehen noch die Auswirkung der Maßnahmen überprüft werden kann.

Das Schaffen der Kontinuität in Veränderungsprozessen des jeweiligen Unternehmens wird ermöglicht durch:

1. Verbindlichkeit: Verabschiedung des Themas Unternehmensentwicklungsnavigator als fixer Bestandteil im strategischen Managementprozess durch die Geschäftsführung und Verankerung in den Zielvereinbarungen der Führungskräfte,
2. Personifizierung: Benennung von Verantwortlichen für die Durchführung der regelmäßigen Messung und für die vier Unternehmensentwicklungsprozesse,
3. Automatisierung: Verankerung der Messung mit informationstechnologischer Unterstützung in Form von attraktiven und benutzerfreundlichen Apps insbesondere auch für mobile Devices.

Die Projektleitung sollte die folgenden Aktivitäten anstoßen:

- Vereinbarung eines Termins bzw. Vorbereitung des nächsten Unternehmensentwicklungsnavigators,
- Festlegung der Verankerung von Messbarkeit der Unternehmensentwicklung im Unternehmen,
- Entscheidung über Automatisierungsgrad (Apps, Häufigkeit, Darstellung),

- Vereinbarung über den Teilnehmerkreis in der Zukunft,
- Termin für Nachbetrachtung und Reflexion der Learnings aus dem Unternehmensentwicklungsnavigator.

In der Summe sollte den Beteiligten regelmäßig der in Abb. 49 dargestellte Zusammenhang verdeutlicht werden. Je konsequenter und selbstverständlicher diese Stufen der Messung der organisationalen Leistungsfähigkeit und Ableitung der Unternehmensentwicklungsmaßnahmen durchlaufen werden, desto erfolgreicher wird das Führungsteam mit unvorhergesehenen Ereignissen und komplexen Führungssituationen umgehen. Da die Überprüfung der Leistungsfähigkeit mit einem regelmäßigen Check von Zweck und strategischen Zielen einhergeht, wird auch der notwendige Strategie-Review regelmäßig initiiert.

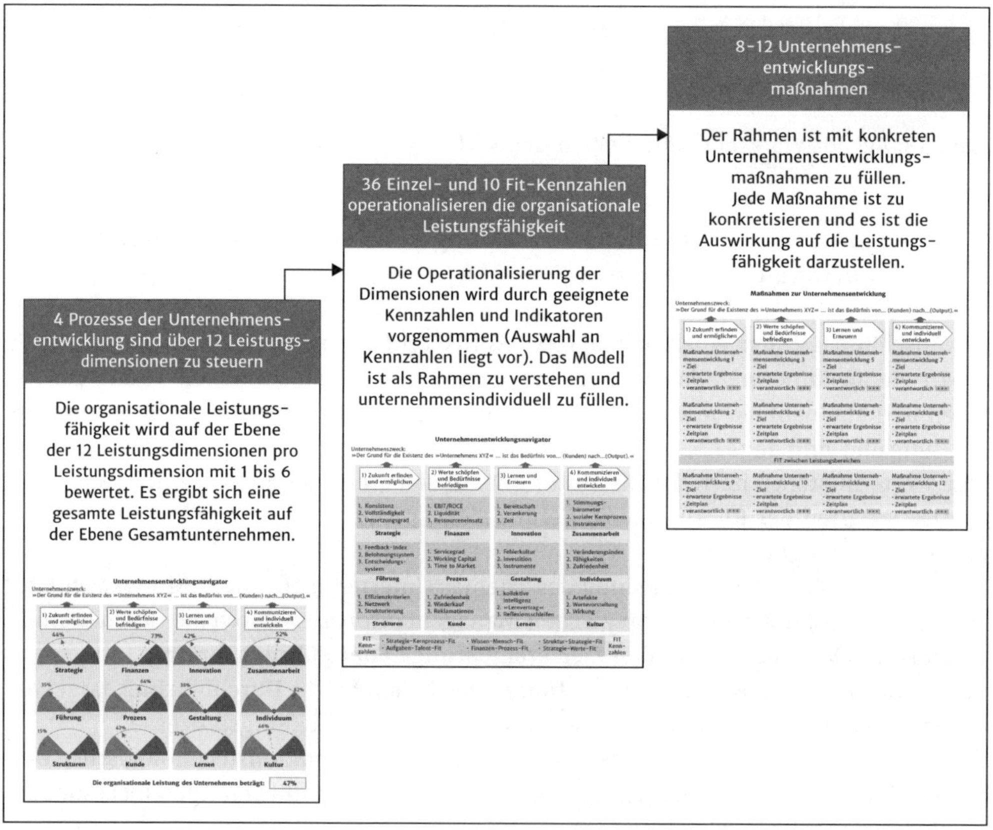

Abb. 49: Zusammenhang Unternehmensentwicklungsprozesse, Leistungskennzahlen und Maßnahmen (eigene Darstellung)

Die Ergebnisse des 6. Schritts sind:

- Interventionsplanung zur Verankerung kontinuierlicher Messungen,
- Organisationsvorlage zukünftiger Messungen (Teilnehmerkreis, Termin für Reflexionsmeeting),

Workshop Unternehmensentwicklung (UE) im Überblick – 6 Schritte von Arbeitsfähigkeit zur Kontinuität

	1 Arbeitsfähigkeit herstellen	2 Gemeinsam ins Handeln kommen	3 »Denkrahmen« füllen und bewerten	4 UE durch Maßnahmen gestalten	5 Kennzahlen- und Indikatorenset der Zukunft aufbauen	6 UE kontinuierlich messen und gestalten
Ziel 	Ziel- und Auftragsklärung, Aufsetzen arbeitsfähiger Teams und Klarheit zur Zeitplanung herstellen	gemeinsam Modell kennenlernen, vorhandene Kennzahlen zusammentragen, Kurzvorträge vorbereiten, erste Bewertung	Review des Zukunftsbilds, des Zwecks und der definierten Ziele, Bewertung der Leistungsfähigkeit und Identifizierung von Maßnahmen	Identifizierung von Hebeln zur Verbesserung, Ableitung von Maßnahmen	Den Kennzahlen- und Indikatorenrahmen der Zukunft unternehmenszweckorientiert aufbauen	Messbarkeit der Leistungsfähigkeit des Unternehmens in der Organisation verankern
Methode 	• Einzelgespräche • Workshop mit dem Steuerungsteam • Projekt-Umfeld-Analyse • Kommunikationskonzept	Initialmeeting • Vorstellung Modell und Vorgehensweise • Vorstellung erster Entwurf des Unternehmenszwecks • Einzelinterviews im Nachgang	**Workshop UE (1,5 Tage)** • Impulsvorträge pro UE-Prozess • Interviewleitfaden • Metaplanwand-Wanderung, Schneeballsystem	**Workshop UE (1,5 Tage)** • Open Space, Murmelgruppen	**Workshop UE (1,5 Tage)** • Kleingruppenarbeit auf Basis der Open-Space-Ergebnisse • Plenumsarbeit • Kennzahlenset gestalten im Nachgang	• Projektmanagement • Automatisierung der Messung • Reflexionsschleifen mit Teilnehmern
Ergebnis 	• abgestimmte Ziel- und Auftragsklärung mit dem Auftraggeber • Mitglieder des Kernteams sind definiert • Zeitplanung für den Kick-off ist vereinbart	• Kernteam hat ein Grundverständnis zum Modell • vorhandene Kennzahlen und Indikatoren sind erfasst • Kurzpräsentationen zu jeder Dimension liegen vor • jeder Teilnehmer bewertet die Dimensionen	• Kernaussagen pro Dimension • gemeinsame Sicht zur momentanen Leistungsfähigkeit • gemeinsames Verständnis zum Zukunftsbild, Unternehmenszweck und zu den Zielen	• Ideen zur Verbesserung der Leistungsfähigkeit liegen vor • UE-Maßnahmen sind definiert	• Klarheit zu den zukünftig relevanten Kennzahlen und Indikatoren, die den UE-Prozess »greifbar« machen	• Terminvereinbarung nächster UE-Workshop • Automatisierungsgrad (Apps) • Teilnehmerkreis der Zukunft • Reflexion und Learnings

Abb. 50: Interventionsarchitektur Workshop Unternehmensentwicklung: Aufbau und Ablauf (eigene Darstellung)

- Bewertung der Leistungsfähigkeit mit Interviewleitfaden (Qualitätsstufe 3),
- Unternehmensentwicklungsnavigator mit abgestimmtem Kennzahlenrahmen.

Mit der Verankerung dieser Ergebnisse sollte eine kontinuierliche Messung der Leistungsfähigkeit zum Selbstverständnis des zukunftsgerichteten, selbst entwickelnden Unternehmens werden. Die Architektur dieses sechsstufigen Vorgehens wird in Abb. 50 (S. 75) abschließend dargestellt.

2.4 Alternative Interventionsarchitekturen

2.4.1 Kurzvariante (»Quickshot«)

Die Bewertung der organisationalen Leistungsfähigkeit und die Weiterentwicklung der Kennzahlen geben insgesamt einen Überblick über das »Was«. In welchen Bereichen sind wir gut aufgestellt, in welchen Bereichen sind wir schlecht aufgestellt? Die konkrete Ableitung von Maßnahmen, die im Rahmen der Unternehmensentwicklung umgesetzt werden, zeigt gleichzeitig, wie innerhalb der Organisation Veränderungen vorgenommen werden sollen. Bei der Auswahl der Workshopteilnehmer sollte darauf geachtet werden, dass die Personen genommen werden, die diesem Format zunächst einmal positiv gegenüberstehen. Es sollte Interesse bestehen, das Unternehmen weiterzuentwickeln. Dies erfordert auch eine zeitliche Investition. Ein gewisser Einfluss innerhalb der Organisation ist ebenfalls von Vorteil, denn dies erleichtert die Durchsetzung der Maßnahmen in diesem Schritt. Weiterhin sollten die Personen über einen gewissen Kenntnisstand verfügen, wie die Organisation »tickt« und »funktioniert«.

Insgesamt bietet die vorgestellte Interventions- und Workshopstruktur einen Rahmen, in dem die Differenz zwischen Vergangenheit, Gegenwart und Zukunft bearbeitet wird. Die Durchführung der einzelnen Workshops ist auch gleichzeitig eine soziale Entwicklungsintervention. Der Bearbeitungsprozess und die aktive Integration der Mitarbeiter schafft emotionale Sicherheit. Die Mitarbeiter fühlen sich »mitgenommen«, weil sie aktiv an einer Veränderung mitwirken. Ein weiterer Vorteil ist, dass v. a. bei den Gruppenarbeiten auch bislang unsichtbare und ungelöste Probleme sichtbar gemacht werden.

Die Prozessarchitektur mit sechs Prozessschritten stellt außerdem einen gelenkten Kommunikationsrahmen dar, der Lernsituationen schafft, die vielfältige Impulse aus unterschiedlichen Perspektiven bzw. von unterschiedlichen Personen ermöglichen und neue Aspekte wachsen lassen. In einem solchen Prozess entstehen eine gemeinsame Sprache sowie ein gemeinsames Verständnis zwischen den relevanten Schlüsselfiguren einer Organisation. Letztendlich geht es darum, im Rahmen dieser robusten Prozessarchitektur ein arbeitsfähiges Team der Unternehmensentwicklung zu formen, das wichtige Fragen zur Leistungs- und Überlebensfähigkeit des Unternehmens löst.

Das in den vorangegangenen Kapiteln erarbeitete Workshopkonzept mit sechs Schritten stellt ein sehr umfassendes Format dar. Dieses Format bedingt einen internen Organisationsaufwand. Zudem werden personelle Ressourcen zeitlich stark beanspruchtn. Daher wird in diesem Kapitel eine Kurzvariante (Quickshot) vorgestellt, die sich durch eine reduzierte Prozessarchitektur mit zwei Großgruppenveranstaltungen auszeichnet (vgl. Abb. 51).

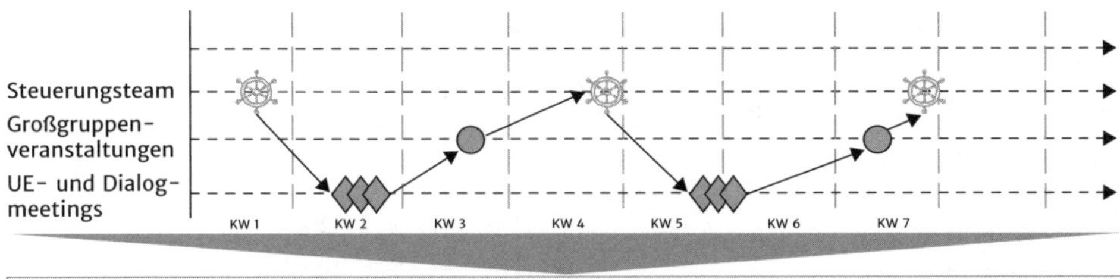

Steuerungsteam	Ziel- und Auftragsklärung, Auswählen der Mitglieder für das Steuerungsteam, erste Klärung der Vorgehensweise. Durchführung Projekt-Umfeld-Analyse, Vorbereitung der Großgruppenveranstaltung, Erarbeitung Kommunikationskonzept
Großgruppen-veranstaltung (GG)	GG1: Miteinander in den Dialog kommen, Kennenlernen des Models, Ideen für Kennzahlen und Indikatoren generieren GG2: Festlegung der Leistungsfähigkeit und Ableitung der Auswirkungen auf die Organisationsentwicklung
UE- und Dialog-meetings	Erhebung fehlender Kennzahlen und Indikatoren

Abb. 51: Kurzvariante der Interventionsarchitektur (eigene Darstellung)

Dieses Interventionsformat zeichnet sich v. a. durch eine veränderte Struktur aus. Ein Steuerungsteam soll den Ablauf gestalten und die einzelnen Schritte koordinieren, zudem werden inhaltliche Vorarbeiten geleistet. In den beiden Großgruppenveranstaltungen werden dann die einzelnen Workshopschritte zusammengefasst. Zwischen den Großgruppenveranstaltungen sollen mithilfe der Dialogmeetings fehlende Kennzahlen und Indikatoren erarbeitet werden.

Bei dieser Variante werden insgesamt fünf Prozessschritte durchlaufen. Es findet also eine zeitliche Straffung statt. Abbildung 52 (S. 78) zeigt den Ablauf der Konstruktion der Leistungsfähigkeit im Überblick und die veränderte Prozessarchitektur.

Zu Beginn findet im ersten Schritt ein gesonderter Workshop mit dem Steuerungsteam statt. Das Steuerungsteam hat in dieser Variante eine zentrale Aufgabe, da alle Handlungsstränge im Steuerungsteam zusammenlaufen. Weiterhin wird im ersten Schritt ein Kernteam bestimmt, das in Schritt 2 das Modell kennenlernt. In Schritt 4 und 5 wird die Workshopstruktur erweitert. Hier werden die Großgruppenveranstaltungen durchgeführt, die jeweils einen unterschiedlichen thematischen Fokus haben.

Es stellt sich v. a. bei dieser Variante die Frage: Wie werden die einzelnen Mitglieder des Steuerungsteams ausgewählt? Bei der Auswahl der Mitglieder sollte darauf geachtet werden, dass eine breite Streuung der im Unternehmen vorhandenen Kompetenzen berücksichtigt wird. Hier kann an das Kapitalkonzept[24] angeknüpft werden. Mitglieder einer

24 Es handelt sich bei den Kapitelformen um eine soziologische Betrachtung, siehe hierzu auch den Überblick bei Reich, K. (2013), S. 47ff.

	1 Arbeitsfähigkeit herstellen	2 Gemeinsam ins Handeln kommen	3 Hinsehen lernen	4 Denkrahmen gemeinsam füllen	5 Leistungsfähigkeit bewerten & Maßnahmen ableiten
Ziel 	Ziel- und Auftragsklärung, Aufsetzen arbeitsfähiger Teams und Klarheit zur Zeitplanung herstellen	gemeinsam den positiven Kern entdecken, das Modell kennenlernen sowie die Bearbeitungsarchitektur entwickeln	vorhandene Kennzahlen und Indikatoren zusammentragen und vorhandene Lücken identifizieren	Das Modell mit unternehmensindividuellen Kennzahlen und Indikatoren befüllen	Bewertung der Leistungsfähigkeit und Identifizierung von Hebeln zur Verbesserung sowie Ableitung nächster Schritte
Methode 	• Einzelgespräche • Workshop mit dem Steuerungsteam • Projekt-Umfeld-Analyse • Kommunikationskonzept	• Einzelgespräche • Kick-off mit dem Kernteam (ggf. World Café) • Erarbeitung und Schärfung des Existenzgrunds	• Workshops • Befragungen • Einzelarbeit und Analysen • Team Alignment Check • Kulturanalyse	• Großgruppenveranstaltung • Workshops	• Großgruppenveranstaltung
Ergebnis 	• abgestimmte Ziel- und Auftragsklärung mit dem Auftraggeber • Mitglieder des Steuerungs- und Kernteams sind definiert • Zeitplanung für den Kick-off ist vereinbart	• Kernteam hat ein Grundverständnis zum Modell • gemeinsames Verständnis zum Existenzgrund • abgestimmte Prozess- und Beteiligungsarchitektur	• vorhandene Kennzahlen und Indikatoren sind erfasst • für Kennzahlenlücken liegen Konzepte zur Erhebung vor	• unternehmensspezifische Kennzahlen und Indikatoren sind erhoben • das Modell als Denkrahmen wurde gemeinsam befüllt	• gemeinsame Sicht zur momentanen Leistungsfähigkeit • Klarheit über nächste Schritte

Abb. 52: Ablauf der Kurzvariante (eigene Darstellung)

Organisation verfügen über unterschiedliches Kapital. Menschen mit einem hohen Sozialkapital sind in der Organisation gut vernetzt und kennen die entscheidenden Schlüsselfiguren, z. B. aufgrund einer langen Unternehmenszugehörigkeit oder der Arbeit in Gremien wie dem Betriebsrat. Daneben sollten Personen mit einem hohen Wissenskapital in das Steuerungsteam integriert werden. Diese Personen verfügen über ein exzellentes Fachwissen. Mitarbeiter mit einem hohen Handlungskapitel (sog. »Hands-on-Mentalität«). Sie möchten Dinge aktiv und progressiv gestalten. Allerdings sind Meetings und Diskussionen für diese Personen oft eine Qual. Zu guter Letzt sollte das Steuerungsteam aus Personen mit Entscheidungskapital besetzt werden. Diese Personen zeichnen sich durch Entscheidungsbefugnisse aus, z. B. Topmanagement oder mittleres Management. Dabei können Personen auch mehrere Kapitalformen in sich vereinen.

Neben der Zusammensetzung des Steuerungsteams stellt die Durchführung der Großgruppenveranstaltung eine weitere zentrale Herausforderung bei dieser Variante dar. Auch hier sollten einige Regeln und Prinzipien beachtet werden. Jede Großgruppenveranstaltung sollte eine genaue Zielsetzung haben, die vorher definiert und veröffentlicht wird. Diese Zieldefinition führt dann während der Veranstaltung dazu, dass lösungsorientiert gearbeitet wird. Alle Mitglieder konzentrieren sich auf ein Problem und finden sich in dem »Raum« zusammen. Dabei sollte die Großgruppe einen moderierten Prozess durchlaufen, der jedoch ergebnisoffen ist. Hierzu ist es notwendig, Gemeinsamkeiten zu finden und in selbstorganisierten Gruppen an der Problemlösung zu arbeiten. Das Ergebnis der Großgruppen ist ein Maßnahmenkatalog, der erst dann geplant und umgesetzt wird, wenn ein Konsens über die Zukunft erzielt worden ist.

Den Rubikon überschreiten und die Fokussierung auf die definierten Ziele

Nach der unternehmensindividuellen Erarbeitung und Ausgestaltung des zukünftigen Kennzahlen- und Indikatorensets geht es an die Umsetzung der definierten Ziele. Der gemeinsam ausgehandelte Weg zur Erreichung der angestrebten Ziele kann das eine oder andere Hindernis und Problem hervorbringen. Neben zu erwartenden und zufällig auftretenden Schwierigkeiten liegt die größte Gefahr für die Unternehmensentwicklung und die damit verbundenen Ziele in einem Nachlassen der durch den Prozess ausgelösten Motivation und Teamgeschlossenheit. Hilfreich für die Steuerung der relevanten Akteure ist das Rubikon-Modell der Handlungsphasen der beiden Psychologen Heckhausen und Gollwitzer. Das Rubikon-Modell ist nach Caesar benannt, der 49 v.Chr. den kleinen italienischen Fluss Rubikon mit seinen Soldaten überschritt und damit einen Bürgerkrieg auslöste. Caesar hatte lange gezögert und überlegt, bis er sich zu diesem folgenschweren Schritt entschloss, dessen mögliche Konsequenzen ihm bewusst waren. Seitdem bezeichnet man mit der Metapher »den Rubikon überschreiten« einen Schritt, den man nicht zurücknehmen kann. Der Theorie nach kann echte Willensstärke nur dann entwickelt werden, wenn der Rubikon bewusst überschritten wird.

Diese Rubikon-Theorie ist auch als Modell der Handlungsphasen bekannt. Der Prozess einer bewussten, willentlichen Handlung gliedert sich dem Modell nach in vier unterschiedliche Phasen: In eine Abwägungs-, eine Planungs-, eine Handlungs- und eine Bewertungsphase.

- In der Abwägungsphase werden die unterschiedlichen Wünsche bzw. Ziele verglichen und hinsichtlich ihrer Nützlichkeit und ihrer Realisierungswahrscheinlichkeit bewertet. Am Ende dieses Aushandlungsprozesses ist die Entscheidung hinsichtlich eines anzustrebenden Ziels und dessen Realisierung getroffen worden. Damit ist der Rubikon überschritten. Besonders bedeutsam ist in dieser Phase, dass von den relevanten Akteuren erkannt wird, dass Handlungsalternativen bestehen und dass es zu einer bewussten Entscheidung für eine der möglichen Optionen kommt. Nur ein bewusstes Entscheiden führt zur Entwicklung von Willensstärke.
- Im Rahmen der Planungsphase geht es um das »Wie«, d. h., es werden konkrete nächste Schritte geplant. Die Ausgestaltung des Wegs und der Vorgehensweise zur Erreichung des definierten Ziels bilden den Kerninhalt dieser zweiten Phase.
- Im Mittelpunkt der Handlungsphase steht die Umsetzung der geplanten Interventionen, Maßnahmen und vereinbarten Schritte. Die Erarbeitung von geeigneten Strategien zum Umgang mit Unerwartetem und Störeinflüssen ist ebenfalls Inhalt dieser Phase.
- Der Abgleich des in der ersten Phase definierten Ziels (Sollzustand) mit dem realisierten Istzustand ist der Kern der vierten, abschließenden Bewertungsphase. Diese Analyse kann ggf. weitere Maßnahmen und Schritte zur Folge haben, sofern das Erreichte nicht den angestrebten Zielen entspricht.

Das skizzierte Modell kann auch auf das Thema der Unternehmensentwicklung und dessen Ausgestaltung übertragen werden (vgl. Abb. 53): In einem ersten Schritt, in der Abwägungsphase, wird ein gemeinsames Verständnis zum Zukunftsbild, der Vision, dem Unternehmenszweck etc. erzeugt. Damit wird der Rubikon überschritten. Im zweiten Schritte, der Planungsphase, werden die Konsequenzen für die einzelnen Modelldimensionen aus dem Zweck, der Vision etc. abgeleitet und damit der Modellrahmen ausgestaltet. Die Identifizierung von Handlungsfeldern und die damit verbundene Ableitung von (Veränderungs-)Maßnahmen zur Steigerung der Leistungsfähigkeit bilden den Kern des dritten Schritts. Im Rahmen der Handlungsphase geht es nun darum, die angestrebten Ziele zu erreichen bzw. die definierten Projekte umzusetzen. Durch die regelmäßigen Feedback- und Überprüfungsschleifen in der vierten Phase wird das Erreichte bewertet und ggf. eine notwendige Anpassung von geplanten Interventionen bzw. Handlungen vorgenommen.

Die Rubikon-Theorie verdeutlicht, dass sie sich nicht nur auf der Makroebene zur Modellierung eines gesamthaften Unternehmensentwicklungszyklus anwenden lässt, sondern sich auch auf der Mikroebene zur Bearbeitung von Zwischenzielen eignet. Ferner passt das Modell von Heckhausen und Gollwitzer zum systemisch-konstruktivistischen Verständnis, das diesem Buch in großen Teilen zugrunde liegt. Der Mensch wird als ein aktiver, selbstbestimmender und entscheidender Akteur interpretiert, der bewusst Optionen bewerten und sich für eine Alternative entscheiden kann. Weiterhin können die Ergebnisse und Auswirkungen des Handelns analysiert und reflektiert sowie notwendige Rückschlüsse gezogen werden.

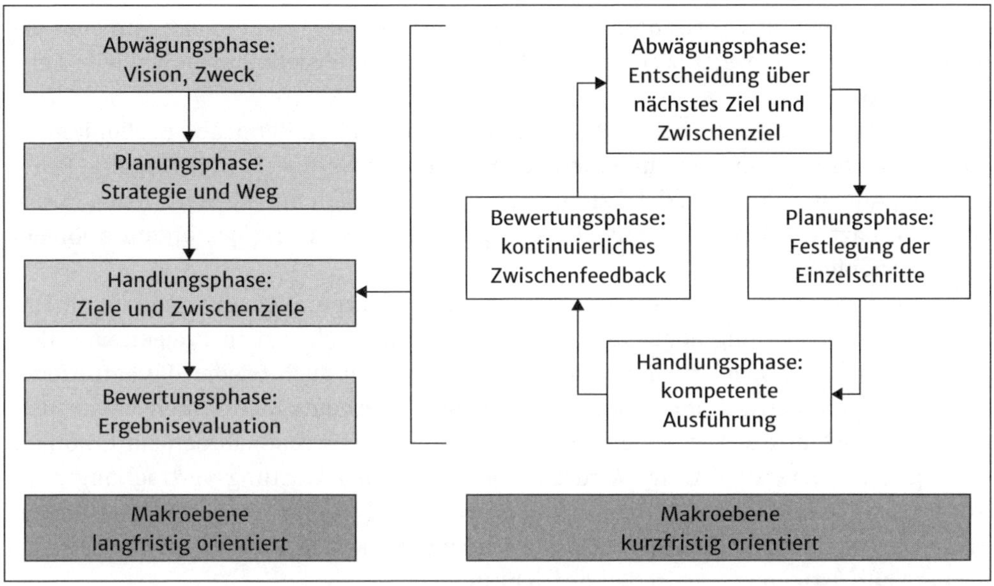

Abb. 53: Das Rubikon-Modell der Handlungsphasen (nach Jenewein u. Heidbrink, 2008, S. 150)

2.4.2 Nachhaltige Variante: »Organisatorischer Wartungsvertrag«

Losgelöst von der Form der Interventionsarchitektur sollten Maßnahmen entwickelt werden, die über den eigentlichen Workshop hinausgehen. Um eine kontinuierliche Unternehmensentwicklung zu gewährleisten, kann ein organisatorischer Wartungsvertrag etabliert werden. Ähnlich wie bei der ärztlichen Vorsorgeuntersuchung sollte sich auch die Organisation einer regelmäßigen Kontrolle unterziehen. Diese Kontrolle kann jährlich oder in einem Rhythmus von zwei Jahren durchgeführt werden.

Die Basis bilden die Kennzahlen, die während des Workshops erarbeitet worden sind. Diese stellen die Diagnose dar. Der Wartungsvertrag kann in Form eines Assessments abgehalten werden. Hierzu bieten sich fünf Schritte an:

Zunächst sollte eine erneute Messung der organisationalen Leistungsfähigkeit vorbereitet werden. Die Geschäftsführung sollte die erneute Leistungsmessung initiieren. Hierzu sollten z. B. Projektleiter oder aber externe Berater hinzugezogen werden. Bei der Vorbereitung geht es um die Auswahl der beteiligten Personen, die Verfügbarkeit und die Terminierung. Auch das in den Workshops eingesetzte Gestaltungsteam oder Team der Organisationsperformance können hier wieder eingesetzt werden. In der Phase der Vorbereitung sollte zudem ein Termin- und Einsatzplan erarbeitet werden. Zudem wird ein operatives Projektteam gebildet.

Im zweiten Schritt sollten die bestehenden Kennzahlen einer kritischen Prüfung unterzogen werden. Die bestehenden Konzepte sollten mithilfe eines Prüfsteins gespiegelt werden: Sind die erhobenen Kennzahlen noch aktuell? Spiegeln die erhobenen Kennzahlen die Struktur unserer Organisation noch in ausreichendem Maße wider?

Auch hier können das Team der Organisationsperformance, das Projektteam oder externe Experten eingesetzt werden. Das Ziel ist eine unternehmensindividuelle Leistungsüberprüfung.

Dann folgt die eigentliche Erhebung der neuen bzw. alten Kennzahlen. Hier können die in Abschnitt 4.2 vorgestellten Methoden eingesetzt werden, z. B. Befragung, Beobachtung, Analyse. Der Kreis der Akteure kann in diesem Fall um die betroffenen Mitarbeiter ergänzt werden. Das Ergebnis ist eine erneute Messung der organisationalen Leistungsfähigkeit.

Im letzten Schritt werden die Kennzahlen interpretiert und Maßnahmen für die Unternehmensentwicklung abgeleitet. Auch hier können neben dem Projektteam, dem Team Organisationsperformance und externen Beratern auch wieder die betroffenen Mitarbeiter gestalterisch mitwirken. Das Ziel ist eine erneute mehrdimensionale Sicht auf die Entwicklung des Unternehmens und die Genese von Maßnahmen zur Erhöhung der organisationalen Leistung. Wird ein organisationaler Wartungsvertrag langfristig in der Organisation etabliert, dann können über verschiedene Messzeitpunkte hinweg Muster in der Unternehmensentwicklung erkannt werden. Dies hilft dem Management bei der langfristigen strategischen Ausrichtung.

Daraus ergeben sich auch die unterschiedlichen Einsatzgebiete des Unternehmensentwicklungsnavigators

1. als Gutachten bei Führungswechseln,
2. als Ergänzung zu Veränderungsprojekten und/oder
3. als »Wartungsvertrag« für die Organisation.

Mit dem System des Unternehmensentwicklungsnavigators wird es möglich, neben Gesundheitschecks für die Menschen in der Organisation, technischen Wartungsverträgen für Anlagen und Maschinen auch für die Organisation eine kontinuierliche »Wartung« einzurichten.

3 Unternehmensentwicklung und Leistungsfähigkeit

3.1 Verständnis von Organisationen

3.1.1 Organisation als Maschine

In der Betriebswirtschaftslehre dominiert bis heute eine mechanistisch orientierte Grundposition. Sie bildet die Basis für die Betrachtung und Gestaltung von Organisationen und geht auf das Vernunftpostulat sowie die newtonsche Mechanik zurück. Hierbei wird das Unternehmen, die Abteilung etc. als eine Art Maschine interpretiert, die sich aus einzelnen »Bausteinen« zusammensetzt. Der Aufbau sowie die Funktion dieser Maschine werden als statisch in dem Verständnis angesehen, dass sich die Maschine nicht von selbst verändert. Etwaige Veränderungen basieren somit immer auf Eingriffen. Vor diesem Hintergrund kann ein Unternehmen, die Abteilung etc. als kalkulierbar und mechanisch operabel betrachtet werden. Wer die entsprechenden Regeln kennt, kann die Maschine beherrschen und im eigenen Sinn nutzen. Die Organisation selbst ist ein Werkzeug des Managements, verstanden als Maschine, die vom Management konstruiert und entwickelt wurde, um definierte Ziele zu erreichen:

> *»Der tiefe Glaube an die Machbarkeit alles dessen, was gemäß einer simplen eindimensionalen Kausalität rational erscheint, sowie an die Prognostizierbarkeit und Planbarkeit aller Wirkungen menschlichen Handelns und damit an den kontrollierbaren Fortschritt und an die Rationalität von Führungsentscheidungen — in diesem Wirklichkeitsmodell ist [die mechanische Sichtweise] verwurzelt.«*[1]

Als primäres Ziel der Organisation wird die Produktivität gesehen, die durch systematische Analysen und rationale Methoden erzielt werden kann. Zu diesem Zweck kann die Organisation in ihre Einzelteile zerlegt, analysiert und optimiert werden. Bei der Analyse und Synthese von Aufgaben und der anschließenden Bildung von Organisationseinheiten steht stets die Aufgabenteilung im Vordergrund. Die Effizienz des Gesamtsystems wird hierbei als die Summe der Teillösungen interpretiert. Bei dieser Sichtweise wird der Manager als Experte betrachtet, der Analysen durchführt und auf der Basis seines Wissens gestaltend in die Organisation eingreift.

---

1 Lutz, C. (1996), S. 99.

Mitarbeiter sind rational kalkulierend, verfügen über eine instrumentale Einstellung zur Arbeit (Arbeitskraft gegen Geld) und werden als »Bausteine« gesehen, die vom Architekten (Manager) nur richtig kombiniert und zusammengesetzt werden müssen, damit das Unternehmen, die Abteilung etc. problemlos funktioniert. Die Mitarbeiter widersetzen sich nicht einer logisch konstruierten Struktur, da sie von den positiven Aspekten und ökomischen Vorteilen eines effizienten Systems überzeugt sind. Aus diesem Grund stellen Motivation und Gehorsam keine Probleme oder Hindernisse für die Mitarbeiter dar. Auf der Grundlage dieser Sichtweise kann der Manager die Aufbau- sowie die Ablauforganisation unabhängig von den Menschen planen und gestalten.

> *»Und tatsächlich verband sich diese Philosophie mit dem Gedanken, große, komplexe Organisationen ließen sich führen, als seien die Menschen darin austauschbar.«*[2]

Die ökonomischen und sozialen Konsequenzen und Folgen einer derartigen Sichtweise sind vielschichtig und können im Rahmen des Buchs nicht detailliert thematisiert werden. Zwei Aspekte sind hierbei jedoch von besonderer Bedeutung:

- Die Manager bzw. »Architekten« unterliegen einer Steuerungs- und Kontrollillusion und überschätzen so ihren Handlungsspielraum. Soziale Bedürfnisse und Wünsche der Mitarbeiter werden hierbei ausgeblendet bzw. außer Acht gelassen.
- Fühlen sich Mitarbeiter als »Bausteine« und werden sie auch derart behandelt, so entfalten sie nur einen Teil ihrer möglichen Leistungsfähigkeit. Warnecke schätzt in diesem Zusammenhang »[...], daß in herkömmlichen Organisationsstrukturen nur 10 bis 20 Prozent der Mitarbeiter ihr volles Leistungspotenzial einbringen.«[3]

Zusammenfassend kann festgehalten werden, dass es bei diesem Zugang um Wenn-dann-Zusammenhänge, um eher kurzfristige Zielsetzungen geht. Messbare und in Zahlen abbildbare Ergebnisse stehen im Vordergrund der Betrachtung. Bezogen auf das Handeln steht eher die Bewältigung des Moments im Zentrum. Emotionen gilt es zu verdrängen, da diesen im Businesskontext kein Platz eingeräumt werden kann. Ferner muss die Selbstwahrnehmung auf ein absolutes Minimum reduziert werden, um die kurzfristigen Zielsetzungen und Gewinne zu erreichen. Das übergeordnete Gesamtziel ist die Schaffung einer beherrschbaren Maschine »Unternehmen«, die nach definiertem Plan funktioniert. Etwaige auftretende Störungen sind umgehend zu beseitigen.

3.1.2 Ein alternativer Ansatz: die Organisation als lebendes System

Die systemische Grundposition ist als Gegenstück zur Maschinen-Metapher[4] der mechanistischen Sichtweise zu verstehen und orientiert sich u. a. an den Erfahrungen aus

---

2 Bartlett, C./Ghoshal, S. (1995), S. 57.

3 Warnecke, H.-J. (1993), S. 111.

4 »In der Maschinenmetapher der Organisation steckt das Kausal-Paradigma: Ursachen erzeugen Wirkungen. Dem wird zunehmend ein anderes Paradigma gegenübergestellt, das sich formulieren lässt als

der systemischen (Familien-)Therapie. Darüber hinaus baut die systemische Theorie, so wie sie im Rahmen des vorliegenden Buchs verstanden wird, auf einer epistemologischen Basis des radikalen Konstruktivismus[5] und der Theorie sozialer Systeme auf.[6,7]

> *»Das systemische Paradigma bzw. Denkmodell verlässt das mechanistische Maschinenmodell, den Objektivitätsglauben, nutzt das Mehrbrillenprinzip und betont die Selbststeuerung. Es ist die Antwort auf die Komplexität und Dynamik von Lebenswelten und der damit verbundenen Unsicherheit und Unsteuerbarkeit.«*[8]

Das Unternehmen versucht, sich als lebendes System den wechselnden Umweltbedingungen anzupassen und seine Funktionalität zu bewahren. Das systemische Paradigma untersucht personenunabhängig die Dynamik von organisationalen Systemen als Ganzes. Das »Ganze« kann im Gegensatz zur mechanistischen Grundposition nicht auf Einzelteile oder auf einfache Ursache-Wirkungs-Beziehungen reduziert werden. Durch die interdependente Vernetzung der einzelnen Teile führt die Veränderung eines Elements zu unabsehbaren Folgen in anderen Bereichen der Organisation. Derartige Interventionen bewirken rekursive Rückkopplungsprozesse, die nicht nur Folgen für andere Bereiche einer Organisation haben, sondern sich auch wieder auf den intervenierten Bereich auswirken. Auf der Basis dieser Eigendynamik und Autonomie eines Systems wird die Vorstellung des Unternehmens als Maschine überwunden und hinter sich gelassen.

Ein Unternehmen organisiert sich demnach selbst und entwickelt emergente Qualitäten. Darunter werden Eigenschaften verstanden, die sich nicht durch die entsprechenden Eigenschaften der Teile erklären lassen können. Ein zentraler Unterschied zum mechanistischen Paradigma ist in der Anerkennung dieser Emergenzebene zu sehen, die mehr ist als die Summe der einzelnen Systemteile und die darüber hinaus eine

---

»wahrgenommene/gedeutete Situationen, als (soziale und damit veränderbare Tatsachen) Chancen, individuelle oder gemeinsame Pläne zu verwirklichen« (Neuberger, O., 1985, S. 3).

5 Im radikalen Konstruktivismus konstruiert sich der Beobachter aufgrund der neurologischen und neurophysiologischen Bedingungen seines Gehirns jeweils seine eigene Wirklichkeit bzw. Welt. Vgl. Frindte, W. (1998), S. 113. Foerster (1993) beschreibt diesen Sachverhalt treffend, wenn er anmerkt: »Die Umwelt, die wir wahrnehmen, ist unsere Erfindung« (S. 26).

6 Die Theorie sozialer Systeme geht auf Luhmann zurück. Für eine vertiefte Auseinandersetzung sei auf die Literatur von Luhmann verwiesen. Siehe hierzu v. a. Luhmann, N. (1984). Sein Grundgedanke ist: »Ein System ‚ist' die Differenz zwischen System und Umwelt« (S. 66). Hierbei definiert Luhmann ein soziales System als ein Kommunikationssystem, das nur aus Kommunikation bzw. kommunikativen Aktivitäten besteht. Auf diesen Erkenntnissen aufbauend ergibt sich ein neuartiges Verständnis von Individuen eines solchen sozialen Systems. Neuberger (2002) merkt hierzu Folgendes an: »Subjekte (Menschen, Individuen, Personen) sind [...] systemtheoretischen Denkens zu Folge nicht Elemente des Systems, sondern gehören zu dessen Umwelt (weil sie vom System nicht selbst erzeugt werden können und buchstäblich Fremd-Körper sind). Sie sind allerdings Produzenten von Entscheidungen, Erwartungen, Handlungen und Kommunikationen, zumindest werden diese ihnen zugeschrieben. Erst wenn Absichten, Wissen, Informationen, Präferenzen, Interessen usw. sich in Kommunikationen manifestiert, sind sie — abgelöst von den Subjekten — organisational behandelbar« (S. 634).

7 Für eine vertiefende Darstellung der Systemtheorie und der damit verbundenen Theorieansätze vgl. Simon, F. (2008).

8 Königswieser, R./Hillebrand, M. (2007), S. 28.

Reduktion der Effizienz auf Teilbereiche unmöglich macht. Die Zuordnung von Ursachen sowie die Abschätzung von durch Eingriffe ausgelöste Folgen können aufgrund von indirekten, zeitverzögerten Wirkungen und Beziehungsnetzen oftmals nur sehr schwer vorgenommen werden. Isoliertes Denken — im Sinne von einfachen Ursache-Wirkungs-Ketten — wird von Malik und Capra als ein elementares Problem der heutigen Zeit gesehen.[9] Die Bewahrung der Funktionalität in einer sich kontinuierlich verändernden Umwelt macht Unternehmen zu mehr als nur einem Instrument der Zielerfüllung, wie dies in der mechanistischen Grundposition angenommen wird. Demgegenüber werden in der systemischen Grundposition Unternehmen nicht primär als Mittel, sondern als Ziel in sich selbst verstanden. Prozesse zur Aufrechterhaltung und Unterstützung des Organisationsbetriebs haben in der systemischen Sichtweise eine größere Bedeutung. Diese skizzierte Auffassung widerspricht der mechanistischen Sichtweise, bei der Unternehmen, Abteilungen etc. als eine Art Maschine verstanden werden, um ein operatives Ziel bzw. einen bestimmten Output zu erreichen.

Eine Organisation, interpretiert als ein lebendes System, das eine Ganzheit bildet, oszilliert zwischen Polaritäten wie verändern/bewahren, öffnen/schließen. Hierbei stehen die Muster und der Prozess, wie etwas entsteht bzw. geschieht, sowie die Entwicklung im Fokus der Betrachtung. Des Weiteren werden verfügbare Informationen miteinander verknüpft und Entscheidungen unter Berücksichtigung kurz- und mittel- bzw. langfristiger Ziele getroffen. Ziel ist die Schaffung eines entwicklungsfähigen und einem Organismus ähnlichen Ganzen, das sich durch den kontinuierlichen Austausch mit den relevanten Umwelten (z. B. Kunden, Lieferanten und Mitarbeiter) anpasst bzw. entwickelt.

3.1.3 Zugang zum ganzheitlichen Organisationsverständnis — Synergien aus Betriebswirtschaftslehre und Systemtheorie

Die skizzierte systemische Sichtweise ist als eine qualitative Erweiterung der mechanistischen Vorstellungen zu verstehen. Vor diesem Hintergrund erscheint eine Einteilung in »besser« oder »schlechter« nicht angebracht. Bei der systemischen Grundposition handelt es sich vielmehr einfach um eine andere Perspektive. In ähnlicher Weise wie die Betriebswirtschaftslehre basiert der Systemsatz[10,11] nicht auf einem geschlossenen und einheitlichen Theorieansatz, sondern ist vielmehr offen und geht auf vielfältige Theorien und Ansätze zurück.[12] Der Systemansatz bzw. die Systemtheorie ist hilfreich und nützlich, wenn man sie als eine Art Denkansatz versteht. Die Herausforderung im Umgang mit dem Ansatz wird in der Tatsache gesehen, dass der systemische

9 Vgl. Maier, W. (1998), S. 55ff.

10 Im Rahmen des vorliegenden Buchs ist es aus Platzgründen leider nicht möglich, einen detaillierten Überblick über sämtliche Theorien, die mit dem Systemansatz in Verbindung gebracht werden, zu geben. Hierzu siehe z. B. Königswieser, R./Hillebrand, M. (2007), S. 22ff.

11 Der Systemansatz existiert ebenso wenig wie *das* Marketing oder *die* Soziologie. Vgl. Königswieser, R. (2001), S. 26.

12 Vgl. Königswieser, R./Hillebrand, M. (2007), S. 23 und Boos, F./Heitger, B./Hummer, C. (2004), S. 34f.

Ansatz ein epistemologisches Paradigma und keine Technik darstellt.[13] Das Fundamentale an diesem Ansatz im Sinne des radikalen Konstruktivismus ist, dass sich jedes lebende System seine Wirklichkeit selbstorganisierend, systemimmanent sowie subjektiv selbst konstruiert.[14]

Die in diesem Buch vertretene systemische Organisationstheorie lässt sich durch ein ganzheitliches und systemisches Verständnis von Organisationen charakterisieren. Dieses Verständnis hat die Strukturen und die Dynamik von sozialen Systemen als Ganzes zum Inhalt, denn »stets treten irgendwelche Einheiten (z. B. Mitarbeiter eines Unternehmens) miteinander in Interaktion und Kommunikation, wodurch größere zusammengesetzte Einheiten, das System (z. B. ein Unternehmen), gebildet wird, die dann andere Eigenschaften und Fähigkeiten zeigt als ihre Bestandteile.«[15] Der Systemansatz unterscheidet sich von betriebswirtschaftlichen Theorien und Ansätzen durch ein eigenes Organisationsverständnis.[16] Organisationale Systeme sind hiernach soziale Systeme, bestehend aus autopoietischen, selbstreferenziellen sowie operational geschlossen agierenden, lebenden Systemen (Menschen). Ferner wird von der Annahme ausgegangen, dass es nicht nur eine subjektimmanente Wahrnehmung eines organisationalen Systems gibt,[17] d. h., jeder betroffene Mensch macht sich sein eigenes Bild von dem organisatorischen System, mit bzw. in dem er arbeitet. Wilke merkt hierzu an:

> *»Für Berater, Entwickler, Manager oder Unternehmer scheint klar zu sein, was ein Betrieb oder ein Unternehmen ›ist‹, welche Kriterien und Merkmale eine solche Einheit ausmachen und von anderen Einheiten — wie etwa Universitäten, Krankenhäuser oder Parteien unterscheiden. Auffällig ist aber, dass jeder dieser Beobachter ein jeweils anders Unternehmen ›sieht‹, Unterschiedliches für zentral hält, sein Augenmerk auf jeweils unterschiedliche Kombinationen von Faktoren legt und somit eine je idiosynkratische Wirklichkeit ›seines‹ Unternehmens konstruiert. Und bemerkenswert ist darüber hinaus, dass ein dritter Beobachter, etwa ein theoretisch interessierter Wissenschaftler noch sehen kann, dass je nach Perspektive unterschiedliche Realitäten eines Systems entstehen, es eine wirklich richtige und definitive Realität also nicht gibt, sondern nur mehr oder weniger brauchbare, mehr oder weniger interessante, mehr oder weniger interessierte Modelle einer Realität.«*[18]

Es macht einen Unterschied, ob man durch die Brille eines Controllers oder mit der Erfahrung eines Ingenieurs ein Unternehmen untersucht. Grundsätzlich ist der Beobachter in der Auswahl seiner individuellen Perspektive frei. Denkbar ist beispielsweise auch, dass ein Beobachter mehrere Perspektiven einnimmt. Auf der Basis der Systemtheorie ist der Beobachter jedoch für die Wahl der entsprechenden Perspektive verantwortlich, denn in der Entscheidung für einen bestimmten Standpunkt ist er frei.

13 Vgl. Sutter, T./Charlton, M. (1999).
14 Vgl. Tomaschek, N. (2007), S. 49.
15 Simon, F. (1995), S. 286.
16 Vgl. Boos, F./Heitger, B./Hummer, C. (2004), S. 34.
17 Vgl. Tomaschek, N. (2003).
18 Willke, H. (1998), S. 97.

3.1.4 Dialog als Kernelement nachhaltiger Entwicklung und Veränderung

Wird Führung als eine Fähigkeit von Organisationen verstanden, die die Sicherung der Überlebens- und Zukunftsfähigkeit der entsprechenden Organisation zum Ziel hat, dann liegt der Schwerpunkt der Führungsleistung zum einen darin, existierende Prozesse bzw. Routinen zu optimieren, und zum anderen darin, komplexe und mit hoher Unsicherheit behaftete Fragestellungen zur Zukunft des Unternehmens zu erkunden bzw. zu bearbeiten. March spricht in diesem Zusammenhang von den beiden Führungsmodi »Exploit« und »Explore«,[19] wie Abb, 54 veranschaulicht.

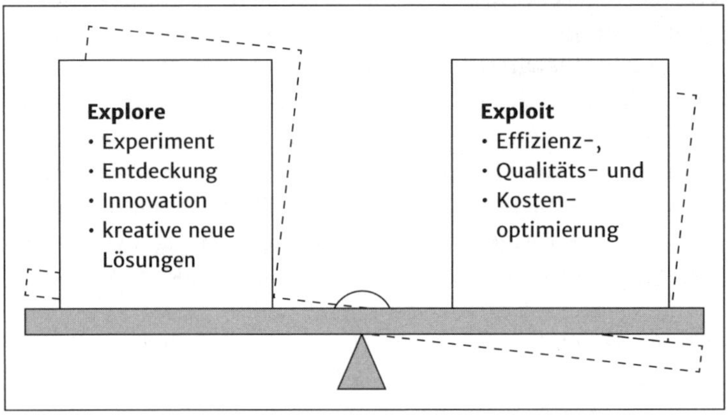

Abb. 54: Modi der Führung (nach March, 1991b, S. 71)

Fokussiert Führung auf die Optimierung von vorhandenen Ressourcen in Richtung Effizienz, Produktivität, Kosten etc., geht es vordergründig um »Exploit«. Steht demgegenüber die Erkundung und Entwicklung von neuen, kreativen Lösungen zur Sicherung der Überlebens- und Zukunftsfähigkeit der Organisation im Mittelpunkt der Führungsarbeit, so wird der Modus »Explore« betont. Hierbei werden bewusst die Komplexität erhöht, vorhandene Widersprüche bearbeitet und relevante Interessengruppen in den Prozess eingebunden. In der Praxis überwiegt heute nach den Erfahrungen der Autoren häufig der Modus des »Exploit«. Bereits March wies darauf hin, dass eine erfolgreiche Führung beide Modi in einem ausgeglichenen Verhältnis nutzt.[20]

Viele Entscheidungen werden in Unternehmen vom Management alleine bzw. einsam getroffen. Hierdurch vernachlässigt die Unternehmensführung nicht nur die vielfältigen Erfahrungen, das Wissen und die Ideen der Mitarbeiter, sondern es entstehen häufig durch diese Vorgehensweise auch Strategien, Konzepte und Ausrichtigen, die in ihrer Wirkung beschränkt bleiben und keine bahnbrechenden Erfolge und Veränderungen bewirken bzw. erzielen. Einsame Entscheidungen der Führung werden heute darüber hinaus auch immer weniger akzeptiert. Sie kollidieren mit dem Wunsch der Mitarbeiter nach Eigenverantwortung, Selbstorganisation und Selbstverwirklichung.

19 Vgl. March, J. (1991a), S. 1–13 und March, J. (1991b), S. 71–87.
20 March, J. (1991b), S. 71.

Obwohl der Wunsch der Mitarbeiter nach Mitwirkung und Mitgestaltung in den Unternehmen unaufhaltsam ist, nehmen wir in vielen Organisationen noch eine Top-down-Kultur wahr. Unseren Beobachtungen nach bewegen sich Unternehmen noch stark zwischen einem autoritären Top-down-Entscheidungsansatz und dem Mitbestimmungswunsch der Mitarbeitenden. Dass es zwischen diesen beiden extremen Polen, also einem Entweder-oder, noch eine weitere Möglichkeit einer partizipativ-orientierten Kultur gibt, ist unseren Einschätzungen nach im Unternehmens- und Führungsalltag bisher nur in Einzelfällen angekommen.

Der dialogorientierte Ansatz

Partizipativ bedeutet in diesem Kontext, dass die von einer Entscheidung betroffenen Personen in den entsprechenden Prozess der Entscheidungsfindung eingebunden werden. Damit besagt Partizipation aber auch, dass identifizierte Herausforderungen und Probleme vom Führungsteam nicht an Experten delegiert werden können, sondern dass die Führungsmannschaft gefordert ist, gemeinsam Herausforderungen bzw. Probleme zu bearbeiten und zu lösen. Jede der an diesem Prozess beteiligte Person ist Experte für einen Teil des »Elefanten«, der nur gemeinsam erkannt werden kann (vgl. S. 93). Die letztendliche Entscheidung wird aber von der hierfür eingesetzten Instanz bzw. dem Gremium des Unternehmens getroffen. Die Herausforderung besteht somit in der Verknüpfung von kooperativen Bottom-up-Elementen und autoritären Top-down-Entscheidungen, wie Abb. 55 verdeutlicht.

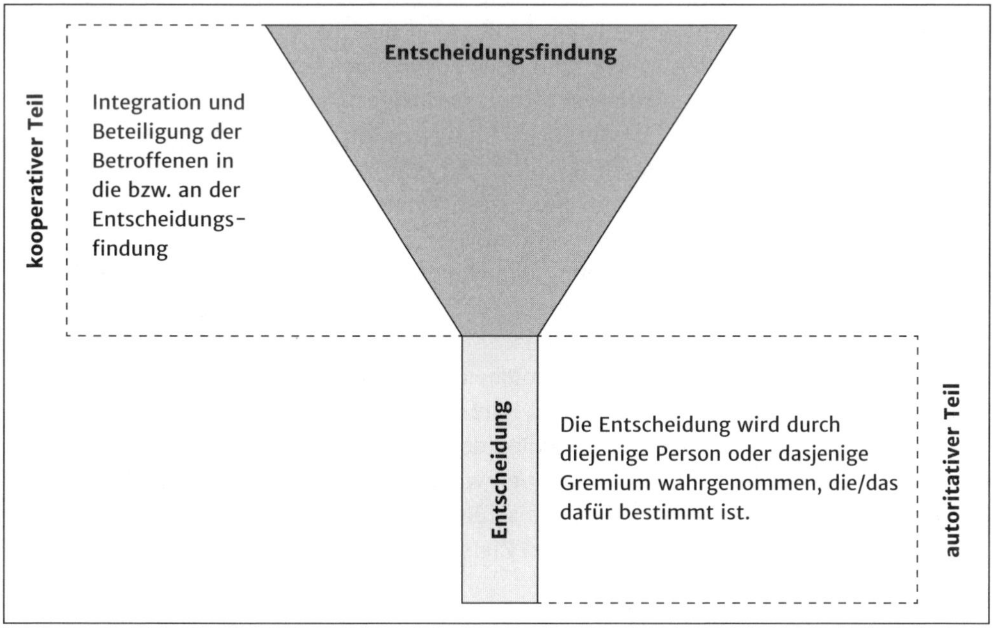

Abb. 55: Die Verknüpfung von Top-down- und Bottom-up-Entscheidungen (nach Hinnen u. Krummenacher, 2012, S. 54)

In diesem Prozess kommt dem Zeitpunkt der Einbeziehung der von einer Entscheidung betroffenen Mitarbeiter sowie dem Grad an Handlungsspielraum eine besondere Bedeutung zu. Es macht einen Unterschied, ob Mitarbeiter im Rahmen eines Kick-offs zu Beginn eines Projekts beteiligt werden, wo bestimmte Elemente noch relativ offen und gestaltbar sind, oder ob es sich um die Überprüfung von neu gestalteten Prozessen im Rahmen einer Ergebniskonferenz handelt, wo nur noch Fragen der Implementierung mit den Betroffenen zu diskutieren sind. Insbesondere unter den skizzierten Rahmenbedingungen in der VUKA-Zeit[21] benötigt eine wirksame und nachhaltige Unternehmensentwicklungsarbeit dialogorientierte und auf Beteiligung ausgerichtete Settings. Im Rahmen dieser interaktions- bzw. gesprächsfokussierten Formate nutzt die Führung die kollektive Intelligenz der Beteiligten, um nachhaltige und umfassende Antworten auf die zentralen Fragen der Unternehmensentwicklung von morgen zu erarbeiten und umzusetzen.

Wenn zentrale Fähigkeiten von Führungskräften das Bewirken von Veränderungen, das Sicherstellen von kontinuierlichem organisationalem Lernen und das Ermöglichen von Kommunikation sind, so dass die Organisation als Ganzes erfolgreich agiert, dann rücken Führungsfähigkeiten in den Vordergrund, die auf die Gestaltung von Beziehungen und damit auf Dialog ausgerichtet sind. Baldwin definiert einen derartigen dialogorientierten Conversational-Leadership-Ansatz als »die aktive Nutzung von Gesprächen als Kernprozess, um die für den Aufbau von wirtschaftlichem und sozialem Wert notwendige Teamintelligenz zu schaffen.«[22] Insbesondere bei der Bearbeitung von komplexen Fragenstellungen, wie sie häufig z. B. in Zusammenhang mit Fragen der Unternehmensentwicklung auftauchen, und wenn positive Entwicklung und Wandel erlebt und gefördert werden sollen, sind neue Formen des gemeinsamen Denkens unabdingbar. Gelingt es den Führungskräften, derartige Gespräche als einen zentralen Kernprozess, der eine positive Weiterentwicklung und Veränderung herbeiführt, zu implementieren und zu nutzen, so findet nicht nur eine Vermehrung von intellektuellem und sozialem Kapital in der Organisation statt, sondern es entsteht auch ein Wettbewerbsvorteil in einer zunehmend vernetzten Welt.

Es gibt Menschen in Unternehmen, die behaupten, dass nur dort, wo Begegnungen stattfinden und dadurch Beziehungen entstehen, Weiterentwicklungen und Veränderungen erfolgreich geschehen sowie Menschen mit Engagement und Begeisterung Zukunft gestalten. Wenn Führungskräfte solche Gespräche zu relevanten und »brennenden« Themen planen, durchführen und nachbereiten, erhalten sie Zugang zu bisher ungeahnten Möglichkeiten und Potenzialen der kollektiven Intelligenz der Mitarbeiter und weiteren relevanten Interessengruppen wie Kunden. Ferner fördert und führt eine derartige Vorgehensweise auch zur Verabschiedung von gemeinsam getragenen Maßnahmen zur Erreichung der angestrebten Ziele.

---

21 VUKA steht für V: Volatilität, U: Unsicherheit, K: Komplexität und A: Ambiguität.

22 In Hurley, T./Brown, J. (2010), S. 38.

Die Bedeutung der menschlichen Wahrnehmung
Die menschliche Wahrnehmung ist mit den Worten von Haken »ein Erfolgsgeheimnis der Natur«.[23] Die entsprechenden Wahrnehmungsorgane des menschlichen Körpers sind so angelegt, dass sie nur einen kleinen Teil aus dem Spektrum akustischer Schwingungen und optischer Reize wahrnehmen können. Aus der Vielzahl dieser Reize werden dann innere Bilder und Zusammenhänge konstruiert, von denen uns wiederum nur ein kleiner Teil bewusst zugänglich ist. Im Rahmen dieses Buchs steht der bewusst zugängliche Teil im Mittelpunkt des Interesses. Der Blick auf die Welt und hierbei insbesondere auf die Unternehmenswelt wird somit durch vielfältige äußere, aber auch innere Bedingungen beeinflusst und geprägt, die uns als Menschen bzw. Mitarbeiter insgesamt nicht transparent, klar bzw. überhaupt bewusst sind. Im Unternehmensalltag bewegen wir uns als Mitarbeiter bzw. Führungskräfte zwischen Sicherheiten (z. B. »das Produkt kostet 50 EUR«, »ein Meter ist ein Meter«) und Vermutungen bzw. Annahmen, zu denen häufig das Wissen fehlt oder deren Beurteilung auch für Experten zu komplex ist. Gleichzeitig vollzieht sich die menschliche Wahrnehmung durch die Interaktion mit der Umwelt. Jeder Mensch betrachtet ein Objekt durch die jeweilige Brille der individuellen Vorstellungen. Auf der Basis unserer individuellen Erfahrungen, Erkenntnissen und Werthaltungen erfinden bzw. konstruieren wir unsere Wirklichkeit.

Der Begriff der »Wirklichkeitskonstruktion« hat seinen Ursprung im radikalen Konstruktivismus,[24] der von der Annahme ausgeht, dass die soziale Wirklichkeit nicht objektiv aufgenommen und dargestellt werden kann, sondern vielmehr vom jeweiligen Beobachter konstruiert wird.[25] Die Perspektive des Beobachters ersetzt somit eine objektiv erfassbare Wahrheit. Damit kreiert sich der Beobachter seine Wirklichkeit, wobei die jeweils eingenommene Beobachterperspektive den Unterschied markiert.[26] Auf der Grundlage dieses Verständnisses beobachten Beobachter, indem sie unterscheiden. Hierbei ist es ausschlaggebend zu fragen, welchen Unterschied (Leitdifferenz) ein Beobachter gewählt hat, um zu beobachten und zu strukturieren. Es macht einen Unterschied, ob jemand ein Unternehmen durch die Brille eines Controllers oder mit der Erfahrung eines Ingenieurs untersucht. Die Möglichkeit eines derartigen Blickwinkels steht sowohl Personen als auch sozialen Systemen zur Verfügung. So verfügen unterschiedliche soziale Systeme über verschiedene Logiken und Leitdifferenzen.[27] Bezogen auf das Beispiel eines Unternehmens ist die Leitdifferenz in der Zahlungsfähigkeit zu sehen. Verfügt ein Unternehmen nicht über genügend liquide Mittel, wird es über kurz oder lang vom Markt verschwinden. Ist nun die jeweilige Leitdifferenz eines Beobachters bekannt, so lässt sich erahnen, was er sehen wird und wo vermutlich »blinde Flecken« liegen. Aufgrund der Tatsache, dass keine Beobachterstandpunkte fix bzw. gesetzt sind, können sämtliche Standpunkte und Blick-

23 Haken, H. (1991).
24 Vgl. Glasersfeld, E. von (1994).
25 Vgl. Boos, F./Heitger, B./Hummer, C. (2006), S. 204.
26 Vgl. Bateson, G. (1985).
27 Vgl. Boos, F./Heitger, B./Hummer, C. (2004), S. 37.

winkel hinterfragt werden, denn keiner dieser Standpunkte hat einen Anspruch auf Allgemeingültigkeit.[28]

Grundsätzlich ist der Beobachter in der Wahl der Perspektive frei. Denkbar ist beispielsweise auch, dass ein Beobachter mehrere Perspektiven einnimmt. Auf der Basis der Systemtheorie ist der Beobachter jedoch für die Wahl der entsprechenden Perspektive verantwortlich, denn in der Entscheidung für einen bestimmten Standpunkt ist er frei. Im Vergleich zur Betriebswirtschaftslehre ermöglicht die Systemtheorie eine Auswahl aus einer größeren Anzahl von Möglichkeiten.[29] Der betriebswirtschaftliche Ansatz sieht vereinfacht angenommen vor, Außenkontakte zu standardisieren und die internen Beziehungen nach einer klaren, hierarchischen Ordnung zu strukturieren.

Wie bereits kurz skizziert, bildet die jeweils individuelle Wahrnehmung den »Rohstoff«, aus dem sich menschliche Handlungen ergeben. Für die Umsetzung eines bestimmten Vorhabens ist es von zentraler Bedeutung, wie der Mensch sich selbst und seinen Standort wahrnimmt, wie die eigenen Handlungsmöglichkeiten eingeschätzt werden und mit welchen Folgen aufgrund von früheren Erfahrungen in ähnlichen Situationen gerechnet werden kann. Bei der Wahrnehmung von individuell neuen Informationen stehen zur Interpretation dieser nur Vorerfahrungen zur Verfügung. Hierbei besteht wiederum die Gefahr, dass diese vertrauten Muster für die Verarbeitung des Neuen ungeeignet sind. Das Gesamtbild erschließt sich hierbei nur, wenn man sämtliche individuellen Erfahrungen und Bilder zusammenträgt und sich die Beteiligten hierzu austauschen. In derartigen Prozessen wird die Wahrnehmung durch die Aufmerksamkeit beeinflusst bzw. gelenkt. Die menschliche Wahrnehmung ist ihrerseits durch die Erfahrungen der Vergangenheit und die jeweiligen Wünsche und Bedürfnisse programmiert.

Sicherlich haben Sie im Urlaub bzw. auf Reisen schon einmal die Erfahrung gemacht, dass Ihre Aufmerksamkeit von der Reiseleitung auf Dinge gelenkt worden ist, die Sie vorher nicht wahrgenommen haben. Die Wahrnehmung ist in der Folge hieraus mit neuen Beobachtungskriterien angereichert worden, die eine erweiterte »Entdeckungsexpedition« ermöglichen. Damit wiederum befinden wir uns auf einem wahrnehmungsgesteuerten Lernprozess. Abhängig vom jeweiligen Wahrnehmungsfokus lassen sich drei Prozesse der Wahrnehmung differenzieren:

- Durch die innere Wahrnehmung stellt die wahrnehmende Person den Kontakt zu sich selbst her. Wie fühle ich mich? Wie ist meine Stimmung? Wie spüre ich die Stimmung in meinem Team, meinem Unternehmen?
- Die Umfeldwahrnehmung ermöglicht es uns, einen Kontakt zur Umwelt herzustellen. Wie nehme ich andere Personen aus dem Team wahr? Wie wirken die Vorgesetzten auf mich? Wie nehme ich die Kunden wahr?
- Die kollektive Wahrnehmung im Sinne einer gemeinsamen Wahrnehmung aller Personen eines Teams bzw. Systems ist ein Spezialfall. Primär geht es hierbei um

28 Exner, Exner und Hochreiter leiten aus dieser Tatsache drei Erkenntnisschritte ab. Erstens sollte man sich bewusst werden, dass wir immer eine Brille tragen, durch die wir die »Welt« wahrnehmen und unsere Bilder konstruieren. Zweitens gilt es sich bewusst zu machen, dass es auch andere Brillen als die eigene gibt, und drittens kann man die Brille entsprechend bewusst wechseln. Vgl. Exner, A./Exner, H./Hochreiter, G. (2009), S. 18ff.

29 Vgl. Boos, F./Heitger, B./Hummer, C. (2004), S. 37.

Wahrnehmungen, die bedingt durch gleiche »Filter« in ähnlicher Weise gemacht werden. Beispielsweise können geprägt durch die Unternehmenskultur gemeinsame Bilder, Kommunikations- und Wahrnehmungsmuster entstehen. Die jeweilige individuelle Wahrnehmung wird u. a. durch derartige Muster bestimmt, wenn z. B. auf Anordnungen, Äußerungen des Managements ohne Rück- bzw. Nachfragen oder organisationalen Widerstand reagiert wird. Die jeweilige Wahrnehmung wird durch vielfältige Faktoren wie Alter, Beruf, Werte, funktionale Position, persönliche Ziele, Hintergründe, Motive beeinflusst. Diese skizzierten Einflussfaktoren wirken als Wahrnehmungsfilter bzw. bestimmen die Perspektive der Wahrnehmung und die Beurteilung von Situationen. Nach der Praxiserfahrung der Autoren hängt die Qualität der kollektiven Wahrnehmung stark von der Selbstreferenz der einzelnen Personen ab. Wie bewusst ist ihnen, dass sie mit ihrem Verhalten auch zur momentanen Situation beitragen? Wie eindeutig bewusst sind den Beteiligten die eigenen Vorstellungen und Bilder?

In der Literatur sowie im Internet existieren unzählige Varianten der Geschichte vom Blinden und dem Elefanten. Wir nehmen im Rahmen dieses Buchs Bezug auf eine buddhistische Version: Buddha erzählt das Gleichnis eines indischen Herrschers, der blind auf die Welt gekommene Männer versammelt hatte, damit sie einen Elefanten untersuchen. Nachdem die Männer den Elefanten eingehend untersucht hatten, ging der Herrscher zu jedem der Männer, um von ihnen zu erfahren, was denn nun ein Elefant sei. Die Männer erläuterten, dass der Elefant wie ein Topf (Kopf), ein weicher Korb (Ohr), ein Pflug (Rüssel), eine Säule (Bein) usw. sei. Buddha erklärt seinen Mönchen hierzu Folgendes: »Daran nun hängen sie, die Pilger oder Geistlichen; da disputieren, streiten sie als Menschen, die nur Teile sehen.« Wir nutzen diese Geschichte zur Darstellung der Bedeutung der These von der kollektiven Intelligenz bzw. der Weisheit der vielen, die wir in Workshops insbesondere mit größeren Gruppen immer wieder erlebt haben.

Erst durch den gemeinsamen Dialog kommen alle unterschiedlichen Sichtweisen in einem Raum zusammen. Dieser gemeinsame Prozess wiederum führt zur Entstehung eines gemeinsamen Bilds — der ganze »Elefant« kommt in den Raum. Veränderung beginnt auf der Grundlage der skizzierten Ausführungen somit mit der Überprüfung und dem Hinterfragen der individuellen Wahrnehmung und des Bewusstseins für diese Zusammenhänge.

Basierend auf den bisherigen Ausführungen dieses Abschnittes kommt der Interaktion in Organisationen, also dem gemeinsamen, hierarchie- und bereichsübergreifenden Austausch, der gemeinsamen Arbeit im Team, dem gegenseitigen Zuhören, dem aufeinander Eingehen eine herausragende Bedeutung zu. Bedingt durch die Vielfalt an Informationen ist die Wahrnehmung in Organisationen komplexer als die einer einzelnen Person. Dies ist die Folge der mannigfaltigen Sichtweisen und diversen Interessen der Spezialisten, Fachkräfte oder Führungskräfte. Dies wiederum führt zu erhöhten Anforderungen an die Qualität der Dialog- und Kommunikationsprozesse, um zu einer gemeinsamen Wahrnehmung bzw. Sichtweise zu gelangen und um Unterschiede aufzudecken, die wiederum neue Impulse möglich machen können. Perspektiven und Sichtweisen, so das Verständnis der Autoren, sind hierbei weder gut noch schlecht, sondern vielmehr förderlich, hilfreich, nützlich oder eben nicht bzw. immer unvollständig. Je nach zu bearbeitender Fragestellung kann somit die eine Sichtweise genutzt werden, ohne dabei eine andere aus dem Blickfeld zu verlieren. Herausfordernd in diesem Zusammenhang ist, dass sich uns die jeweilige Sichtweise immer als Realität darstellt. Wer sich dessen jedoch bewusst ist, kann die eingenommene Perspektive ändern, denn in der Wahl der Sichtweise ist der Mensch frei.

Um sich zu einer zukunftsfähigen und lernenden Organisation[30] im Sinne von Senge zu entwickeln, muss die folgende Frage im (Management-)Team geklärt werden: Wie gestalten wir gemeinschaftlich den Dialogprozess zum Austausch individueller Sichtweisen und zur Aushandlung einer kollektiven Wahrnehmung, die die Entwicklung und Zukunftsfähigkeit der jeweiligen Organisation fördert? Eine Bewusstheit über die eigene Perspektive ergibt sich durch die wechselseitige Rückkopplung von Wahrnehmungen anderer, dem individuellen mentalen Modell und den entsprechenden Bewertungen. Für derartige Rückkopplungen sind zwei Vorstufen notwendig:

1. die Reflexion der jeweils eigenen Wahrnehmungen sowie
2. der offene Austausch der unterschiedlichen Sichtweisen bzw. Wahrnehmungen der Team- bzw. Organisationsmitglieder untereinander.

Dieser Dialog ermöglicht das Erkennen von Gemeinsamkeiten und Unterschieden in den jeweiligen individuellen »Bildern«. Erst hierdurch ist die Erarbeitung und Entwicklung gemeinsamer Perspektiven möglich. Sich aus diesem Prozess ergebende differenzierte Perspektiven erlauben es auch, Unterschiede in einer wertschätzenden Art und Weise bestehen zu lassen. Genau diese identifizierte Unterschiedlichkeit regt die Kreativität der beteiligten Personen an und lässt neue Fragestellungen und Lösungsideen entstehen.

3.1.5 Aktuelle Erkenntnisse bei der Veränderung von Unternehmen

Vor dem Hintergrund des skizzierten Verständnisses von Unternehmensentwicklung bedeutet Unternehmensentwicklung damit immer auch die Entwicklung und Veränderung des Handelns und des Verhaltens von Führungskräften und Mitarbeitern. Diese (Neu-)Ausrichtung des Handelns und des Verhaltens auf die Vision bzw. den Unternehmenszweck kann im Rahmen von Changeprozessen stattfinden, aber auch die Konsequenz aus Optimierungsprojekten sein. Damit wiederum ergeben sich Parallelen zu Changeprojekten insbesondere immer dann, wenn die Unternehmensentwicklung selbst Veränderungsprozesse auslöst und initiiert. Vor diesem Hintergrund sollen aktuelle Erkenntnisse aus unterschiedlichen Studien zum Thema »Changemanagement« im Folgenden kurz umrissen werden.

Aktuelle Studien der Unternehmensberatungen osb-i und Capgemini zeigen, dass Veränderungen zugenommen haben (vgl. Abb. 56) und dass das Changemanagement

30 Vgl. Senge, P. (2008).

nach wie vor einen hohen Stellenwert auf der Agenda der betroffenen Führungskräfte und Mitarbeiter einnehmen wird (vgl. Abb. 57).

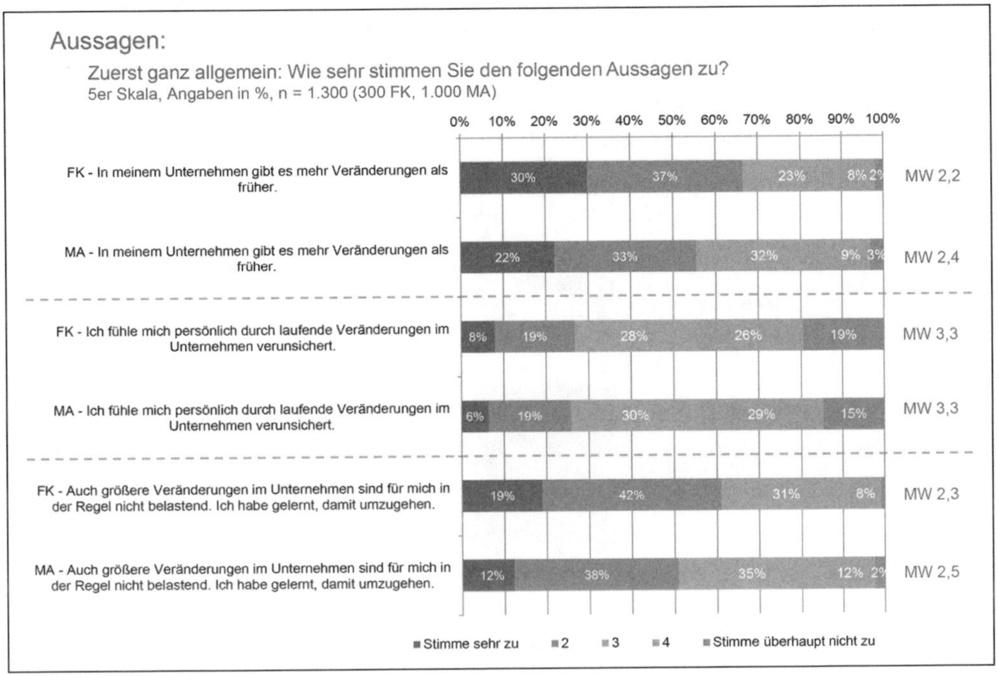

Abb. 56: Zunahme an Veränderungen in Unternehmen (nach osb-i, 2012, S. 3)

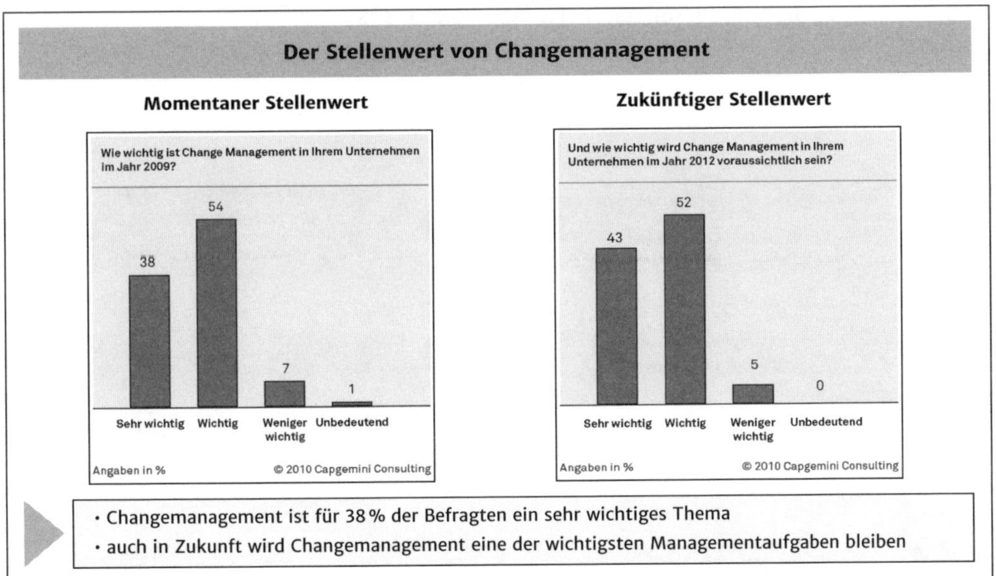

Abb. 57: Momentaner und zukünftiger Stellenwert von Changemanagement (nach Capgemini Consulting, 2010, S. 11)

Diese Veränderungen lösen sowohl auf der Seite der Mitarbeiter wie auch auf der Seite der Führungskräfte Skepsis, teilweise Abwehr und Verunsicherungen aus, wenngleich sich auch bestimmte Lerneffekte bei den Mitarbeitern und Führungskräften im Umgang mit Veränderungen eingestellt haben, wie Abb. 58 veranschaulicht.

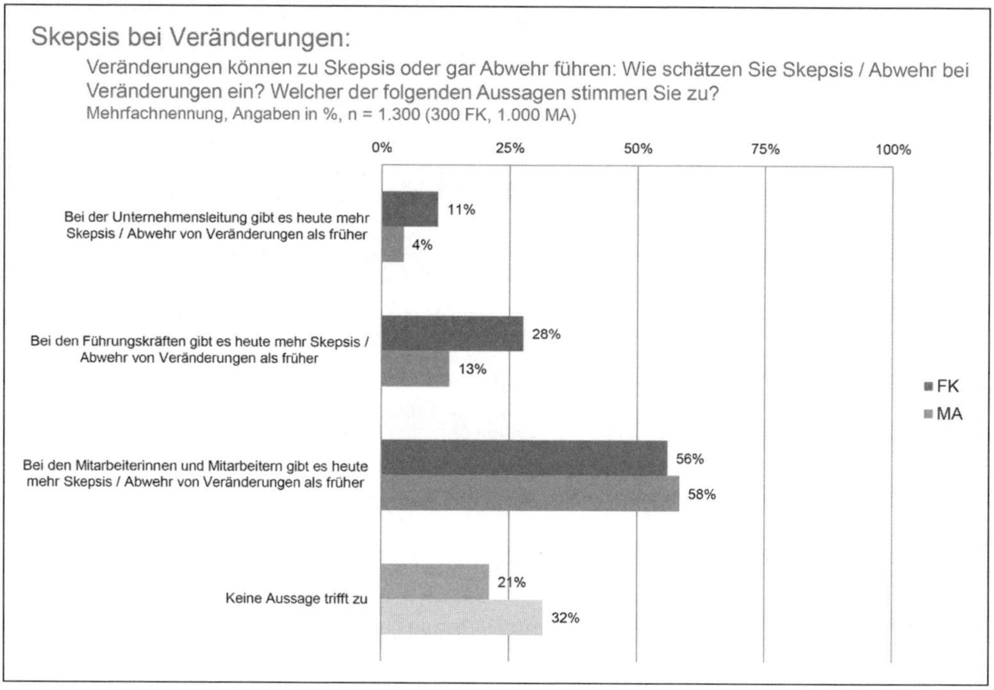

Abb. 58: Skepsis bei Veränderungen (nach osb-i, 2012, S. 8)

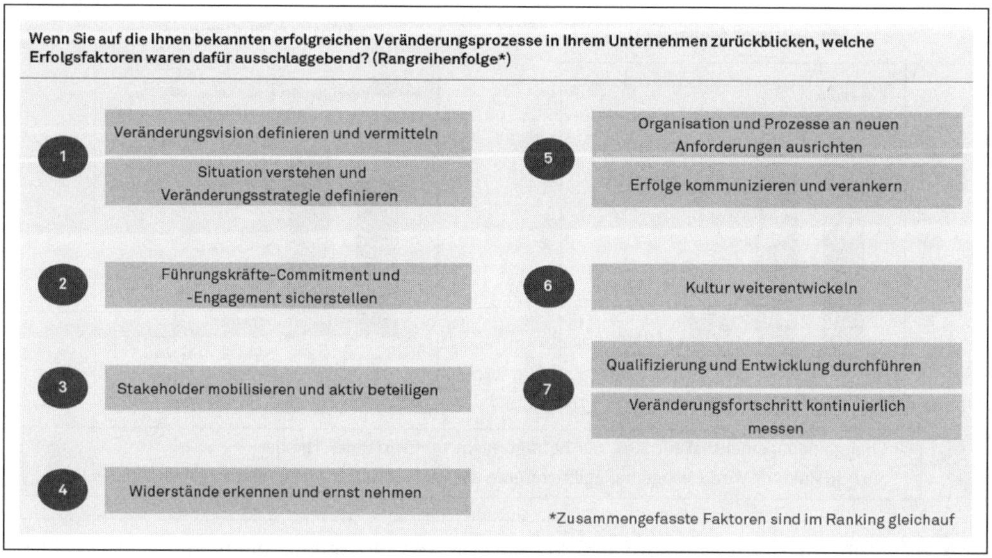

Abb. 59: Erfolgsfaktoren in Veränderungsprojekten (nach Capgemini Consulting, 2012, S. 27)

Durch die wiederholte Durchführung der Changestudie durch die Beratung Capgemini lassen sich zentrale Erfolgsfaktoren für Veränderungsprojekte erkennen (vgl. Abb. 59).

Eine klare Vision und Zieldefinition, deren aktive Kommunikation in Kombination mit einer regelmäßigen Situationsanalyse, die Definition der Veränderungsstrategie, das Sicherstellen des Commitments von Management und Mitarbeitern sowie die Einbindung der relevanten Stakeholder sind die wichtigsten Erfolgsfaktoren für Veränderungs- und Entwicklungsprojekte. Die Reihenfolge der Erfolgsfaktoren bildet in etwa die chronologische Reihenfolge von Aktivitäten in derartigen Prozessen nach.

Gleichzeitig zeigt sich auch, dass im Durchschnitt nur 66 % der angestrebten Veränderungsziele erreicht werden (vgl. Abb. 60) und die Veränderungsbereitschaft über die verschiedenen Hierarchieebenen hinweg abnimmt (vgl. Abb. 61, S. 98).

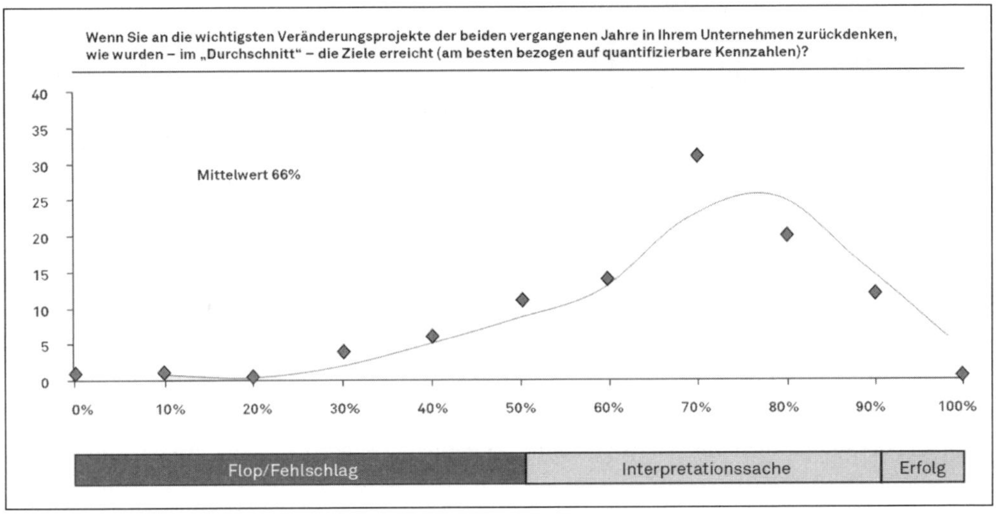

Abb. 60: Zielerreichungsgrad bei wichtigen Veränderungsprojekten (nach Capgemini Consulting, 2010, S. 79)

Darüber hinaus konnte im Rahmen der Studien auch herausgearbeitet werden, dass durch eine fehlende bzw. unzureichende Veränderungsbegleitung die Produktivität um durchschnittlich 25 % abgenommen (vgl. Abb. 62, S. 98) und die nicht beabsichtigte Fluktuation um durchschnittlich 11 % zugenommen hat (vgl. Abb. 63, S. 99).

Bereits diese kurzen Ausführungen machen die besondere Bedeutung der Gestaltung und Initiierung von Entwicklungsprozessen und Entwicklungsprojekten eindrucksvoll deutlich.

Neben inhaltlichen Themenfeldern (»Was«), die bei Veränderungs- und Entwicklungsprojekten zu bearbeiten bzw. zu berücksichtigen sind, zeigt sich aber auch, dass der Gestaltung derartiger Prozesse (»Wie«) eine zentrale und erfolgskritische Bedeutung zukommt. Betrachtet man die Erwartungen, die an Führungskräfte im Rahmen von Veränderungs- und Entwicklungsprojekten gestellt werden, so zeigt sich, dass Führungskräfte immer weniger über Hierarchie und die sich daraus ergebende Macht führen können, sondern vielmehr über den langfristigen Aufbau von Vertrauen Kollegen und Mitarbeiter zum Mitmachen an der Veränderung und der Entwicklung motivieren müssen (vgl. Abb. 64). Neben dem Einnehmen einer Vorbildfunktion, der aktiven Kommunikation von Veränderungen und einer zentralen Treiberrolle gewinnt die Schaffung eines entsprechenden Umfelds an Bedeutung, in dem Lernen möglich ist und Veränderung selbstverständlich wird.

Damit wiederum wird die inhaltliche Expertise zur erfolgreichen Gestaltung von Veränderungs- und Entwicklungsprozessen zu einer Gemeinschaftsleistung. Die Kom-

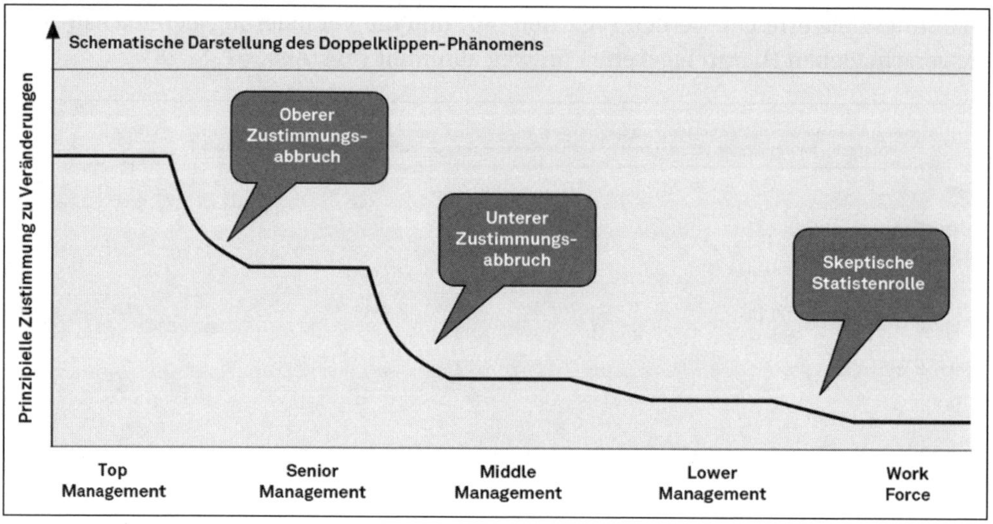

Abb. 61: Veränderungsbereitschaft auf unterschiedlichen Hierarchiestufen (nach Capgemini Consulting, 2010, S. 46)

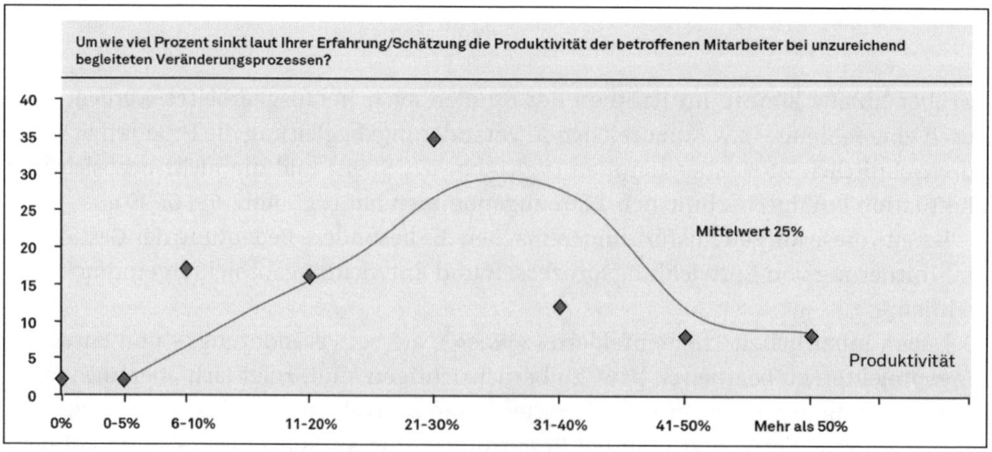

Abb. 62: Durchschnittliche Produktivitätsverluste bei Fehlern im Veränderungsmanagement (nach Capgemini Consulting, 2010, S. 81)

petenz, Settings und Anreize für derartige Unternehmensentwicklungsarbeit zu schaffen, gewinnt somit zunehmend an Bedeutung. Für eine wirksame Arbeit an Themen der Unternehmensentwicklung werden sog. kokreative »Räume« bzw. Settings benötigt, in denen gemeinsam Sichtweisen ausgetauscht und Lösungsideen sowie notwendige nächste Schritte oder Maßnahmen ausgehandelt werden müssen.

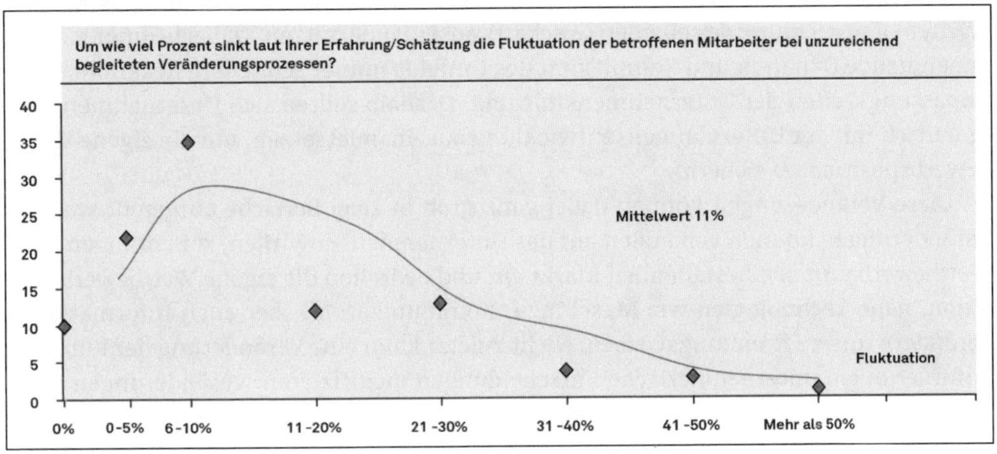

Abb. 63: Nicht gewollte Fluktuation bei unzureichender Veränderungsbegleitung (nach Capgemini Consulting, 2010, S. 83)

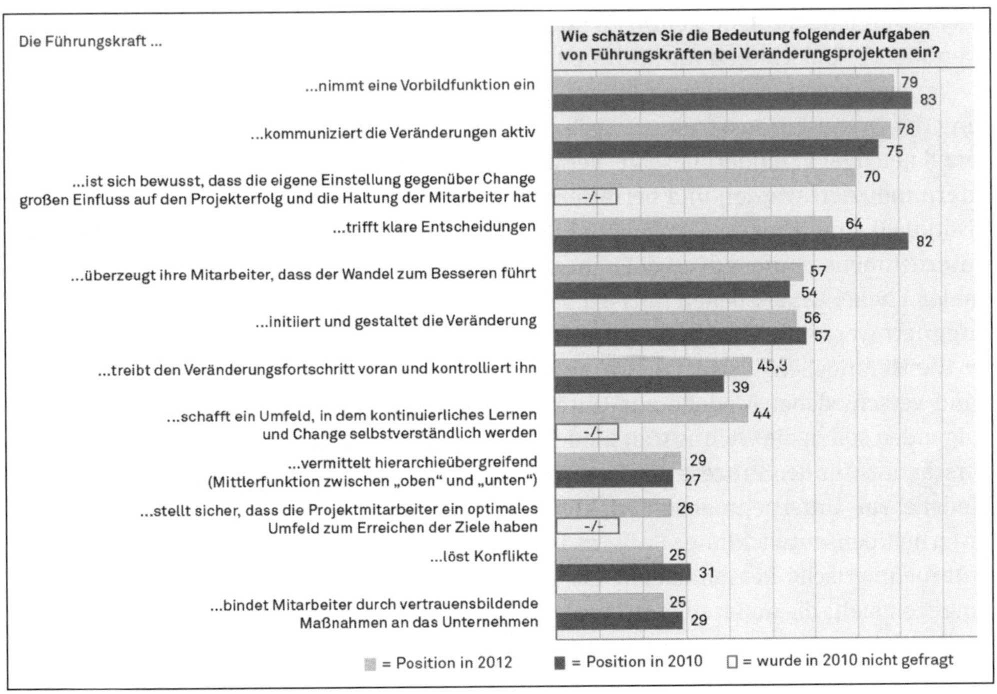

Abb. 64: Die Rolle der Führungskraft in Veränderungsprojekten (nach Capgemini Consulting, 2012, S. 67)

3.2 Entwicklung von Unternehmen

3.2.1 Modelle der Unternehmensentwicklung

Unternehmen müssen sich aufgrund vielfältiger Veränderungen des Umfelds mit der (Weiter-)Entwicklung des eigenen Geschäfts auseinandersetzen. Dabei bedingt v. a. die zunehmende Dynamik und Komplexität des Umfelds immer schnellere Reaktions- und Anpassungszeiten der Unternehmensführung. Deshalb sollten sich Unternehmen systematisch mit der Unternehmensentwicklung auseinandersetzen, um die eigene Wettbewerbsposition zu sichern.

Diese Veränderungen können dabei ganz grob in zwei Bereiche aufgeteilt werden. Veränderungen können von außen auf das Unternehmen einwirken, z. B. drängen neue Wettbewerber in den bestehenden Markt ein und bedrohen die eigene Wettbewerbsposition, neue Technologien wie Maschinen, Kommunikation, aber auch Informationen verändern unsere Handlungsweisen. Nicht zuletzt kann eine Veränderung der Kundenanforderungen unternehmerische Entscheidungen modifizieren. Veränderungen können aber auch von innen auf das System Unternehmen einwirken. Wenn sich die Mitarbeiter in den Fachabteilungen weiterentwickeln, steigt über die Dauer der Betriebszugehörigkeit der Lernkurveneffekt, die Mitarbeiter gewinnen an Routine und können so ihre Aufgaben effizienter erledigen. Mitarbeiter verändern sich jedoch auch persönlich. Durch die Dauer der Beschäftigung wird ein anderer Lebensabschnitt erreicht. Durch Nachfolgeregelungen und durch eine Änderung des Führungsstils können ebenfalls Veränderungen für Mitarbeiter entstehen.

Veränderungen aufgrund äußerer Einflussfaktoren verursachen oft eine Umgestaltung der Organisationsstruktur. Fachabteilungen werden neu zugeschnitten und personell neu oder verändert besetzt. Veränderungen in Unternehmen können jedoch auch intern induziert werden und betreffen dann die sozial-emotionale Ebene, denn Organisationen sind lebendige soziale Gebilde.[31] Daher vollzieht sich eine Entwicklung des Unternehmens immer auf zwei Ebenen: der sachlich-rationalen und der sozial-emotionalen Ebene. Beide Ebenen müssen bei der Unternehmensentwicklung gleichermaßen integriert werden, wie Abb. 65 verdeutlicht.

Die Herangehensweise, wie Unternehmen mit Veränderungen umgehen, kann anhand verschiedener Modelle zur Unternehmensentwicklung beschrieben werden. Im Folgenden sollen die wichtigsten Modelle kurz vorgestellt werden, um ein umfassendes Verständnis für den Prozess der Unternehmensentwicklung zu erlangen. Ökonomische Modelle zur Unternehmensentwicklung betonen v. a. den statischen Charakter der Unternehmensentwicklung. So wird in den Modellen von Coase und Schumpeter die unternehmerische Persönlichkeit als Treiber der Entwicklung hervorgehoben. Porter hingegen sieht die äußeren Wettbewerbskräfte und Umweltfaktoren als maßgeblichen Einflussfaktor der Unternehmensentwicklung.[32]

31 Siehe hierzu auch noch einmal die Ausführungen in Kapitel 3.1.
32 Vgl. Marek, D. (2010), S. 36.

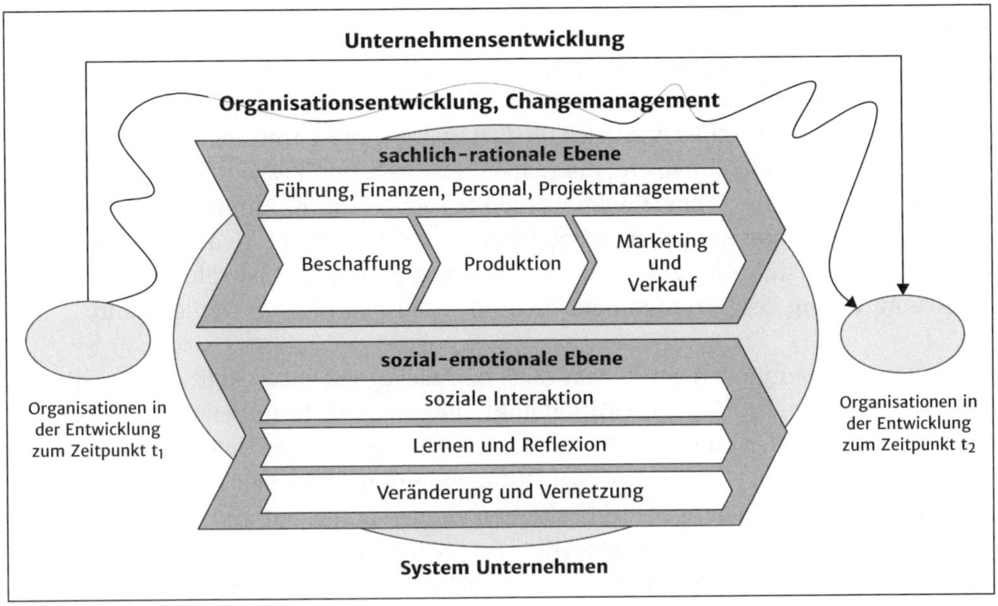

Abb. 65: Ebenen der Unternehmensentwicklung (eigene Darstellung)

Phasenmodell und Produktlebenszyklus

Phasenmodelle der Unternehmensentwicklung sehen den Impuls für eine Veränderung im Lebenszyklus des Produkts und der daraus resultierenden Restriktionen für den Handlungsspielraum. Dabei wird unterstellt, dass die einzelnen Phasen sukzessiv durchlaufen werden. Pümpin und Prange unterscheiden vier Lebensphasen, in denen Unternehmen mit unterschiedlichen Herausforderungen umgehen müssen.[33]

- Phase 1: Pionierphasen
  Unternehmen, die sich in dieser Phase befinden, müssen für Kunden einen neuartigen Nutzen kreieren, um sich von den Wettbewerben zu unterscheiden. Es existieren i. d. R. wenige Hierarchieebenen, die Kommunikation ist offen und durchlässig. Die unternehmerische Persönlichkeit prägt die Diskussion durch einen autoritären Führungsstil.
- Phase 2: Wachstumsphasen
  Wachstumsunternehmen möchten eine Expansion der Geschäftstätigkeit erreichen. Daher sollen einmal erkannte Nutzenpotenziale multipliziert werden. Bei diesen Unternehmen beginnt bereits die Formalisierung der Unternehmensorganisation. Es werden mehr Führungsebenen installiert, um die Überlebensfähigkeit des Systems zu gewährleisten. Auch der Führungsstil wird professionalisiert.
- Phase 3: Reifephasen
  Reife Unternehmen möchten die erkannten Nutzenpotenziale weiter ausschöpfen. Dabei soll v. a. ein Ausgleich zwischen »jungen« und »alten« Geschäftsfeldern erzielt werden, um so das Risiko zu streuen. Die Formalisierung der Organisations-

33 Vgl. Marek, D. (2010), S. 40ff.

struktur hat weiter zugenommen; Matrixstrukturen dominieren; dabei wird ein partizipativer Führungsstil bevorzugt.

- Phase 4: Wendephasen
  In dieser Phase verschlechtert sich die Ertragslage. Diese Unternehmen leiten Rationalisierungsmaßnahmen ein, die sich auf Prozesse und Ressourcen beziehen können. Die Mittel für Innovationen werden zurückgefahren. Ähnlich wie in der Reifephase liegen hier gewachsene Organisationsstrukturen vor. In dieser Phase ist die Unternehmensführung auf Zahlen fixiert, der Führungsstil ist sehr distanziert, da eine Auflösung des Unternehmens nicht mehr ausgeschlossen werden kann.

Ein anderes Phasenmodell wurde von Glasl und Lievegoed entwickelt. Auch in diesem Modell stehen Lebensphasen im Mittelpunkt, die jedoch nicht mit einer Wende enden, sondern ergebnisoffen sind.[34] In der Pionierphase findet sich das Unternehmen und die Organisation entsteht. In der Phase der Differenzierung entwickelt sich das Unternehmen zu einem rationalen Apparat; Positionen werden aufgebaut und definiert, die Organisationsstruktur wird weiter gefestigt. In der Integrationsphase werden verschieden Teile des Unternehmens vereinigt bzw. wachsen zusammen. Die Phase der Assoziation ist dadurch gekennzeichnet, dass eine Öffnung und Eingliederung des Unternehmens in die Umgebung stattfindet, z. B. Kooperationen mit anderen Unternehmen im Bereich Forschung & Entwicklung vereinbart werden.[35]

Zur Beschreibung der verschiedenen Phasen nutzen Glasl und Lievegoed eine ganzheitliche Betrachtung des Unternehmens. Jedes Unternehmen besteht dabei aus drei Teilsystemen: das kulturelle Subsystem, das soziale Subsystem und das technisch-instrumentelle Subsystem. Jedes dieser Subsysteme kann mithilfe von Schalen beschrieben werden. Das kulturelle Subsystem umfasst die Schalen Mission und die generelle Unternehmensstrategie. Das soziale Subsystem kann durch die Schalen Struktur, Menschen, Klima sowie Organe und Funktionen beschrieben werden. Das technisch-instrumentelle Subsystem umfasst die Schalen Prozesse und Abläufe sowie physische und materielle Mittel. Dabei werden auch hier explizit emotional-soziale Aspekte der Unternehmensentwicklung berücksichtigt.[36]

Phasenmodell und Organisationszustand

Ein anderes Modell zur Unternehmensentwicklung wurde von Glazinski entwickelt und knüpft an verschiedene Zustände einer Organisation an, die in bestimmter Reihenfolge auftreten können. Der Grundprozess der Unternehmensentwicklung wird in Abb. 66 dargestellt.

---

34 Vgl. Marek, D. (2010), S. 42ff.

35 Ebenda, S. 42.

36 Ebenda, S. 28.

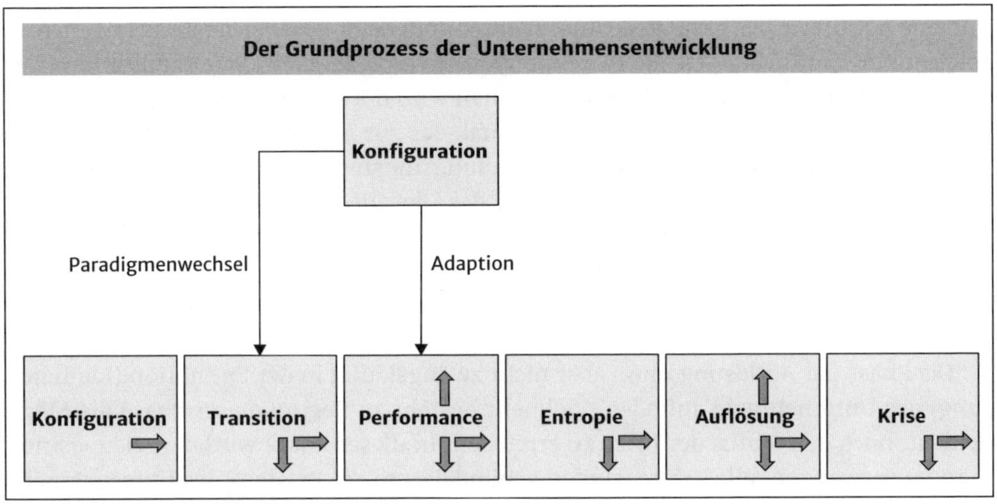

Abb. 66: Der Grundprozess der Unternehmensentwicklung (nach Glazinski, 2004, S. 61)

Jeder Zustand ist durch bestimmte Eigenschaften gekennzeichnet, die dabei helfen, die Beschaffenheit einer Organisation bzw. eines Unternehmens zu diagnostizieren. Diese organisationalen Zustände können sich auf das Gesamtunternehmen, auf Teilbereiche bis hin zu einzelnen Abteilungen erstrecken. Die Konfiguration entspricht der Implementierung des »Entwurfs« der Organisation. Hierbei wird auch die strategische Ausrichtung des Unternehmens in die Organisation getragen. Märkte, Produkte, Abläufe und Zielgruppen werden definiert. Im Rahmen der Transition werden Prozesse, Systematiken und menschliche Fähigkeiten etabliert. Die Phase der Performance ist von der Umsetzung des »Entwurfs« bzw. der Strategie geprägt, d. h. die Strategie wird aktiv gelebt. Werden Ziele der Strategie nicht erreicht, dann findet eine Anpassung statt. Eine vehemente Veränderung in Form eines Paradigmenwechsels findet statt, wenn sich die äußeren Rahmenbedingungen aktuell oder zukünftig gravierend verändern werden. Hier ist eine erneute Konfiguration notwendig, die dann eine wiederholte Phase der Transition notwendig macht. Wird die bestehende Strategie bzw. der »Entwurf« der Organisation lediglich angepasst, dann kann sich sofort wieder der Zustand der Performance anschließen. In diesem Fall ist keine erneute Transitionsphase notwendig.

Dieser Prozess der Unternehmensentwicklung ist idealtypisch und wünschenswert. Der iterativen Abfolge innerhalb des Regelkreises Konfiguration-Transition-Performance können sich jedoch auch noch weitere Phasen anschließen. Nach der Phase der Performance kann die Phase der Entropie folgen. In diesem Stadium werden die in der Phase der Performance umgesetzten Strategieelemente infrage gestellt. Die Organisation widmet sich nicht mehr der stringenten Ausrichtung auf ein strategisches Ziel. Persönliche Interessen werden aufgewertet und vor das Gesamtinteresse des Unternehmens gestellt. Misstrauen, mangelnde Kommunikation und mangelnder Zusammenhalt, unklare Entscheidungsprozesse und ein daraus resultierender bürokratischer Formalisierungsgrad sind Kennzeichen dieser Phase. Die Leistungsfähigkeit der Organisation insgesamt nimmt ab. Der Zustand der Entropie ist nicht umkehrbar. Es kann nur eine Auflösung des gesamten Unternehmens oder eine essenzielle Krise folgen. Anzeichen einer Auflösung ist die fehlende Wettbewerbsfähigkeit der Organisation oder eine hohe Fluktuationsquote. Dieses Anzeichen wird durch Finanzkennzahlen aus dem Controlling unterstützt. Ein weiteres Merkmal, das zur Auflösung führen kann, ist das Festhalten an altbewährten Denk- und Handlungsmustern. Auf organisationaler Ebene stellt sich bei den Mitarbeitern das Gefühl der Überforderung ein. Daher werden oft Spontanmaßnahmen durchgeführt, die lediglich eine kurzfristige Verbesserung der Wettbewerbsfähigkeit erzeugen. Langfristig ergibt sich keine strategische Neupositionierung, Mitarbeiter verhalten sich destruktiv und widmen sich kaum noch dem eigentlichen Geschäftszweck.

Die Phase der Auflösung muss aber nicht zwangsläufig in der Extinktion (Liquidierung) des Unternehmens münden. Vielmehr besteht zu Beginn dieser Phase die Möglichkeit, noch den Status der Krise zu erreichen. In dieser Phase wird eine Neupositionierung erzwungen, alle Kräfte werden gebündelt, um die Existenz des Unternehmens im Rahmen eines »Notfallmanagements« zu sichern. Kernkompetenzen werden wieder aktiviert, überflüssige Aktivitäten und Prozesse, die nicht unmittelbar zum Überleben des Unternehmens beitragen, werden eliminiert. Die Krise sollte auch dazu genutzt werden, sich von »Altlasten« wie widerständigen Abteilungen oder einzelnen Arbeits- oder Führungskräften zu trennen. Die Organisation wird intern neu aufgestellt und umorganisiert. In der Phase der Krise besteht die Gefahr, dass durch die radikalen Maßnahmen wie Kostenreduzierungen die erforderlichen Auseinandersetzungen mit den Ursachen, die zu dieser Fehlentwicklung geführt haben, außer Acht gelassen werden.

Die bisher vorgestellten Modelle der Unternehmensentwicklung sind nur beispielhaft. Es existiert eine Vielzahl von Modellen, die die Unternehmensentwicklung in einzelne Phasen unterteilt.[37] Die aktuell vorliegenden Modelle dienen dabei vordergründig der Orientierung. Eine konkrete Standortbestimmung und Messbarkeit der aktuellen Entwicklungsphase kann jedoch mit diesen Modellen nicht vorgenommen werden. Sie stellen lediglich eine rückwärtsgerichtete Betrachtung dar. Gestaltungsempfehlungen lassen sich hieraus nur bedingt ableiten, da die zielführenden Kennzahlen zur Diagnose fehlen. Für die einzelnen Phasen lassen sich lediglich Indikatoren bestimmen. Daher wird im folgenden Abschnitt ein partizipatives Modell der Unternehmensentwicklung hergeleitet, das sich auf messbare Kennzahlen stützt.

3.2.2 Dialogorientierte und partizipative Unternehmensentwicklung

Das in diesem Kapitel vorgestellte Modell der dialogorientierten und partizipativen Unternehmensentwicklung ist eine Synthese aus verschiedenen Modellen der Unternehmensentwicklung und der Messung der organisationalen Leistungsfähigkeit. Das Modell orientiert sich dabei an der Organisation als lebendem System. Damit wird eine systemische Position eingenommen.

---

37 Vgl. hierzu auch den Überblick bei Marek, D. (2010), S. 45ff.

Veränderungen in Unternehmen vollziehen sich immer auf zwei Ebenen, auf einer sachlich-rationalen und auf einer sozial-emotionalen Ebene. Moderne Instrumente der Unternehmensentwicklung sollten daher beide Ebenen bei der Analyse berücksichtigen. Das hier zu entwickelnde Modell (vgl. Abb. 67) soll dabei v. a. die Nachteile der bisherigen Modelle überwinden, da eine konkrete Standortbestimmung der organisationalen Leistungsfähigkeit ermöglicht wird.

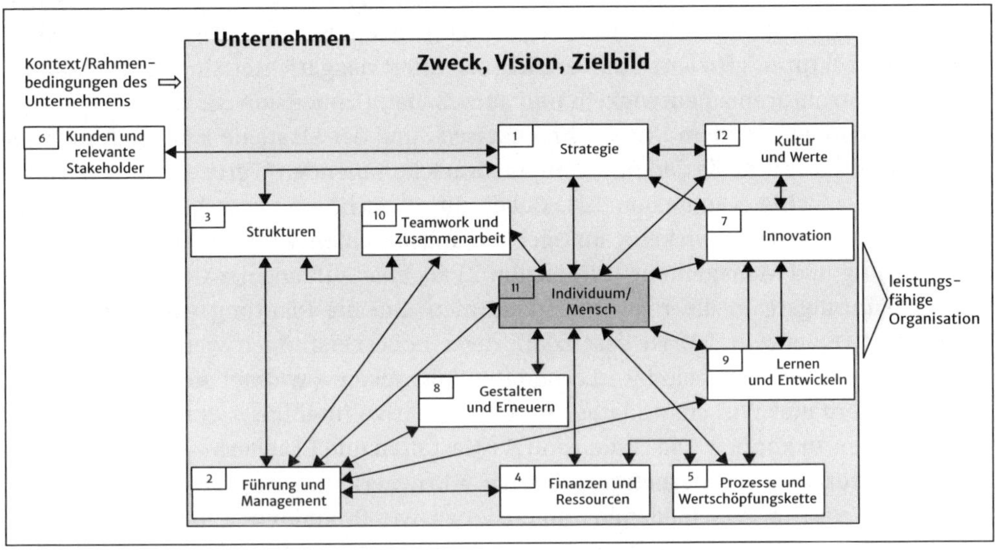

Abb. 67: Modell der dialogorientierten und partizipativen Unternehmensentwicklung (eigene Darstellung)

Ausgangspunkt ist der Mensch als lebendiger Teil der Organisation. Von den Mitarbeitern im Unternehmen werden Veränderungsprozesse angestoßen, sie sind daher selbst Teil von Veränderungen. Deshalb steht der Mensch im Mittelpunkt des Modells. Weiterhin adressiert das Modell verschiedene Dimensionen, die im Rahmen der Unternehmensentwicklung berücksichtigt werden müssen. Dabei müssen alle Modellelemente aufeinander abgestimmt werden, denn es existieren Wechselbeziehungen zwischen den einzelnen Dimensionen. Durch die Betrachtung der einzelnen Dimensionen kann eine Gesamtperspektive eingenommen werden. Das Modell dient dabei auch als Landkarte der eigenen »organisationalen Befasstheit« mit dem Ziel, komplexe Sozialsysteme wie ein Unternehmen zu steuern. Dabei soll durch die explizite Einbindung der Mitarbeiter bei der operativen Umsetzung des Modells in Form von Workshops auch der Weg zu einer bewussteren Organisation eingeschlagen werden.

3.2.3 Ebenen der Unternehmenssteuerung

Das Modell der dialogorientierten und partizipativen Unternehmensentwicklung zeichnet sich durch verschiedene Dimensionen aus, die im Folgenden kurz erläutert werden.

Ausgangspunkt ist der Mensch in der Organisation (Dimension 11). Hier geht es um die Motivation, die Beteiligung und das Commitment jedes einzelnen Mitarbeiters. Bei der Dimension 6 »Kunde und Stakeholder« stehen die relevanten Anspruchsgruppen im Mittelpunkt; die Bedürfnisse müssen erfüllt werden und man sollte in Kontakt sein. Diese wirken von außen auf den Mikrokosmos Unternehmen ein. Dimension 1 knüpft an die Bestimmung des eigentlichen Unternehmenszwecks an: Die Strategie eines Unternehmens konkretisiert den Unternehmenszweck und wird daher als eigenständige Dimension im Modell geführt. Jedes Unternehmen kann langfristig nur überleben, wenn die Strukturen effizient und vertriebsorientiert ausgerichtet sind. Daher gilt es, förderliche Strukturen zu entwickeln und aufzubauen (Dimension 3).

Eng verbunden mit dem Unternehmenszweck und der Strategie sind auch die Unternehmenskultur und die dadurch zum Ausdruck kommenden Werte, die eine Organisation leben möchte (Dimension 12). Dabei gilt es auch, eine bestehende Unternehmenskultur weiterzuentwickeln, um sich organisationalen Veränderungen anzupassen. Führung und Management (Dimension 2) als eine Aufgabe der Geschäftsführung gibt im Führungsteam die relevanten Leitlinien und die Richtung vor. Der Bereich Teamwork (Dimension 10) ist essenziell, denn hohe Leistungen werden oft nur im Team erbracht. Die Dimension 9 »Lernen und Entwickeln« widmet sich der Thematik Wissenserwerb und Wissenstransfer, um die kollektive Intelligenz einer Organisation gezielt nutzen zu können. Die Dimension 8 »Gestalten und Erneuern« soll gezielt Veränderungsprozesse im Unternehmen fördern. »Erneuern und Innovation« (Dimension 7) schafft Neues in verschiedenen Dimensionen wie Produkten, Prozessen und Geschäftsmodellen. Die verschiedenen Prozesse und Wertschöpfungsketten sind an den Bedürfnissen der relevanten Interessengruppen auszurichten (Dimension 5). Auch diese müssen im Rahmen der Unternehmensentwicklung regelmäßig reflektiert werden. Schließlich sind Finanzen und Ressourcen (Dimension 4) wesentliche Rahmenbedingungen für die Unternehmensentwicklung.

3.2.3.1 Macht der Zahlen in modernen Organisationen

Das Controlling beruht in vielen Organisationen vielfach immer noch auf der Interpretation von Kennzahlen und quantitativen Messgrößen. Kennzahlen und Messgrößen haben den eindeutigen Vorteil, dass sie übersichtlich und leicht zu interpretieren sind. Dabei wird vielfach von Mittelfristplanung zu Mittelfristplanung gedacht, die aber auf einer rückwärtsgerichteten und vergangenheitsorientieren Planung basiert. Erfolge oder Misserfolge der Vergangenheit werden in die Zukunft extrapoliert. Die etablierten Kennzahlen legen den Fokus zudem oft nur auf kleinteilig negative Entwicklungen wie nicht erreichte Ziele, Deckungs- und Finanzierungslücken oder auf die Eliminierung von redundanten Prozessen. Dabei stehen oft isoliert ganze Betriebs- bzw. Organisationseinheiten im Mittelpunkt der Betrachtung. Auch die (Weiter-)Entwicklung von Organisationseinheiten wird oft an Stäbe oder Externe verlagert, die sich dann an diesen Kennzahlen und Messgrößen orientieren.

Die vorangegangenen Kapitel haben aber gezeigt, dass eine komplexe, dynamische Organisation nur bedingt steuerbar ist. Der Blick für das Ganze wird dabei oft vergessen. Es wird unterstellt, dass eine lineare Ursache-Wirkungs-Beziehung existiert. Ursache und Wirkung können klar separiert und in Beziehung zueinander gesetzt werden. Damit einher geht das Selbstverständnis des Unternehmens als »Maschine«. Jeder Prozess, jede unternehmerische Aktivität ist durch Vorgabe und Kontrolle steuerbar. Das unternehmerische Umfeld ist jedoch heutzutage durch Volatilität, Unsicherheit, Komplexität und Vieldeutigkeit gekennzeichnet. Deshalb benötigt die Unternehmensentwicklung eine eindeutige Navigation, die eine bestimmte Richtung vorgibt und sich nicht auf eindimensionale, quantitative Kennzahlen fokussiert. Vielmehr müssen auch weiche Faktoren wie Lernen, Zusammenarbeit und Entwicklung messbar gemacht werden. Daher bedarf es eines ganzheitlichen Monitoring- und Navigationssytems. Erst durch die Verbindung von quantitativen (harten) und qualitativen (weichen) Messgrößen kann die Unternehmensentwicklung insgesamt vorangebracht werden. Die Leistungsebenen des Modells spiegeln diese Verbindung wider.

Um die vorgestellte dialogorientierte Unternehmensentwicklung umzusetzen, bietet sich auch ein transaktionaler Führungsstil im Sinne von Führung über Zielvereinbarungen an. Im Mittelpunkt steht ein interaktives Austauschverhältnis zwischen Mitarbeiter und Vorgesetztem. Über Zielvereinbarungen wird versucht, das Mitarbeiterverhalten zu beeinflussen. Im Rahmen dieser Vereinbarung werden Ziele geklärt, Aufgaben- und Verantwortungsbereiche festgelegt und Belohnungs- und Sanktionsmechanismen definiert. Innerhalb dieser Zielvereinbarung können dann harte und weiche Ziele kombiniert werden.

Im folgenden Abschnitt werden verschieden Ansätze zur Messung der Leistungsfähigkeit einer Organisation vorgestellt, um eine spätere Operationalisierung des Modells zu gewährleisten.

3.2.3.2 Instrumente, Modelle und Steuerungsebenen

Vorhandene Modelle zur Erfassung der organisationalen Leistung fokussierten sich lange Zeit auf die Produktivität von Mitarbeitern und Handlungen. Als Kennzahlen wurden dabei monetäre Größen abgeleitet.[38] Erst Ende der 1980er- bzw. Anfang der 1990er-Jahre wurden alternative Ansätze zur Erfassung der Leistungsfähigkeit und zur Bewertung unternehmerischen Handelns verfolgt. Dabei lässt sich eine Entwicklung hin zu einer ganzheitlich orientierten Leistungserfassung beobachten.

Im Folgenden sollen einige Kennzahlensysteme vorgestellt werden, die sich in der Vergangenheit in der Praxis etabliert haben. Dabei wird an dieser Stelle nicht der Anspruch auf Vollständigkeit erhoben, vielmehr sollen Entstehung und Weiterentwicklung der Kennzahlensysteme beschrieben werden, um daraus Erkenntnisse für das hier vorgestellte Modell der dialogorientierten Unternehmensentwicklung gewinnen zu können.

38 Vgl. Jung, H. (2001), S. 4ff.

Das DuPont-System und das ZVEI-System

Klassische Systeme der Leistungsmessung haben eine starke monetäre Prägung. Im Jahr 1919 wurde erstmals ein solches Kennzahlensystem vorgestellt, das DuPont System of Financial Control. Innerhalb dieses Systems werden verschiedene Kennzahlen in einer Baumstruktur zusammengefasst. An der Spitze des Baums steht der Return on Investment (ROI). Dieser ROI wird innerhalb des Baums in seine einzelnen Bestandteile zerlegt.[39] Oberstes Ziel der Unternehmensführung ist somit nicht die Gewinnmaximierung, sondern die Maximierung des Ergebnisses pro eingesetzter Kapitaleinheit. Der Vorteil des DuPont-Systems besteht darin, dass die verwendeten Kennzahlen aus dem betrieblichen Rechnungswesen abgeleitet werden und damit auch mit denen anderer Unternehmen vergleichbar sind.

In Deutschland wurde 1970 vom Zentralverband Elektrotechnik und Elektroindustrie (ZVEI) ebenfalls ein Kennzahlensystem entwickelt, das sich am DuPont-System orientiert. Dabei werden Analysen auf zwei Ebenen vorgenommen, der Wachstumsebene und der Strukturebene. Die Wachstumsanalyse ist der Strukturanalyse vorgeschaltet und soll einen Überblick über das betriebliche Geschehen in den Bereichen bisherige Entwicklung und Ausblick (zukünftiger Erfolg) geben. Dabei werden der Vertrieb, das Betriebsergebnis, die Kapitalbindung, die Beschäftigung und die Wertschöpfung betrachtet. Im Rahmen der Strukturanalyse wird auch die Gesamtkennzahl ROI ausgewiesen. Dabei werden Bilanzkennziffern zugrunde gelegt, um den ROI zu erläutern.[40]

Im Laufe der Zeit haben sich auch die Anforderungen an die Erfassung und Messbarkeit der organisationalen Leistungsfähigkeit geändert. Die Schwachpunkte der etablierten Kennzahlensysteme lassen sich exemplarisch wie folgt zusammenfassen[41]:

- Ausschließlich bilanzielle Kennzahlen werden interpretiert und gedeutet. Diese sind jedoch naturgemäß rückwärtsgerichtet und spiegeln die Vergangenheit wider. Diese Kennzahlen sind zudem hochaggregiert und bilden Frühwarnsignale für auftretende Veränderungen nicht ab.
- Es werden ausschließlich materielle Vermögenswerte betrachtet, die Bedeutung von immateriellen Vermögenswerten wie Wissen der Mitarbeiter oder Lernkurven der Mitarbeiter bleiben unberücksichtigt.
- Es werden lediglich interne Anspruchsgruppen analysiert. Der Shareholder- oder Stakeholdergedanke wird nicht verfolgt. Kunden- und wettbewerbsbezogene Daten werden innerhalb der Kennzahlen in unzureichendem Maße verarbeitet.
- Die traditionellen Kennzahlen stellen keinen Anreiz zur kontinuierlichen Verbesserung dar; es fehlt ein Bezug zur Unternehmens- bzw. Geschäftsfeldstrategie.

Im Mittelpunkt der Kritik steht also die Fokussierung auf rein monetäre Bezugspunkte, die fehlende Zukunftsausrichtung und die Nichtberücksichtigung von externen Inter-

39 Vgl. Sandt, J. (2005), S. 431.

40 Vgl. Sandt, J. (2005). S. 432.

41 Vgl. Gleich, R. (2001), S. 8 f.; Speckbacher, G./Bischof, J. (2000), S. 796.

essensgruppen.[42] Aus diesen Gründen wurden alternative Konzepte zur Messung der organisationalen Leistungsfähigkeit entwickelt. Die in der Praxis am häufigsten anzutreffenden Konzepte werden im Folgenden kurz vorgestellt.

Balanced Scorecard

Aufgrund der weiten Verbreitung in der Unternehmenspraxis soll zunächst Balanced Scorecard als Instrument zur Leistungsmessung beschrieben werden. Balanced Scorecard wurde von Kaplan und Norton entwickelt.[43] Dabei wurden explizit nichtmonetäre, wertschöpfende und zukunftsgerichtete Analyseebenen integriert.[44] Im Zentrum stehen dabei Strategien und Visionen der Organisation, die anhand von vier Perspektiven umgesetzt werden (vgl. Abb. 68). Jede Perspektive umfasst konkrete Kennzahlen und Maßnahmen.[45] Durch die Betrachtung verschiedener integrierter Perspektiven sollen

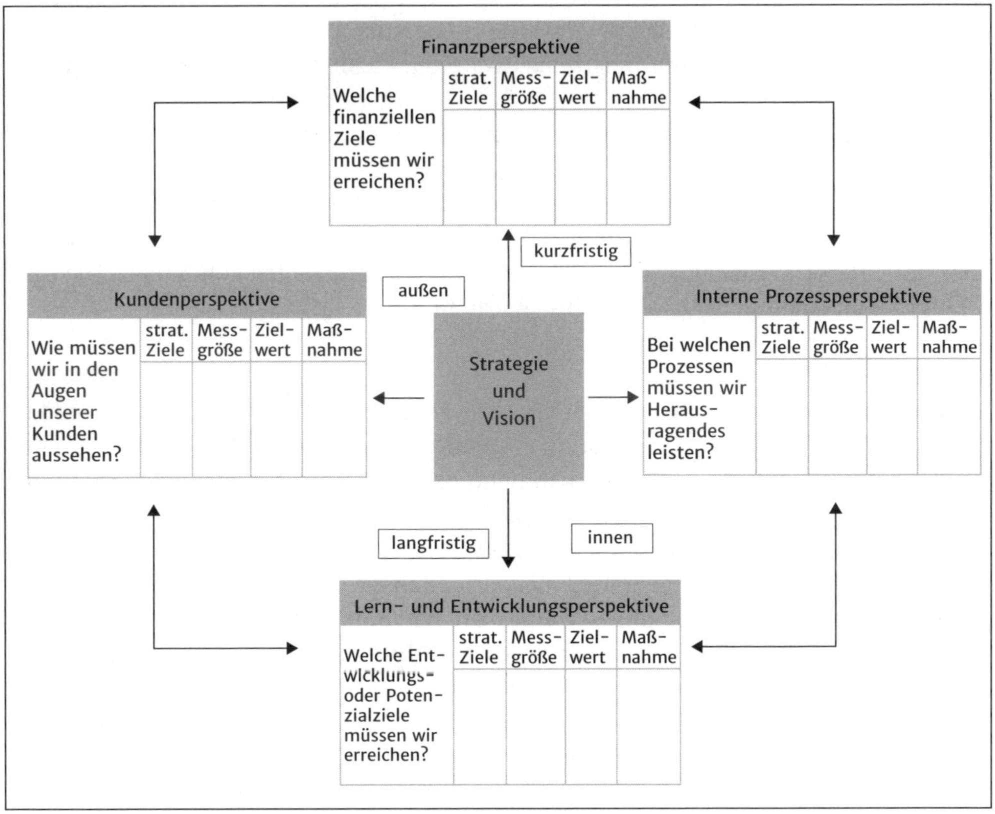

Abb. 68: Struktur der Balanced Scorecard (nach Kaplan u. Norton, 1997, S. 9)

42 Vgl. Eccles, R. (1991), S. 132f.

43 Vgl. Kaplan, R./Norton, D. (1992), S. 71ff.

44 Vgl. Schrank, R. (2003), S. 28.

45 Vgl. Nagel, N./Wimmer, R. (2006), S. 316.

die Grundlagen für eine ganzheitliche Steuerung der Organisation geschaffen werden. Die finanzielle Perspektive wird ergänzt durch die Perspektiven Kunde, interner Prozess sowie Lernen und Entwicklung.[46]

Jedes strategische Ziel innerhalb der einzelnen Perspektiven wird mit Kennzahlen hinterlegt, damit der Zielerreichungsgrad überprüfbar und kontrollierbar ist. Die einzelnen Ziele sind jedoch nicht isoliert voneinander zu betrachten, sondern über Ursache-Wirkungs-Beziehungen miteinander verbunden. Dabei wird oft eine hierarchische Abstufung der Perspektiven und deren strategischen Ziele vorgenommen.[47] Folgendes Beispiel verdeutlicht die internen Ursache-Wirkungs-Beziehungen: Das Ziel einer privatwirtschaftlichen Organisation ist die Erwirtschaftung eines Gewinns. Damit ein Gewinn erzielt werden kann, muss jedoch Kundenzufriedenheit erzeugt werden, denn nur wenn Kunden zufrieden sind, ist eine dauerhafte Kundenbindung möglich. Die Zufriedenheit der Kunden wird jedoch auch von den internen Prozessen (z. B. Aufnahme einer Bestellung, Reaktion auf Beschwerden, Logistik) beeinflusst. Interne Prozesse können nur durch eine kontinuierliche Weiterentwicklung des Personals gesteuert werden.

Der Erfolg von Balanced Scorecard beruht darauf, dass Unternehmen nur dann erfolgreich sein können, wenn es dem Management gelingt, alle Perspektiven zu verbinden. Der Vorteil besteht darin, dass die Unternehmensvision und die konkrete Umsetzung kombiniert werden. Vision und Strategie werden dabei in Kennzahlen und Größen überführt. Dabei werden quantitative und qualitative Kennzahlen kombiniert. Die Umsetzungswahrscheinlichkeit wird dadurch erhöht.

Das EFQM-Modell

Ein weiteres Modell zur Erfassung der organisationalen Leistung ist das EFQM-Modell. Dieses Modell der European Foundation of Quality Management (EFQM) reflektiert den Total-Quality-Ansatz. Dabei lassen sich neun Kriterien unterscheiden, die sich in Befähiger und Ergebnisse aufteilen, wie Abb. 69 veranschaulicht.

Die Befähigerkriterien dienen als Voraussetzung zur Erzielung der Schlüsselergebnisse. Das EFQM-Modell versteht sich als ganzheitliches Managementmodell, das sämtliche für die Leistungsfähigkeit eines Unternehmens relevanten Merkmale abbilden kann.[48] Dabei werden einzelne Aspekte mithilfe von Teilkriterien differenziert betrachtet und anhand einer Checkliste überprüft. Die Ergebnisseite spiegelt den Grad der Mitarbeiter- und Kundenzufriedenheit wider. Gleichzeit soll in der Gesellschaft ein bestimmtes Image erzeugt werden. Die positive Beeinflussung aller drei Größen führt zu entsprechenden Geschäftsergebnissen.[49] Aufgrund der differenzierten Darstellung mithilfe von Teilkriterien und deren Gewichtung kann die Leistungsmessung standardisiert werden, was für einen späteren Benchmarkprozess erforderlich ist. Die Gesamtbewertung setzt sich zu 50 % aus den Anteilen der Seite Befähiger und zu 50 %

46 Vgl. Kaplan, R./Norton, D. (1997), S. 9.
47 Vgl. Norton, R./Kaplan, R. (1996), S. 30f.
48 Vgl. Blankenburg, D. (1999), S. 37.
49 Vgl. Hermann, J. (2002), S. 299.

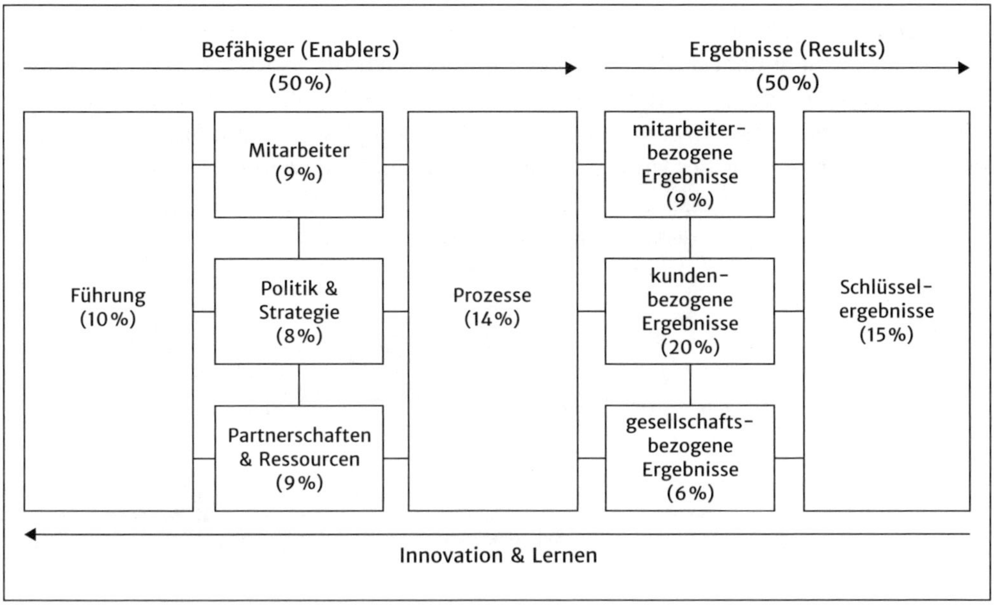

Abb. 69: Das EFQM-Modell (nach EFQM, 2003, S. 12)

aus den Anteilen der Seite Ergebnisse zusammen, so dass insgesamt eine ausgewogene allumfassende Leistungsbewertung vorgenommen wird. Im Gegensatz zu Balanced Scorecard werden hier die Aspekte »Führung« und »Partnerschaft« stärker in die Gesamtbewertung integriert. Allerdings ist auch das EFQM-Modell vergangenheitsbezogen.

Das Malik-Modell

Ein weiteres Modell zur Messung der organisationalen Leistungsfähigkeit wurde von Malik entwickelt (vgl. Abb. 70, S. 112). Es werden ausgehend von der Mission und dem Unternehmenszweck sechs essenzielle Variablen bestimmt. Diese Variablen konkretisieren das Mission Statement.[50]

Der Vorteil des Mission Statement ist die Übersichtlichkeit. Es werden kleine Schwerpunkte abgebildet, die ein gemeinsames Verständnis des Unternehmenszwecks ermöglichen.[51] Neben der Mission werden sechs Schlüsselgrößen abgleitet, mit deren Hilfe die Leistungsfähigkeit gemessen werden kann. Marktstellung, Innovationsleistung, Produktivität, Attraktivität für potenzielle Mitarbeiter und Kunden, Liquidität und Cashflow, Profitabilität bilden den Central Performance Control (CPC). Dieser Rahmen kann dann unternehmensindividuell mit Kennzahlen ergänzt werden.[52] Das Mo-

50 Vgl. Malik, F. (2008), S. 170.
51 Vgl. Malik, F. (2008), S. 171.
52 Vgl. Malik, F. (2008); S. 177.

dell basiert auf den Erkenntnissen der PIMS-Studien[53] und hat ebenfalls einen vergangenheitsbezogenen Charakter. Das Modell unterstreicht die Notwendigkeit von Innovationen und hebt die Bedeutung von qualifiziertem und motiviertem Personal für die Leistungsfähigkeit einer Organisation hervor. Über das Mission Statement kann ein gemeinsames Verständnis des Unternehmenszwecks abgleitet werden.

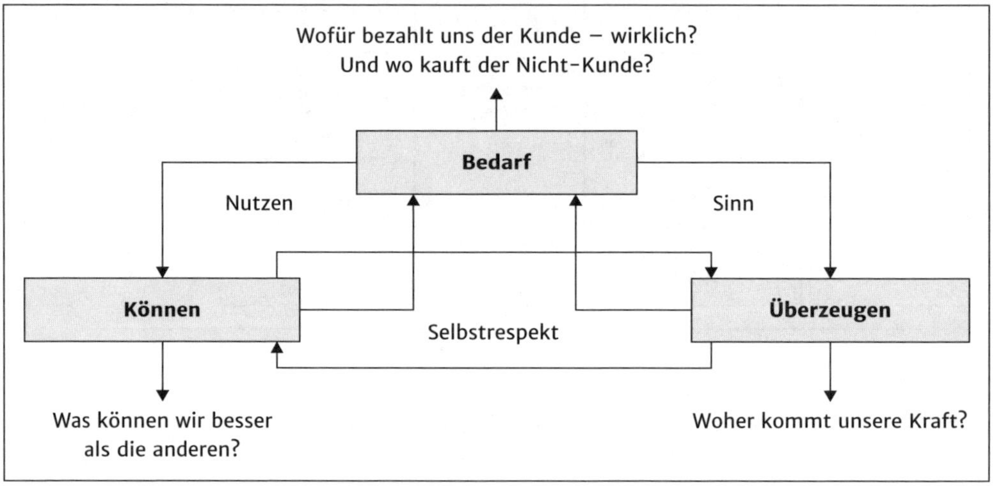

Abb. 70: Die Elemente der Business Mission (nach Malik, 2008, S. 170)

Das OSTO-Modell

Ein systemisches Modell, das das Unternehmen als lebendiges und offenes Gebilde auffasst, ist das OSTO-Modell. OSTO steht für offene, soziotechnische, ökonomische Aspekte eines Systems. Auch in diesem Modell werden Elemente der Systemtheorie genutzt, um das Wesen und die Funktionsfähigkeit einer Organisation zu beschreiben.[54] Das Modell besteht aus den in Abb. 71 dargestellten Gestaltungsparametern und Reflexionsschritten. Das Innenleben einer Organisation steht mit der Umwelt in einer engen Wechselbeziehung. Gestaltungskomponenten strukturieren Abläufe innerhalb der Organisation. Diese stehen in enger Beziehung zu dem eigentlichen Existenzgrund, den Zielen und Strategien. Das OSTO-Modell ist als Denkrahmen zu verstehen, der den Umgang mit Komplexität und Dynamik von lebenden Systemen ermöglichen soll.[55] Zudem erlaubt das OSTO-Modell, die gegenwärtige Situation einer Organisation zu diagnostizieren. Dies geschieht über die sieben Reflexionsschritte. Der große Vorteil des OSTO-Modells liegt also in der Diagnose der Zukunftsorientierung auf Basis eines systemischen Verständnisses. Insbesondere die acht Gestaltungskomponenten ermöglichen die Ableitung von konkreten Veränderungsvorschlägen.

53 PIMS = Profit Impact of Market Strategies. Es handelt sich um eine branchenübergreifende empirische Studie zur Evaluierung von Schlüsselfaktoren, die den unternehmerischen Erfolg beeinflussen, vgl. Welge, M./Al-Laham, A. (2008), S. 242ff.

54 Vgl. Kapitel 2.1.1 und 2.1.2.

55 Vgl. Cichy, U. (2001), S. 79.

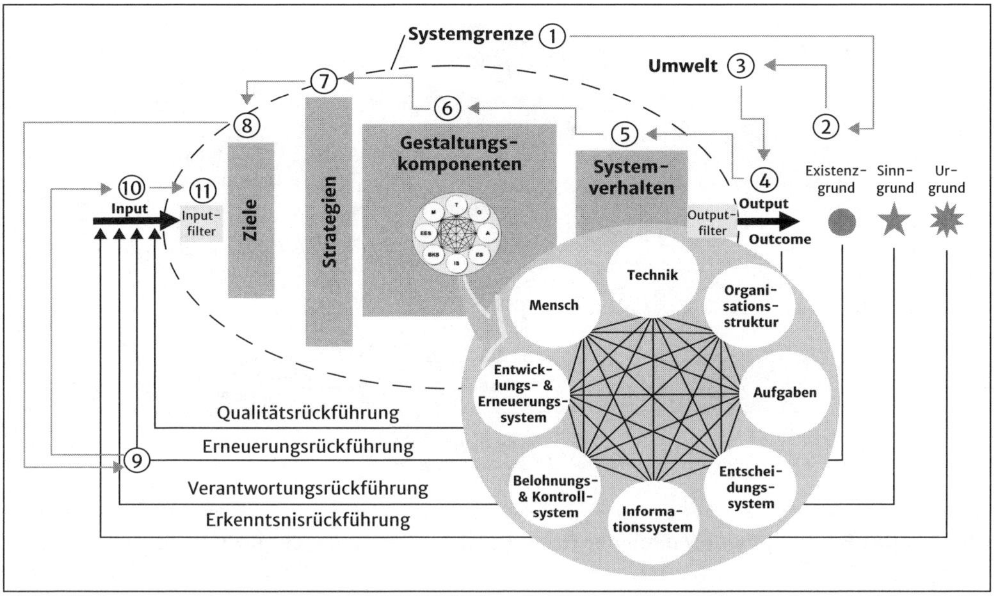

Abb.71: Das OSTO-Modell mit Reflexionsschritten (nach Henning, o. J., S. 19)

Das Burke-Litwin-Modell

Das Organisationsmodell von Burke und Litwin zeichnet sich ebenfalls durch eine progressive Betrachtungsweise aus (vgl. Abb. 72, S. 114). Im Mittelpunkt steht das Verhalten der Organisationsmitglieder und deren Beitrag zu organisationalen Leistung.[56] Das Modell trägt dazu bei, organisationalen Veränderungsbedarf zu bestimmen.

Innerhalb des Modells können zwei Ebenen unterschieden werden. Die transformationale Ebene bilden die drei Variablen »Mission and Strategy«, »Leadership« und »Organizational Culture«. Diese Variablen stehen in enger Beziehung zur Umwelt und begründen einen organisatorischen Wandel. Ausgehend von der Mission können Führung (Leadership) und Kultur (Organizational Culture) verändert werden. Auf der transaktionalen Ebene hingegen wird der Wandel konkret vollzogen. Verändert sich beispielsweise die strategische Ausrichtung einer Organisation, dann müssen ggf. auch Aufgabenbereiche neu zugeschnitten werden. Verändert sich der Führungsstil, dann hat dies Auswirkungen auf den Einsatz von Managementtechniken. Beide Ebenen zusammen beeinflussen die Motivation eines Organisationsmitglieds.

Dieses Modell legt den Fokus stark auf den Faktor Mensch in einer Organisation und zeigt interne Einflussmöglichkeiten auf. Durch die Etablierung von Feedbackschleifen kann ein ständiger Lernprozess etabliert werden. Damit ist auch dieses Modell zukunftsorientiert, wobei noch einmal explizit der Einfluss der Unternehmens- bzw. Organisationskultur hervorgehoben wird.

56 Vgl. Burke, W./Litwin, G. (1992), S. 527ff.

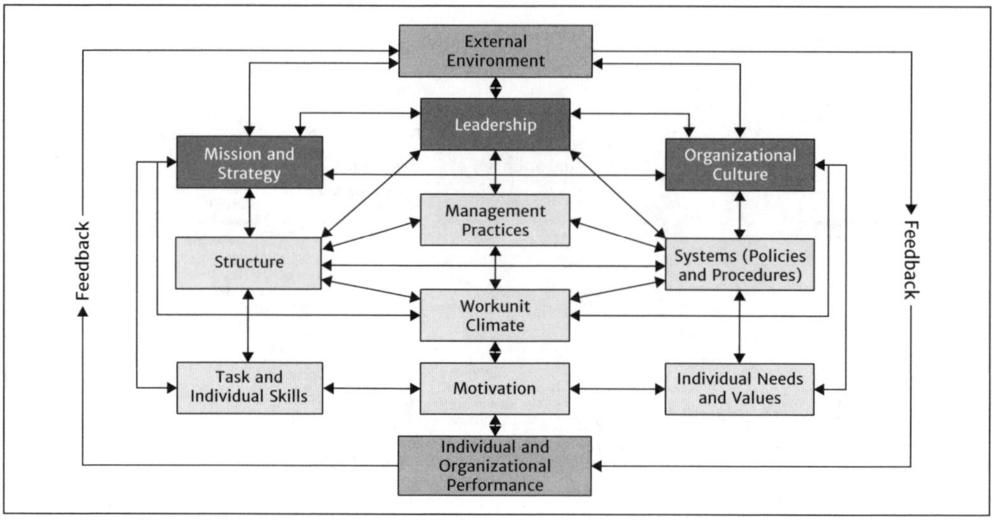

Abb.72: Das Burke-Litwin-Modell der Organizational Performance (nach Burke u. Litwin, 1992, S. 278)

Das Viable System Model

Als letztes Modell zur Messung der organisationalen Leistungsfähigkeit soll das Viable System Model (VSM) von Beer vorgestellt werden (vgl. Abb. 73). Die Grundannahme ist, dass Organisationen wie der menschliche Organismus überlebensfähig sein müssen. Es wird ein systemisches Verständnis zugrunde gelegt. Einzelne Elemente sind durch Relationen verbunden und beeinflussen sich gegenseitig.

Das Modell bildet drei Elemente ab: die Umwelt, operative Produktionseinheiten und eine Planungs- und Kontrollinstanz. Innerhalb dieser drei Subwelten können fünf Systeme unterschieden werden[57]: System 1 (S_1) umfasst wertschöpfende Tätigkeiten (Produktion). System 2 (S_2) koordiniert System 1 bzw. soll dazu beitragen, dass sich System 1 selbst koordiniert. System 3 (S_3) hat eine allgemeine Kontrollfunktion und soll dazu beitragen, sämtliche Einheiten zu optimieren. Innerhalb von System 3 ist noch eine Auditfunktion angesiedelt (S_3*), die sicherstellt, dass Normen und Regelwerke eingehalten werden. Hier werden Informationen zusammengetragen und analysiert, die S_3 erlaubt, den wahren Zustand der einzelnen Systeme zu beurteilen. System 4 (S_4) kann als Business Intelligence bezeichnet werden. Die Zukunftsorientierung des Gesamtsystems wird hier sichergestellt. System 5 (S_5) hat wiederum eine koordinierende Funktion und soll die Identität des Unternehmens konsistent sichern und weiterentwickeln. Innen- und Außensicht werden dabei verknüpft; zudem sollen die Systeme S_3 und S_4 moderiert werden. Die Umwelt kann dabei auf das Gesamtsystem und auf einzelne Teilsysteme einwirken und den Gleichgewichtszustand der Organisation gefährden. Daher wird versucht, durch rekursive Feedbackschleifen Gefahren von außen abzuwenden.[58]

57 Vgl. Masak, D. (2007), S. 332ff.
58 Vgl. Masak, D. (2007), S. 339.

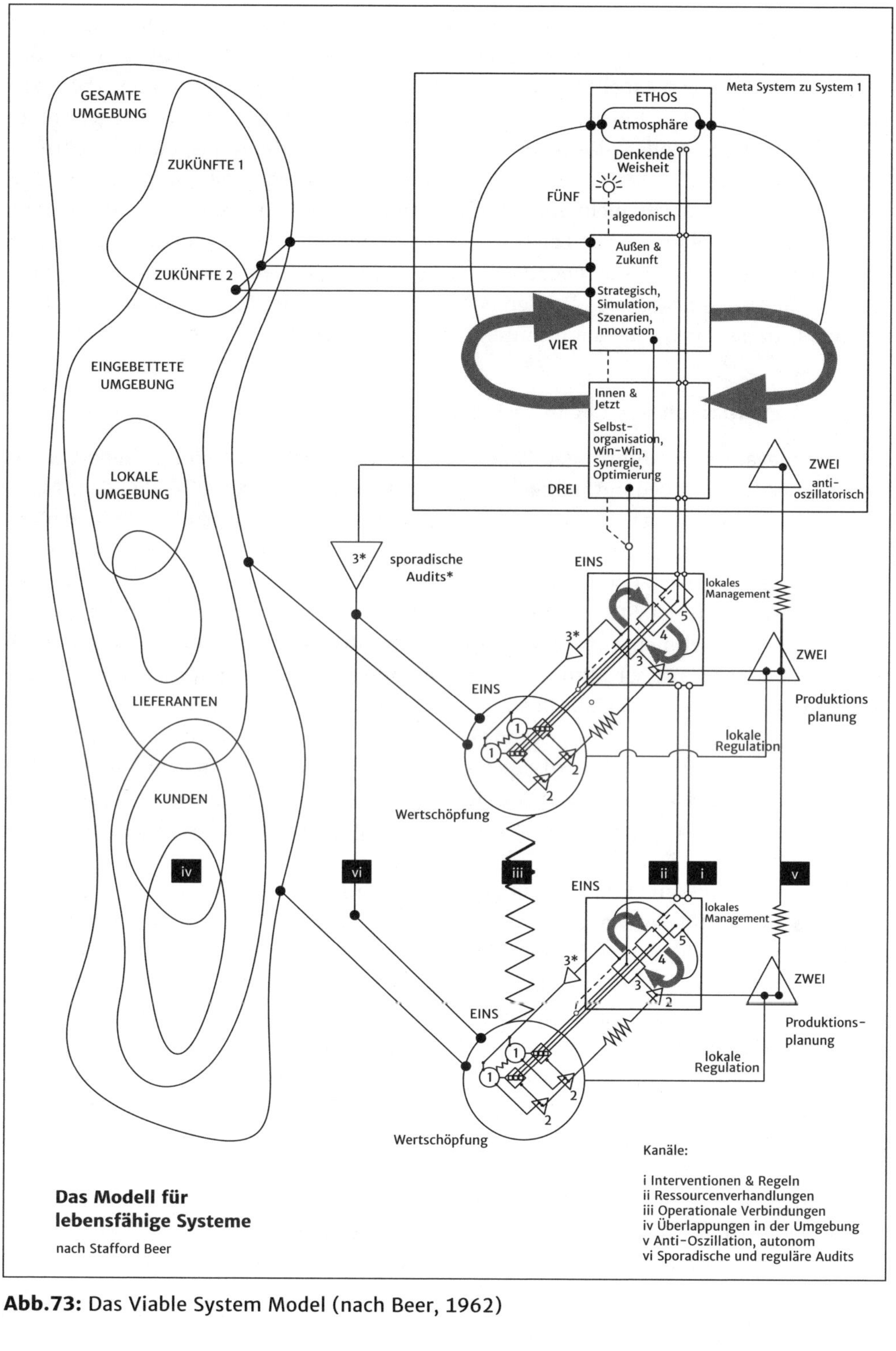

Abb.73: Das Viable System Model (nach Beer, 1962)

Die hier vorgestellten alternativen Konzepte zur Messung der organisationalen Leistungsfähigkeit (z. B. Balanced Scorecard, EFQM-Modell, CPC-Modell von Malik) betonen jeweils andere Aspekte und setzen damit individuelle Schwerpunkte. Aber auch diese Ansätze sind mit Einschränkungen verbunden. Es werden rückwärtsgerichtete Informationen verwendet, die nicht organisationsübergreifend ausgewertet werden. Weichere Faktoren wie Werte, Verhalten, Grad der Zusammenarbeit und wechselseitige Beziehungen werden oft nicht mitberücksichtigt. Aus der Leistungsmessung heraus werden keine Maßnahmen zur Leistungsverbesserung abgeleitet. Lediglich das OSTO-Modell und das Organisationsmodell von Burke und Litwin thematisieren Abhängigkeiten zwischen organisationalen Größen. Allerdings werden hier Perspektiven wie Finanzen und Prozesse nicht in vollem Umfang berücksichtigt.[59]

3.2.3.3 Steuerbarkeit von Organisationen

Die vorangegangen Ausführungen haben gezeigt, dass eine vollständige Steuerbarkeit der Organisation nur bedingt möglich ist. Die vorgestellten neueren Modelle zur Messung der organisationalen Leistungsfähigkeit berücksichtigen diesen Umstand explizit und integrieren dynamische Elemente in Form von Feedback- bzw. Rückkopplungsschleifen. Damit diese Modelle in der Unternehmenspraxis umgesetzt werden können, ist eine neue Form der Steuerbarkeit von Organisationen notwendig. Die Organisations- und Unternehmensentwicklung muss dabei die Tatsache berücksichtigen, dass die traditionellen »Wasserfallmethoden« zunehmend an ihre Grenzen stoßen. Unter Wasserfallmethoden werden alle Lösungs- und Entwicklungsverfahren verstanden, die einer linearen Logik folgen. Ausgehend von einer Bedarfs- und Problemanalyse werden Lösungen entwickelt. Dabei wird sukzessiv gearbeitet, es wird sich nur nach vorne bewegt. Allerdings ist der Weg von der Zieldefinition bis hin zum Ergebnis oft langwierig und durch verschiedene Analyse-, Entwicklungs- und Testphasen gekennzeichnet.[60]

Um der Dynamik und Komplexität gerecht zu werden, lassen sich v. a. aus dem Projektmanagement für Software Impulse für die Organisationsentwicklung ableiten. In der Softwareentwicklung werden die Prinzipien des agilen Projektmanagements gelebt. Agil bedeutet in diesem Zusammenhang, dass es kleinere, überschaubare Handlungseinheiten gibt und regelmäßig Zwischenergebnisse überprüft werden. Es finden also iterative und keine linearen Prozesse statt, die nur eine Richtung kennen. Im Vordergrund steht zudem nicht eine detaillierte Planung, sondern es werden Anforderungen des Kunden erfasst. Aufgrund dieses Anforderungsprofils wird ein Entwicklungsprozess aufgebaut, der weitgehend auf Bürokratie und Dokumentation verzichtet. Die Scrum-Methode gehört zu den bekanntesten agilen Projektmanagementmethoden.

Scrum ist eine Methode des Projektmanagements, um Projekte agil und partizipativ zu führen. Es ist ein Vorgehensmodell, das wenige Festlegungen trifft, sondern Prinzipien formuliert. Teams bzw. Entwickler organisieren sich weitgehend selbst (Selbstor-

59 Vgl. Burke, W./Litwin, G. (2009), S. 273ff.
60 Vgl. Krenz, P. (2003), S. 3ff.

ganisation). Besonders in den Bereichen, in denen eine konkrete Projektplanung aufgrund der hohen Komplexität oder des hohen Veränderungsgrads weder möglich noch sinnvoll ist, entfaltet Scrum seine Stärken. Die Scrum-Rollen (Scrum-Master, Product Owner, Team, Kunde) sind Rollen in einem Prozess und nicht Positionen in einem Unternehmen. Der Scrum-Prozess verläuft in folgenden Schritten:

- Definition der Produktvision (Product Owner),
- Product Backlog (enthält Deliverables) zur Kommunikation der Vision in Form einer geordneten Liste an Dingen, die sich der Product Owner vorstellt,
- Sprint, die Zeiteinheit bzw. Timebox, in der ein Team ein vorgegebenes Ziel zu erreichen versucht,
- Sprint Planning 1 umfasst ähnlich wie ein Briefing die Auftragsbesprechung, die Definition des Sprint Goal, wobei das Team Elemente aus dem Product Backlog selektiert (Selected Product Backlog),
- Sprint Planning 2, bei dem das Team den Sprint Backlog mit allen Aufgaben erstellt, die ausgeführt werden müssen, um das Sprint Goal zu erreichen,
- Daily Scrum, bei dem Fragen beantwortet werden: Was habe ich gestern erreicht? Was möchte ich heute erreichen? Was sind aktuelle Probleme?
- Sprint Review (10-90 Minuten).

Im Mittelpunkt stehen somit kurze Entwicklungseinheiten, die sog. Sprints. Ein Sprint darf maximal 30 Tage dauern. Jeder Sprint enthält klare Zielvorgaben und Feedbackschleifen. Zu Beginn eines Sprints werden mit dem Kunden die gemeinsamen Ziele festgelegt. Aus den Zielen ergeben sich dann die Aufgaben und Priorisierungen, die für jeden sichtbar gemacht werden. Es werden täglich Zwischenergebnisse vorgestellt.[61]

Aus dem agilen Projektmanagement lassen sich Impulse für die Organisations- und Unternehmensentwicklung ableiten. Zunächst kann auch bei organisationalen Veränderungen in kürzeren, zyklisch ausgerichteten Intervallen gearbeitet werden. Dies hat den Vorteil, dass flexibel auf Veränderungen reagiert werden kann und Ergebnisse schnell sichtbar werden. Es ist außerdem hilfreich, wenn zu Beginn nicht endlos Zeit in die Erstellung von Masterplänen investiert wird. Der Anspruch, alle Informationen vorliegen zu haben, sollte aufgegeben werden. Vielmehr sollten verschiedene Versuche der Umsetzung gestartet werden, um zu evaluieren, welcher Weg eingeschlagen werden soll. Dabei kann zusammen mit den Beteiligten entschieden werden, an welcher Stelle eine detaillierte Planung zielführend oder wo Ad-hoc Versuche ausreichend sind. Jeder, der von organisationalen Veränderungen betroffen ist, sollte wissen, an welcher Stelle im Veränderungsprozess er sich gerade befindet. Dies bedeutet Transparenz im Vorgehen und in der Kommunikation. Bei Scrum wird in jedem Sprint das Reflektieren und Lernen in den Prozess integriert. Auch diese Vorgehensweise kann bei der Organisationsentwicklung genutzt werden. Lebenslange Lerneinheiten sollten fester Bestandteil der Organisation werden. Das hier vorgestellte Modell der partizipativen und dialogorientierten Unternehmensentwicklung berücksichtigt diesen Umstand bereits. Den

61 Vgl. Pilcher, R. (2008), S 81ff.

Mitarbeitern sollten zudem Freiräume bei der Umsetzung von Veränderungen gegeben werden. Flache Hierarchien können hierbei unterstützend wirken.

Die vorgestellten Modelle zur Messung der Leistungsfähigkeit einer Organisation machen deutlich, dass ein System zur Bestimmung der Leistungsfähigkeit mehrdimensional ausgerichtet werden muss. Zudem muss dieses System den verschiedenen Interdependenzen gerecht werden. Das Ziel einer Leistungsmessung ist stets die Sicherung der Überlebensfähigkeit einer Organisation. Die vier Kernprozesse des dialogorientierten Modells der Unternehmensentwicklung (Zukunft gestalten und Führung übernehmen, Werte schöpfen und Bedürfnisse befriedigen, Organisation erneuern und lernen, Zusammen arbeiten und Individuen entwickeln) bieten dabei einen Gestaltungsansatz.

3.3 Leistungsfähige Organisation

3.3.1 Organisationale Leistungsfähigkeit

Vor dem Hintergrund einer ständigen Veränderung der Rahmenbedingungen sowie der Bewältigung einer gestiegenen Dynamik und zunehmenden Komplexität als zentrale Herausforderungen für das Management war die Existenz von diversen (Partial-)Modellen zur Bestimmung der Leistung bzw. Leitungsfähigkeit Ausgangspunkt für das vorliegende Buch. Bereits 1993 zitieren Geanuracos und Meiklejohn einen unabhängigen Unternehmensberater, nach dessen Auffassung ein modernes System zur Beurteilung der Leistung

- auf unterschiedlichen Arten von Kennzahlen und Indikatoren basieren sollte, um so möglichst viele Bereich und Beziehungen eines bestimmten organisationalen Systems darzustellen,
- sowohl treibende Faktoren als auch Resultate selbst abbilden sollte,
- neben finanziellen auch nichtfinanzielle Kennzahlen und Indikatoren umfassen sollte,
- Gewinn und Cashflow-Größen als Hinweise der Investorenzufriedenheit sowie darüber hinaus auch die Kunden- und Mitarbeiterzufriedenheit abstellen sollte,
- die Managementqualitäten hinterfragen sollte sowie
- auf (Informations-)Systemen beruhen sollte, die Entscheidungsprozesse unterstützen und beobachten.[62]

Es zeigte sich jedoch im Rahmen der Forschungsaktivitäten, dass die derzeit vorhandenen Modelle einschließlich der mehrdimensionalen Ansätze jüngeren Datums ohne Ausnahme mit verschiedenen Problemen und Einschränkungen behaftet sind. Ferner zeigen die Ableitung von Anforderungen aus der Theorie sowie die Praxis, dass die gegenwärtigen Instrumente und Konzepte diesen Anforderungen nur in Teilen entsprechen.

62 Vgl. Geanuracos, J./Meiklejohn, I. (1993), S. 34f.

Das integrierte Modell organisationaler Leistungsfähigkeit

Ausgehend von diesen Unzulänglichkeiten ist das Ziel dieses Buchs, ein integriertes Modell der organisationalen Leistungsfähigkeit zu entwerfen. Dieses Modell integriert sowohl Aspekte der Betriebswirtschaftslehre (z. B. eine Finanzdimension mit den entsprechenden Kennzahlen) als auch abgeleitete Anforderungen aus der systemisch-konstruktiv(istisch)en Theorie (z. B. eine Strukturen- oder Kulturdimension mit den jeweiligen Indikatoren). Hierbei spielen insbesondere diejenigen Größen eine besondere Rolle, die einen Zusammenhang zwischen den unterschiedlichen Dimensionen aufzeigen. Diese Interdependenzgrößen heben beispielsweise die Abhängigkeit der Strukturen von der Strategie oder die Verbundenheit der Strategie mit den benötigten Kompetenzen bzw. Fähigkeiten der Mitarbeiter hervor.

Aufbauend auf einem systemisch-konstruktiv(istisch)en Verständnis zeigt das Modell nicht nur die für eine langfristige Sicherung der Überlebensfähigkeit des Unternehmens und die Umsetzung des Unternehmenszwecks zu betrachtenden Bereiche in Form von Dimensionen (das »Was«), sondern gibt darüber hinaus auch praktische Hilfestellungen und Gedankenanstöße für die Umsetzung und Gestaltung (das »Wie«). In diesem Buch werden beispielsweise die systemische Strategieentwicklung als alternative Methode zur Bewältigung von Unsicherheit umrissen sowie Instrumente und Vorgehensweisen zur Visualisierung der Organisationskultur vorgestellt.

Neben dem gezielten Aufbau bzw. der Entwicklung von organisationalen Fähigkeiten[63] mithilfe dieser Methoden und Instrumente führen diese auch zu einer Beteiligung der betroffenen Personen und damit wiederum zum Ausschöpfen der Potenziale der Systemmitglieder. Zur Sicherung und Steigerung der organisationalen Leistungsfähigkeit bedarf es neben der Einbeziehung der Mitarbeiter auch einer neuen Bewusstseinstiefe und Wahrnehmung der Organisation durch die Systemmitglieder. Diese Bewusstheit und Wahrnehmung der Organisation als Ganzheit kann nach Senge, Scharmer, Jaworski und Flowers einen zentralen und wesentlichen Unterschied für organisationale Systeme ergeben:[64]

> *»Deeper levels of learning create increasing awareness of the larger whole — both as it is and as it is envolving — and actions that increasingly become part of creating alternative futures.«*[65]

Darüber hinaus verhilft das integrierte Modell der organisationalen Leistungsfähigkeit nicht nur, die sich aus der Kritik der existierenden Modell, der Theorie und der Praxis ergebenden Anforderungen zu erfüllen, sondern identifiziert gleichzeitig auch blinde Flecken des zu betrachtenden organisationalen Systems. Damit wiederum übernimmt das Modell auch die Funktion eines Navigators zur Unternehmensentwicklung, da sich aus der Bestimmung der momentanen Leistungsfähigkeit bereits erste Ansatzpunkte

---

63 Vgl. Nagel, R. (2007), S. 17.

64 Vgl. Senge, P./Scharmer, O./Jaworski, J./Flowers, B (2005), S. 11f.

65 Senge, P./Scharmer, O./Jaworski, J./Flowers, B. (2005), S. 11.

für Entwicklungs- und Optimierungsmaßnahmen ableiten lassen. Abbildung 74 zeigt die zentralen Neuerungen des Konzepts.

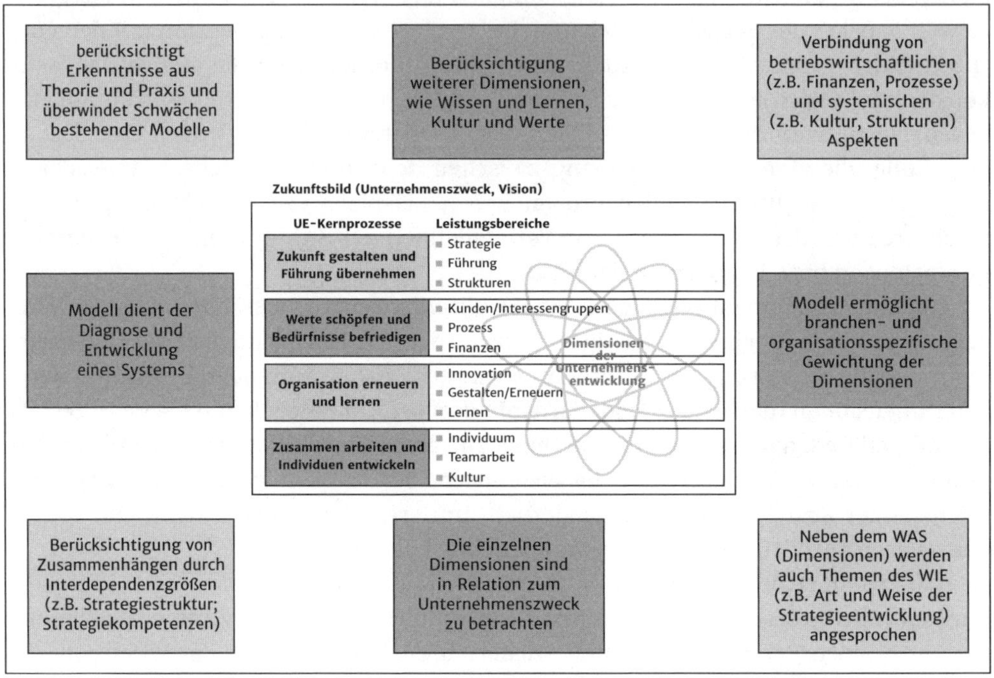

Abb. 74: Wesentliche Neuerung des integrierten Modells der organisationalen Leistungsfähigkeit (eigene Darstellung)

Gelingt es mithilfe des Modells, eine hohe Leistungsfähigkeit des zu betrachtenden Systems festzustellen und/oder entsprechend zu entwickeln, so heben sich derartige organisationale Systeme durch eine hohe Übereinstimmung (Fit) zwischen der Strategie, den Strukturen, den Prozessen, den Anforderungen der relevanten Interessengruppen sowie den internen Fähigkeiten und Kompetenzen von anderen Modellen ab. Neben den umrissenen Eigenschaften zeichnen sich leistungsfähige und damit überlebensfähige organisationale Systeme auch durch die Einhaltung der strategischen Ausrichtung und damit des angestrebten Unternehmenszwecks sowie der hierzu notwendigen und förderlichen Organisationskultur und Werte aus. Ferner lassen sich solche Systeme durch ein gemeinsames Bild sowie ein tieferes Bewusstsein hinsichtlich der Organisation charakterisieren. Darüber hinaus sind diese überlebensfähigen Organisationen in der Lage, die relevanten Informationen, die einen Unterschied für das jeweilige System ausmachen, zu filtern. Diese Informationen gilt es, in einen gemeinsamen Kommunikationsprozess zu überführen und die entsprechenden Konsequenzen für das System abzuleiten. Durch die Einbeziehung der Systemmitglieder ist es leistungsfähigen Systemen möglich, das Potenzial der Mitarbeiter zu nutzen. Auf der Basis eines kontinuierlichen Kommunikationsprozesses, der regelmäßigen Integration der Mitarbeiter in zukunftsrelevante Prozesse und Entscheidungen sowie der Ermöglichung von Selbstorganisation und Selbststeuerung kann neben Transparenz und Nachvollziehbarkeit auch die Veränderungsbereitschaft positiv beeinflusst werden. Unterstützt werden derartige Prozesse durch regelmäßige Feedback- und Reflexionsmöglichkeiten.

Herausforderungen für das Management und neues Selbstverständnis von Führungskräften

Eine Befragung von 1.000 Führungskräften des Manager Magazins aus dem Jahre 2009 hat die größten Sorgen von Managern in der damaligen Krisensituation identifiziert (vgl. Abb. 75). Laut dieser Befragung gehen die Manager davon aus, dass der Leistungs- sowie der Rechtfertigungsdruck weiter zunehmen werden.

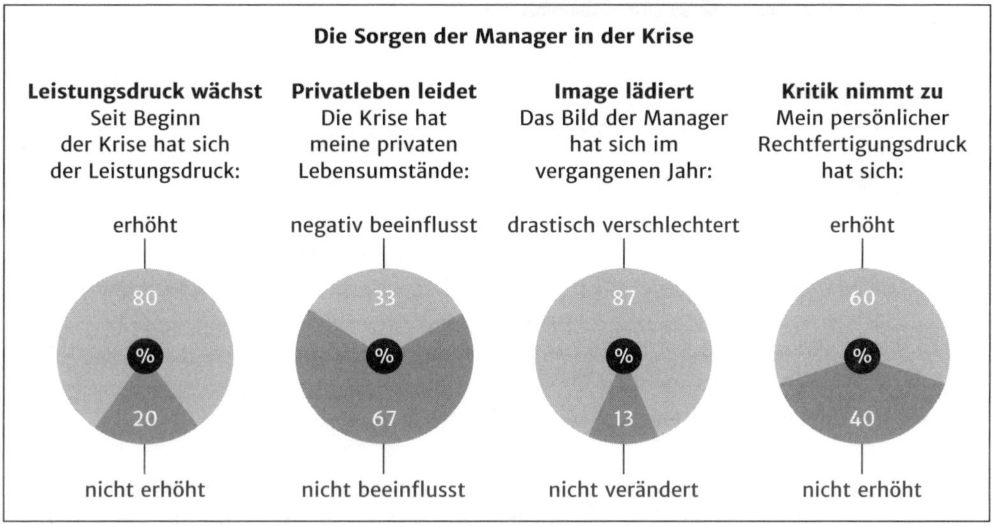

Abb. 75: Die Sorgen der Manager in der Krise (nach Nienhaus, 2009, S. 36)

Das im Rahmen des vorliegenden Buchs entwickelte und vorgestellte Modell kann einen Beitrag für das Management leisten, die Zukunftsfähigkeit bzw. Leistungsfähigkeit zu analysieren und erforderliche Maßnahmen zur langfristigen Sicherstellung der Überlebensfähigkeit abzuleiten. Das Modell ermöglicht es, die wesentlichen Stellhebel für die Verbesserung der Leistungsfähigkeit offenzulegen und entsprechende Maßnahmen zu definieren und zu kommunizieren. Aufgrund der vorgeschlagenen Methoden und Instrumente zur Konkretisierung der einzelnen Dimensionen gelangen das Managementteam und weitere relevante Systemmitglieder zu einem besseren gegenseitigen Verständnis der momentanen Situation und der unterschiedlichen Sichtweisen. Die mit diesem Prozess verbundenen Diskussionen führen das Team zu einem gemeinsamen Bild und einer kollektiven Vorstellung zur weiteren Vorgehensweise. Damit kann eine Senkung des Leistungs- und Rechtfertigungsdrucks einhergehen, da nun ein besseres Verständnis der gegenwärtigen Situation, der wesentlichen Stellhebel für Verbesserungen sowie eines gemeinsamen Bilds über die anzustrebende Zukunft vorliegt.

Wie eine Studie von Deloitte aus dem Jahr 2007 bestätigen konnte, reichen die klassischen Finanzkennzahlen heute nicht mehr aus, um eine Organisation zukunftsorientiert zu führen und zu steuern. Ferner konnte die Studie die zunehmende Bedeutung von nichtfinanziellen Größen und Indikatoren herausarbeiten. Gleichzeitig besteht jedoch bei den Fähigkeiten, die Leistung mithilfe von nichtfinanziellen Indikatoren zu erfassen, Nachholbedarf, wie Abb. 76 zeigt.

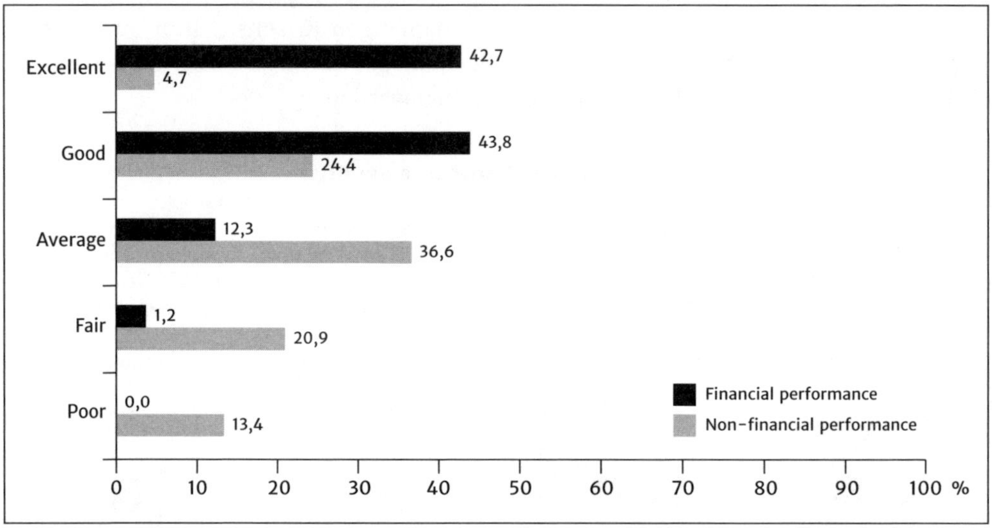

Abb. 76: Die Fähigkeit, Leistung zu messen (nach Hanning, o. J., S. 8)

Bedingt durch die Tatsache, dass das vorgestellte Modell nicht nur die für die nachhaltige Sicherung der Überlebensfähigkeit wesentlichen Dimensionen benennt, sondern darüber hinaus auch methodisch-praktische Hinweise zur Operationalisierung der einzelnen Dimensionen gibt, kann diesem Mangel begegnet werden.

Zur Erreichung einer hohen Leistungsfähigkeit und der damit verbundenen Sicherung der langfristigen Überlebensfähigkeit eines organisationalen Systems sowie der Fähigkeit zur Realisierung des Unternehmenszwecks ist ein neues Selbstverständnis von Führungskräften erforderlich.[66] Ein auf dem systemischen Denken und Handeln geprägter Führungsstil stellt neue Anforderungen an die Fähigkeiten und Fertigkeiten einer Führungskraft. Zukünftig sollte sich eine Führungskraft weniger als Macher oder Herrscher[67], sondern vielmehr als Gärtner bzw. Kultivator begreifen. Auch Führungskräfte unterliegen den Restriktionen eines autopoietischen Systems und operieren mit ihrem Bewusstsein in einer eigenen Sinnlogik. Ferner nehmen Führungskräfte die Umwelt ebenfalls selektiv aus der jeweiligen Betrachtungsperspektive wahr.[68] Auf diesen

66 Vgl. Capra, F./Exner, A./Königswieser, R. (1992), S. 115.

67 Das Bild der Führungskraft als Macher bzw. Beherrscher findet sich häufig in der klassischen Managementliteratur. Vgl. hierzu Capra, F./Exner, A./Königswieser, R. (1992), S. 115.

68 Vgl. Willke, H. (1999), S. 30.

Erkenntnissen aufbauend muss die Führungskraft den eigenen Beobachterstandpunkt in die jeweilige Analyse mit einbeziehen, damit seine Objektivität infrage stellen und jede Situationsdiagnose als Prozess zwischen Beobachter und Beobachtungsgegenstand begreifen bzw. verstehen.[69] Laut Luhmann kann ein entsprechender Beobachter niemals über der Realität stehen, sondern er befindet sich stets mittendrin, denn er ist innerhalb der Welt, die er zu beobachten und zu erfassen versucht.[70] Demnach besitzt jede Beobachtung einen blinden Fleck.[71] Man sieht somit immer nur eine Perspektive und ist sich der jeweiligen Unterscheidung, die man ausblendet, oftmals nicht bewusst. Weiterhin ist anzumerken, dass sich die Erwartungen an eine Führungskraft verselbständigen und gegenüber Veränderungen relativ konstant sind. Damit wiederum muss die bereits weiter oben schon skizzierte Illusion eines direkten Anschlusses an eine Arbeitsgruppe oder an ein Team sowie die Möglichkeit einer direkten Steuerbarkeit eines Systems aufgegeben werden.

Eine Führungskraft, die sich als eine Art Gärtner bzw. Kultivator versteht, fokussiert sich auf die Gestaltung von Rahmenbedingungen, innerhalb derer sich bestimmte Entwicklungen des Systems und seiner Mitglieder vollziehen können. Ferner bietet die Führungskraft dem organisationalen System oder entsprechenden Teilen Reize und Irritationen, anstatt Anweisungen zu geben.[72] Das skizzierte neue Führungsverständnis kann wie folgt zusammengefasst werden:

- Die Führungskraft muss sich ihrer eingeschränkten Möglichkeiten der Analyse eines Systems bewusst sein.
- Die Führungskraft muss die Illusion einer Berechenbarkeit und unilateralen Steuerbarkeit des Systems aufgeben.
- Die Führungskraft sollte dem Führungsverständnis eines Gärtners und Kultivators folgen und die Selbstorganisation und Eigendynamik eines Systems fördern. Sie kann nur indirekt über Rahmen- und Kontextbedingungen gestalten.
- Die Führungskraft muss den eigenen Beobachterstandpunkt in ihre Analyse einbeziehen.
- Die Führungskraft sollte neben Fach-, Sozial- und Methodenkompetenz auch Systemkompetenz ausbilden. Sie sollte die Dynamik und Komplexität eines sozialen Systems und dessen Einbettung in ein Umsystem beachten.

Veränderungsmanagement und »Dynaxity«

Abschließend bleibt festzuhalten, dass organisationale Systeme bzw. Unternehmen kontinuierlich erfolgreiche Veränderungen ihrer Strategien, Strukturen, Prozesse etc. vornehmen müssen, um sich an veränderte Rahmenbedingungen und neue Situationen anzupassen. Damit zeigt sich, dass Veränderungsmanagement eine zentrale Managementaufgabe ist und auch in Zukunft sein wird. Im Rahmen einer Studie der Unternehmensberatung Capgemini gaben 92 % der befragten Führungskräfte an, dass das Thema

69 Vgl. Capra, F./Exner, A./Königswieser, R. (1992), S. 119.
70 Vgl. Luhmann, N. (2002), S. 142.
71 Vgl. Luhmann, N. (2002), S. 142ff.
72 Vgl. Capra, F./Exner, A./Königswieser, R. (1992), S. 115.

»Changemanagement« auch in Zukunft als »wichtig« bis »sehr wichtig« eingeschätzt wird.[73] Greif, Runde und Seeberg bestätigen dies, indem sie im »erfolgreichen Veränderungsmanagement eine der wichtigsten unternehmerischen Kernkompetenzen« sehen.[74] Mithilfe des vorgestellten integrierten Modells der organisationalen Leistungsfähigkeit gelingt es, den momentanen Zustand des Systems im Hinblick auf die zukünftige Überlebenssicherheit zu analysieren. Aus den Ergebnissen dieser Bewertung lassen sich im Folgenden erste Ansatzpunkte für nützliche Veränderungen ableiten. Somit dient das Modell zugleich auch als eine Art »Navigator für die Unternehmensentwicklung«.

Ergebnisse aus Längsschnittstudien zum Einfluss von Veränderungen auf die Offenheit und das Wohlbefinden von Mitarbeitern zeigen, dass Organisationen auf Veränderungen und Herausforderungen reagieren.[75] Die Autoren der Studien fanden durch ihre Untersuchungen heraus, dass Veränderungen auch Entwicklungschancen für Mitarbeiter bieten und sich damit positiv auf die Arbeitszufriedenheit auswirken: »Mitarbeiter/innen, die aufgrund von Veränderungen mit mehr Komplexität konfrontiert werden, können eine größere Offenheit für Veränderungen entwickeln und zeigen am Ende eine höhere Arbeitszufriedenheit.«[76]

Aus der Perspektive der betroffenen Personen muss eine hohe bzw. erhöhte Veränderungsrate deshalb nicht als problematisch oder negativ angesehen werden. Nach anfänglichen Verunsicherungen bieten Veränderungssituationen Möglichkeiten des Lernens und der persönlichen Weiterentwicklung.[77] Im Rahmen von Untersuchungen zur Gestaltung derartiger Veränderungsprozesses hat sich gezeigt, dass die Prozessebene (z. B. neues Denken, neue Einstellungen) wichtiger als die inhaltliche Ebene anzusehen ist.[78] Um diesen Anforderungen gerecht zu werden, sind die betroffenen Personen stärker in derartige Veränderungsprojekte mit einzubeziehen. Das thematisierte Modell der organisationalen Leistungsfähigkeit zeigt hierzu denkbare Vorgehensweisen auf, indem neben den Dimensionen (das »Was«) auch praktische Hinweise zur Ausgestaltung dieser Dimensionen (das »Wie«) gegeben werden.

Leistungsfähige Organisationen zeichnen sich durch bestimmte Merkmale aus. Dabei ist v. a. der Umgang mit Flexibilität ein Merkmal einer leistungsfähigen Organisation. Komplexität impliziert, dass Arbeitsweisen und Abläufe von Dynamik geprägt sind. Betriebswirtschaftliche Zusammenhänge sind heute oft kompliziert und nicht exakt prognostizierbar. Dynamik und Komplexität bedingen sich gegenseitig zu gleichen Teilen, daher kann auch von »Dynaxity« (Kunstwort aus Dynamik und Komplexität) gesprochen werden.[79] Wie Abb. 77 zeigt, können sich Komplexität und Dynamik auf mehrere Ebenen beziehen.

---

73 Vgl. Claßen, M. (2008), S. 63f.
74 Greif, S./Runde, B./Seeberg, I. (2004), S. 11.
75 Vgl. Greif, S./Runde, B./Seeberg, I. (2004), S. 20.
76 Greif, S./Runde, B./Seeberg, I. (2004), S. 20.
77 Vgl. Greif, S./Runde, B./Seeberg, I. (2004), S. 20.
78 Vgl. Claßen, M. (2008), S. 33f.
79 Vgl. Henning, R. (o. J.), S. 4.

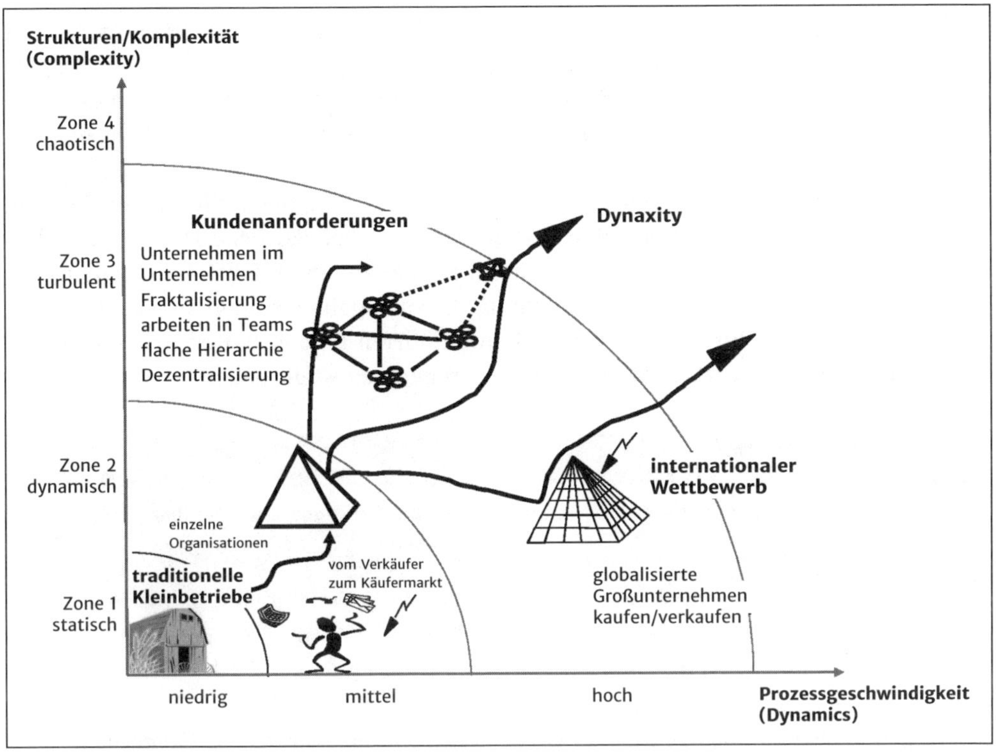

Abb. 77: Unternehmen im Spannungsfeld von Dynamik und Komplexität (nach Henning, o. J., S. 4)

- In Zone 1 sind Komplexität und Dynamik noch gering. Organisationen, die in diesem Umfeld angesiedelt sind, weisen eine kleinbetriebliche Struktur auf. Es handelt sich um Berufe, die vererbt werden, z. B. Handwerker. Die größte Form der Komplexität ist hierbei die Suche nach einem Unternehmensnachfolger.
- In Zone 2 nehmen Komplexität und Dynamik zu. Einzelne Organisationen wie mittelständische Unternehmen, aber auch Konzerne und Behörden können in dieser Zone angesiedelt werden. Durch den Wandel vom Verkäufer- zum Käufermarkt und die Internationalisierung der Geschäftsbeziehungen ergeben sich für Organisationen in diesem Umfeld neue Rahmenbedingungen. Die Internationalisierung erfordert z. B. Fähigkeiten im Bereich des interkulturellen Managements. Durch Komplexität und Dynamik der Wirtschaft insgesamt ergeben sich auch für staatliche Institutionen wie Behörden neue Aufgaben, die einen zunehmenden Hierarchisierungs- und Bürokratisierungsgrad zur Folge haben.
- Zone 3 zeichnet sich durch eine hohe Komplexität und Dynamik aus. Globalisierte Großunternehmen mit Konzernstrukturen müssen auf dem Weltmarkt Marktanteile sichern und neue erobern. Netzwerke mit fließenden Systemgrenzen und dezentralen Strukturen sind auf Märkten aktiv; hier bedarf es einer neuen Form der Steuerung und Organisation. Hedgefonds mit einer geringen Regulierung treten in den Markt ein und verändern das Marktverhalten.

- In Zone 4 wird ein chaotischer Zustand erreicht, der nicht mehr steuerbar ist. Da Komplexität und Dynamik immer in irgendeiner Form vorhanden sind, stellt sich nicht die Frage, »wie kann ich Komplexität und Dynamik reduzieren«, sondern »wie kann ich Komplexität und Dynamik messen und dadurch beherrschbar machen«.

Die vorgestellten Modelle können helfen, Komplexität und Dynamik zu beherrschen, v. a. das OSTO-Modell und das Viable System Model. Neben der Beherrschung und dem Management von Komplexität und der Fähigkeit, bei einem Teilausfall einzelner Einheiten in einer Organisation nicht vollständig zu versagen, zeichnen sich leistungsfähige Organisationen durch die in Abb. 78 aufgeführten Eigenschaften aus, die sich in der Hochleistungsforschung als Erfolgsfaktoren herausgestellt haben.

Erkenntnis	Einflussmöglichkeit
Teamhandeln ist elementar für den Leistungserfolg	• Teamorientierung und Teamhandeln fördern
Reflexionsprozesse sind zentral für erfolgreiches Handeln und Lernen	• Förderung formeller und informeller Reflexionsmöglichkeiten • Freiräume zur Reflexion von Erfahrungen und Fehlern schaffen
erfahrungsbasiertes Lernen fördern	• Kombination formaler und informeller Lernformen • praxisorientierte Integration des Lernens in den Prozess der Arbeit • Schaffung von Communities of Practice
offener Umgang mit Erfahrungen und Fehlern unterstützen	• Fehler direkt ansprechen • Lernmöglichkeiten aufzeigen • Fehlerreportingsystem und Reflexionsmöglichkeiten einführen
ausgeprägte Zielklarheit und Orientierung schaffen	• Vision und Strategie kommunizieren • Partizipation bei der Zielbildung • Kommunikation der Ziele • Feedback zur/über die Zielerreichung • regelmäßige Reflexion und Überprüfung von Vision und Strategie

Abb. 78: Erkenntnisse aus der Hochleistungsteamforschung (nach Mistele u. Geithner, 2008, S. 9)

Die Modelle zur Messung der organisationalen Leistungsfähigkeit berücksichtigen diese Erfolgsfaktoren mehr oder weniger. Das hier vorgestellte Modell zur Unternehmensentwicklung greift auf diese Erkenntnisse ebenfalls zurück.

Leistungsfähige Organisationen verfügen über eine hohe Anpassungsfähigkeit, d. h. die Fähigkeit zur Verarbeitung von neuen Trends und neuem Wissen, die Bereitschaft zur Nutzung von Ressourcen zur Weiterentwicklung der Organisation und die Fähigkeit Lernen, Reflexion und Wandelbereitschaft im Unternehmen zu etablieren. Um die Anpassungsfähigkeit zur gewährleisten, muss jedoch auf der persönlichen Ebene ein Bewusstsein bei den beteiligten Personen geschaffen werden. Dazu gehört die Entwicklung eines gemeinsamen Bilds der Organisation: Wie sehen wir uns als Organisation, wo wollen wir hin, was ist unser Wertefundament? Gemeinsam mit den Mitarbeitern ist also eine Vision der Organisationskultur zu erarbeiten, in der sich alle wiederfinden. Auf der operativen Ebene sollte sich die Anpassungsfähigkeit einer Hochleistungsorganisation in einem Fit zwischen Strategie, Strukturen, Prozessen, Anforderungen der Stakeholder und den Fähigkeiten der internen Ressourcen widerspiegeln.

Das hier vorgestellte Modell der Unternehmensentwicklung berücksichtigt diesen Umstand explizit, indem Fit-Kennzahlen zur Bestimmung der Interdependenzen der Leistungsdimensionen abgeleitet werden. Abbildung 79 fasst die Auswirkungen der Anpassungsfähigkeit einer Hochleistungsorganisation zusammen.

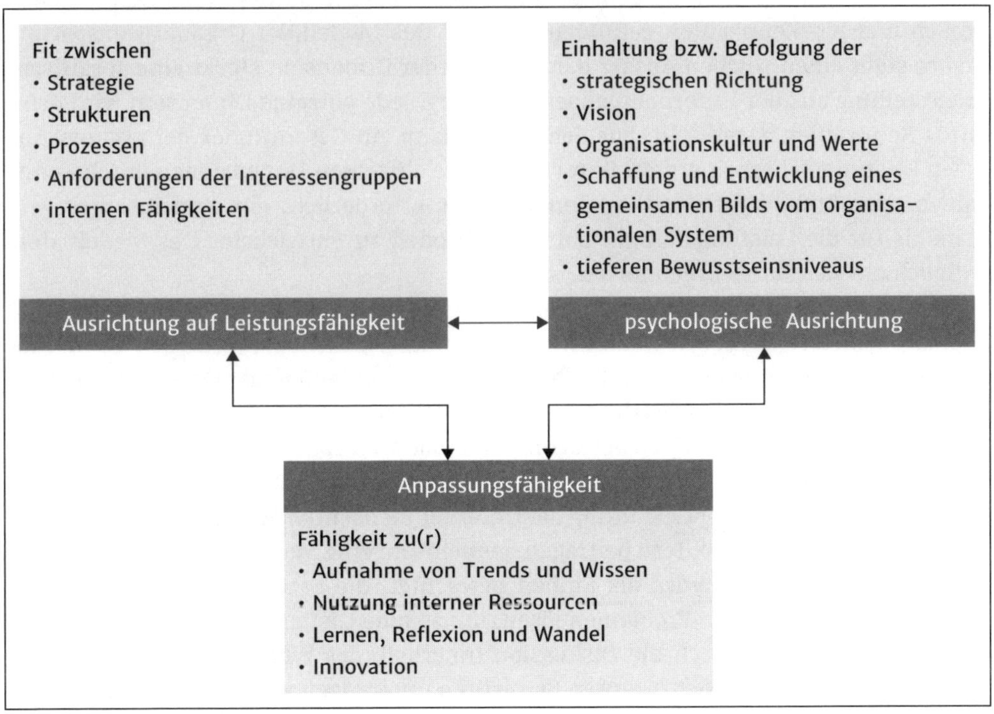

Abb. 79: Auswirkungen der Anpassungsfähigkeit einer Hochleistungsorganisation (nach Eisenstat u. a., 2008, S. 51ff.)

3.3.2 Ansätze der Messbarkeit

Führung in einem dynamischen und komplexen Umfeld bedeutet, Beziehungen nicht nur unter formellen Gesichtspunkten zu gestalten, sondern v. a. auf einer persönlichen

Ebene. Buber[80] spricht in diesem Zusammenhang von der Kultivierung des Zwischenmenschlichen als dem Ort, an dem Veränderung und Entwicklung in Teams bzw. Organisationen stattfindet. Die verschiedenen Modelle zur Messung der Leistungsfähigkeit haben dies auch bestätigt. Letztendlich zeigen die Ergebnisse der Hochleistungsteamforschung, dass Teamwork, Lernen, Feedback, ein gemeinsames Bewusstsein für die Werte und Ziele des Unternehmens Merkmale einer erfolgreichen Organisation sind. Um die Leistungsfähigkeit einer Organisation zu beurteilen, sind also mehrdimensionale Messansätze notwendig, die betriebswirtschaftliche, ingenieurwissenschaftliche und systemische Kenntnisse vereinen. Eine ausschließliche Betrachtung von eindimensionalen Finanzkennziffern ist nicht mehr ausreichend. Dabei sollten auch qualitative Kenngrößen im Sinne der Hochleistungsteamforschung berücksichtigt werden. Zudem müssen Abhängigkeiten zwischen Kennziffern dargestellt werden.

Auch die vier Kernprozesse und die daraus abgeleiteten zwölf Dimensionen des Modells der Unternehmensentwicklung berücksichtigen diese Erkenntnisse. Es stellt sich jedoch die Frage: Wie kann ein gemeinsamer Ansatz zur Messung von relevanten Kenngrößen und Fit-Kennzahlen gefunden werden? Das Modell der Organisationsperformance stellt einen solchen Ansatz dar. Hinter jeder Dimension steckt eine spezifische Fragestellung aus der Unternehmensentwicklung. Jede einzelne Dimension wird dabei durch Kennzahlen dargestellt, aus denen sich dann ein Gesamtindex der organisationalen Leistungsfähigkeit ergibt. Bevor jedoch die einzelnen Dimensionen durch Kennzahlen operationalisiert werden können, ist es erforderlich, ein gemeinsames Verständnis für die Leistungsfähigkeit und das Modell zu entwickeln. Das Modell stellt lediglich ein sichtbares Ergebnis dar.

Wird die Messung konkret durchgeführt, können jedoch auch »unsichtbare« Ergebnisse geliefert werden. So kann im Rahmen des Workshops, in dessen Verlauf die Messung der Leistungsfähigkeit durchgeführt wird, ein gemeinsames Verständnis zur Organisationsperformance erarbeitet werden. Weiterhin wird das Unternehmen aus unterschiedlichen Perspektiven betrachtet. Erst dadurch kann eine ganzheitliche, integrierte Sichtweise geschaffen werden. Durch die Zusammenarbeit werden die Beteiligten aktiv motiviert, an der Gestaltung der Unternehmensentwicklung mitzuwirken. Der Workshop kann weiterhin dazu beitragen, gemeinsam eine Metaperspektive einzunehmen. Das Unternehmen wird als Einheit betrachtet, die Beteiligten können sich ein Stück weit von konkreten Problemen lösen, um so eine Distanz zum eigentlichen Problem zu bekommen. Durch die Diskussion innerhalb des Workshops können zudem vorhandene Soft Facts einer internen Bewertung unterzogen werden. Um gemeinsame Bilder zu finden, sollte das vorhandene kollektive Wissen im Unternehmen genutzt werden. Die gemeinsame Erarbeitung und Darstellung der Indikatoren und Kennzahlen innerhalb des Modells erfordert zudem, dass den Beteiligten auch der Weg aufgezeigt wird, wie bestimmte Bereiche der Organisation verbessert werden können.

80 Vgl. Buber, M. (1962).

4 Denkrahmen für den Workshop Unternehmensentwicklung

4.1 Denkrahmen — ein Überblick

4.1.1 Barrieren und Hürden der organisationalen Leistungsfähigkeit

Forschungsarbeiten von Beer und Eisenstat identifizieren sechs Barrieren der organisationalen Leistungsfähigkeit.[1] Diese Faktoren blockieren die Transformation, das Lernen und damit letztendlich auch die Leistungsfähigkeit einer Organisation. Die identifizierten Hürden und Barrieren stehen in engem Zusammenhang mit einer ineffektiven Führung bzw. einem ineffektiven Management der Leistungsebene, einer unzureichenden Implementierung von Strategien und Maßnahmen sowie der Abwesenheit von Lernen und damit verbundenen Lernprozessen. Die folgenden sechs Barrieren werden von den beiden Forschern thematisiert:

- unklare Strategie und/oder konfliktäre Prioritäten,
- ineffektives Managementteam,
- Top-down- oder Laissez-faire-Managementstil,
- schlechte horizontale und vertikale Kommunikation,
- unzureichende Koordination zwischen einzelnen Funktionen, Bereichen oder Regionen sowie
- inadäquate Managementfähigkeiten und Managemententwicklung.[2]

Die skizzierten sechs Barrieren helfen dabei, ein umfassendes und weites Verständnis für die internen Probleme eines sozialen Systems zu entwickeln. Wie bereits mehrfach im vorliegenden Buch diskutiert, macht die zunehmende Dynamik und Komplexität weitere und zum Teil neue Eigenschaften von Organisationen notwendig. Die Veränderungen in den Bedingungen des Handelns erfordern eine aktive Teilnahme bzw. einen aktiven Umgang mit den entsprechenden Entwicklungen durch eine kreative Mitentwicklung bzw. Mitveränderung der relevanten Interessengruppen sowie neuer und innovativer Geschäftsmodelle, um leistungsfähig und damit wiederum lebensfähig zu sein.

1 Vgl. Beer, M./Eisenstat, R. (2000).
2 Vgl. Beer, M. (2003), S. 315.

Aufgrund dieser Sachverhalte erscheint es zweckmäßig, drei weitere Barrieren anzuführen. Hierbei handelt es sich um eine unzureichende Fähigkeit der Führungsebene, »Sinn« zu stiften bzw. die Bedeutung und Auswirkungen von soziokulturellen Veränderungen deutlich zu machen. Eine weitere Hürde ist in der Unfähigkeit von Organisationen zur Transformation bzw. Neuerfindung von Geschäftsmodellen, Branchenstandards und Branchenstrukturen zu sehen. Als dritten Punkt sei auf die ungenügende Mitentwicklung und Integration von relevanten Interessengruppen verwiesen. Abbildung 80 verdeutlicht das Zusammenwirken der skizzierten Faktoren, die sich hinderlich auf die Leistungsfähigkeit einer Organisation auswirken.

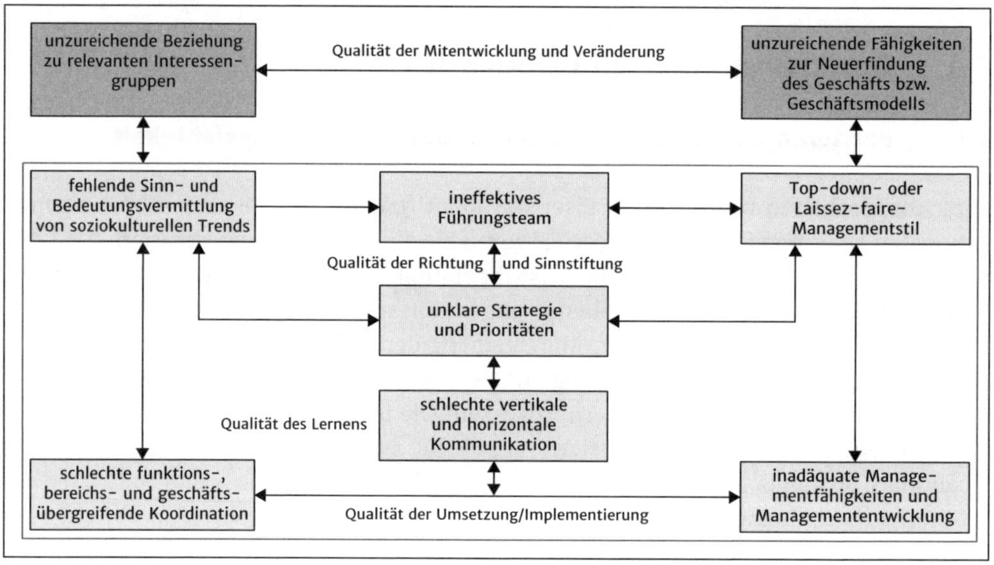

Abb. 80: Barrieren der organisationalen Leistungsfähigkeit (nach Voelpel u. a., 2003, S. 15)

4.1.2 Unternehmenszweck und Führungsverständnis

Ein zentrales Element des Modells zur Messung der organisationalen Leistungsfähigkeit ist die Bestimmung des Unternehmenszwecks. Der eigentliche Unternehmenszweck ist der Ausgangspunkt der Messung der Leistungsfähigkeit einer Organisation. Hier geht es um das konkrete Verständnis, warum ein Unternehmen existiert. Systemtheoretisch betrachtet ist der Existenzgrund des Unternehmens die Schnittstelle zwischen dem Unternehmen und der Umwelt.[3] Die in Kapitel 4.1.4. dargestellten Leistungsdimensionen stehen also in enger Verbindung zum eigentlichen Unternehmenszweck. Ein Beispiel aus dem Hochleistungssport soll diesen Zusammenhang verdeutlichen: Ein 100-m-Läufer, ein Kugelstoßer, Rennfahrer oder Boxer muss jeweils andere Anforderungen erfüllen. Damit einher geht auch ein individueller Trainingsplan. Der Unternehmenszweck (Teilnahme an einem Kugelstoßwettbewerb) bedingt daher nach-

3 Vgl. Hees, F./Henning, R. (2009).

gelagerte Aktivitäten (Strategie) wie Kraftaufbau, Krafttraining oder Konditionenvereinbarung, um den Wettbewerb zu gewinnen und um langfristig erfolgreich und überlebensfähig zu sein.

Wie aber können der eigentliche Unternehmenszweck und die Strategie bestimmt werden? Folgender Leitsatz kann dazu beitragen, den Existenzgrund näher zu bestimmen: Der Grund für die Existenz des Unternehmens XY ist das Bedürfnis von »welchen Kunden« nach »welchen Leistungen/Produkten« in »welcher Qualität« (vgl. als Beispiel Abb. 81).

Der Grund für die Existenz der Water AG ist
- das Bedürfnis von mittelständischen bis großen Industrieunternehmen
- in den Anwendungsbereichen Flüssigkeitsaufbereitung
- nach »Produkt I« und »Produkt II«
- als individuelle Lösung innerhalb der Wertschöpfungskette unserer Kunden oder als kostenoptimierte Standardtechnologien
- oder auch als Services wie anwendungsorientierter Beratung
- in hoher Produkt- und Beratungsqualität
- zur Erzielung von Premiumpreisen und Deckung der Kapitalkosten

Abb. 81: Beispiel für einen konkreten Unternehmenszweck (eigene Darstellung)

Im Anschluss daran sollten strategische Ziele formuliert werden, die den Unternehmenszweck ergänzen und konkretisieren. Im Mittelpunkt stehen dabei folgende Fragestellungen: Wie spezifisch sind die Ziele, sind die Ziele messbar und realistisch und existiert ein konkreter Termin, bis wann die Ziele erreicht werden müssen? Darauf aufbauend kann der Weg beschrieben werden, wie diese strategischen Ziele erreicht werden können (Geschäftsstrategie). Dabei sollten klare Inhalte im Vordergrund stehen, z. B. XY Mio. EUR Umsatz bis zum Jahr 2017, Stabilisierung als Nr. X auf dem Weltmarkt, XY% EBITDA.

Diese Entscheidungen sind auf der strategischen Ebene zu treffen. Auf der operativen Ebene steht die Definition des Geschäftsmodells im Mittelpunkt. Das Geschäftsmodell bildet im Detail ab, welche Ressourcen im Unternehmen verarbeitet werden und wie diese Ressourcen bei der Erstellung von vermarktungsfähigen Produkten verwendet werden. Das Geschäftsmodell umfasst eine detaillierte Beschreibung von sechs bis acht Submodellen wie Markt/Kunde, Angebot, Leistungserstellung, Beschaffung, Distribution, Erlöse/Kapital, Prozesse sowie Fähigkeiten und Ressourcen.

Die Entscheidungen zum Unternehmenszweck und zur strategischen Ausrichtung sind vor der eigentlichen Messung der Organisationsperformance zu treffen, da die in Kapitel 4.1.4. vorgestellten Leistungsdimensionen in enger Verbindung zum Unternehmenszweck bzw. zur strategischen Ausrichtung stehen.

4.1.3 Ableitung von Leistungsdimensionen

Um die Unternehmensentwicklung operativ steuern zu können, ist eine Messbarkeit der einzelnen Prozesse notwendig. Dabei können vier Kernprozesse definiert werden, die bei der operativen Umsetzung helfen können. Diese vier Kernprozesse sichern langfristig das Überleben der Organisation:

- Zukunft gestalten und Führung übernehmen,
- Werte schöpfen und Bedürfnisse befriedigen,
- Organisation erneuern und lernen,
- zusammen arbeiten und Individuen entwickeln.

Dabei steht das Unternehmen aus systemtheoretischer Perspektive im Vordergrund. Jedes Unternehmen ist ein Geflecht aus Input- und Outputbeziehungen. Dabei werden Struktur- und Prozesselemente kombiniert. Es ist erforderlich, bestimmte Ressourcen (Strukturen) zur Erfüllung des Unternehmenszwecks bereitzustellen, z. B. technische Anlagen, Mitarbeiter, aber auch die Organisation von Entscheidungsprozessen. Prozesselemente sind die eigentlichen Unternehmensprozesse, die notwendig sind, um den Unternehmenszweck (Output) zu erfüllen. Formal betrachtet verändert sich das Unternehmen von einem Systemzustand S_1 zu einem Systemzustand S_2. Im Rahmen dieser Weiterentwicklung werden die vier Kernprozesse umgesetzt. Die Kernprozesse werden dabei anhand der Merkmale des Prozesscontrollings gemessen und überprüft. Es muss eine Zielsetzung in Bezug zum Unternehmenszweck vorhanden sein. Der Kernprozess selbst kann anhand bestimmter Merkmale gemessen werden. Diese Merkmale werden später in den Leistungsdimensionen konkretisiert. Jede Leistungsdimension wird zudem durch bestimmte Kennziffern operationalisiert. Aus diesem Erfüllungsgrad können dann Rückschlüsse auf die Leistungsfähigkeit der Organisation abgeleitet werden. Ausgangspunkt jeder Überlegungen zur Messbarkeit einzelner Kernprozesse ist die Vision des Unternehmens. Warum existiert dieses Unternehmen (Unternehmenszweck)? Welche Kunden haben einen Nutzen von diesem Unternehmen? Mit welchen Outputs möchten wir diesen Nutzen erzielen? Dieses Verständnis muss innerhalb der Geschäftsführung entwickelt werden. Systemtheoretisch ist der Unternehmenszweck die Vertragsgrundlage der wechselseitigen Beziehung zwischen System und den verschiedenen Umwelten. Jede Umwelt hat ein anderes Bedürfnis, das die Organisation befriedigen muss.[4]

Im Mittelpunkt der dialogorientierten und partizipativen Unternehmensentwicklung steht das Einnehmen einer multiperspektivischen Sichtweise. Die Mitarbeiter werden stärker in den Prozess der Unternehmensentwicklung integriert, die Geschäftsprozesse werden auf die Bedürfnisse aller Stakeholder ausgerichtet und es werden flexible Organisationsstrukturen geschaffen. Zugleich wird ein konservatives Finanzverhalten an den Tag gelegt; der Aufbau von Liquiditätsreserven wird angestrebt. Die Mitarbeiter müssen zudem für Veränderungen sensibilisiert werden. Dazu gehört auch eine Offenheit für neue Ideen sowie die Etablierung von Rückkopplungs- bzw. Feed-

4 Vgl. Hees, F./Henning, R. (2009), S. 51–64.

backprozessen. Nur wenn diese Voraussetzungen gegeben sind, können dynamische Prozesse der Unternehmensentwicklung in Gang gesetzt werden.

Unternehmensentwicklung kann also heute als die gewollte und ungewollte Entwicklung eines Systems definiert werden, die aus der Organisation heraus verstanden werden muss und sich unter aktiver Mitwirkung der betroffenen Mitarbeiter vollzieht. Kernziele hierbei sind die Verbesserung der Leistungsfähigkeit der Organisation und der Qualität der Kommunikations- und Arbeitsbeziehungen. Die Steuerung konzentriert sich dabei auf die mehrdimensionale Gestaltung der Systemelemente und Systembeziehungen einschließlich der Interaktion mit der Umwelt.[5]

Der partizipative und dialogorientiere Prozess der Unternehmensentwicklung verknüpft somit einen Prozess der Beteiligung und Mitgestaltung durch die relevanten Personen mit einer inhaltlichen Auseinandersetzung mit Fragen der Unternehmensentwicklung auf Basis des vorgeschlagenen Modells mit seinen unterschiedlichen Dimensionen. Die vier Kernprozesse beschreiben dabei den Umfang der organisationalen Leistungsfähigkeit und dienen als Rahmen zur Ableitung der zwölf Leistungsdimensionen und zur Operationalisierung der daraus resultierenden Kennzahlen. Die vier Kernprozesse können durch jeweils drei Leistungsdimensionen konkretisiert werden. Ergänzend werden »Fit-Dimensionen« definiert, die Aussagen zur Interdependenz der einzelnen Kernprozesse untereinander liefern.

Abbildung 82 zeigt das Modell der Organisationsperformance. Durch die Leistungsdimensionen werden die vier Kernprozesse konkretisiert und es können Erkenntnisgewinne aus einzelnen Teilbereichen zur Bestimmung der organisationalen Leistungsfähigkeit abgeleitet werden. Die Organisation wird dabei aus unterschiedlichen Perspektiven betrachtet und es wird eine integrierte Bestimmung der organisationalen Leistungsfähigkeit vorgenommen, die sich in der Ableitung einer Gesamtleistungskennzahl des Unternehmens widerspiegelt.

Das Modell der partizipativen und dialogorientierten Unternehmensentwicklung selbst stellt eine Synthese der vorgestellten Modelle zur Messung und Bestimmung der organisationalen Leistungsfähigkeit dar. In dem Modell werden qualitative und quantitative Kennzahlen gemeinsam verwendet. Zudem werden vorwärtsgerichtete Informationen genutzt. Aus dem Modell der Organisationsperformance lassen sich Strategien und Visionen mithilfe von Kennzahlen konkret umsetzen, gleichzeitig wird die Mitarbeiter- und die Unternehmensperspektive berücksichtigt. Über den ersten und zweiten Kernprozess wird die unternehmerische Perspektive abgebildet, die Kernprozesse drei und vier beziehen den Mitarbeiter der Organisation stärker in die Analyse ein. Über die Fit-Kennzahlen wird das systemische Element der Rückkopplung in das Modell eingebaut. Es werden Interdependenzen zwischen verschiedenen Leistungsdimensionen dargelegt. Zu Beginn wird explizit die Vision bzw. der Unternehmenszweck klar formuliert, um so eine Orientierung zu geben.

Im folgenden Abschnitt werden die Makrostruktur des Modells und die dahinterliegende Philosophie bzw. die erkenntnisleitenden Fragestellungen näher erläutert.

---

5 In Anlehnung an Marek, D. (2010), S. 45ff.

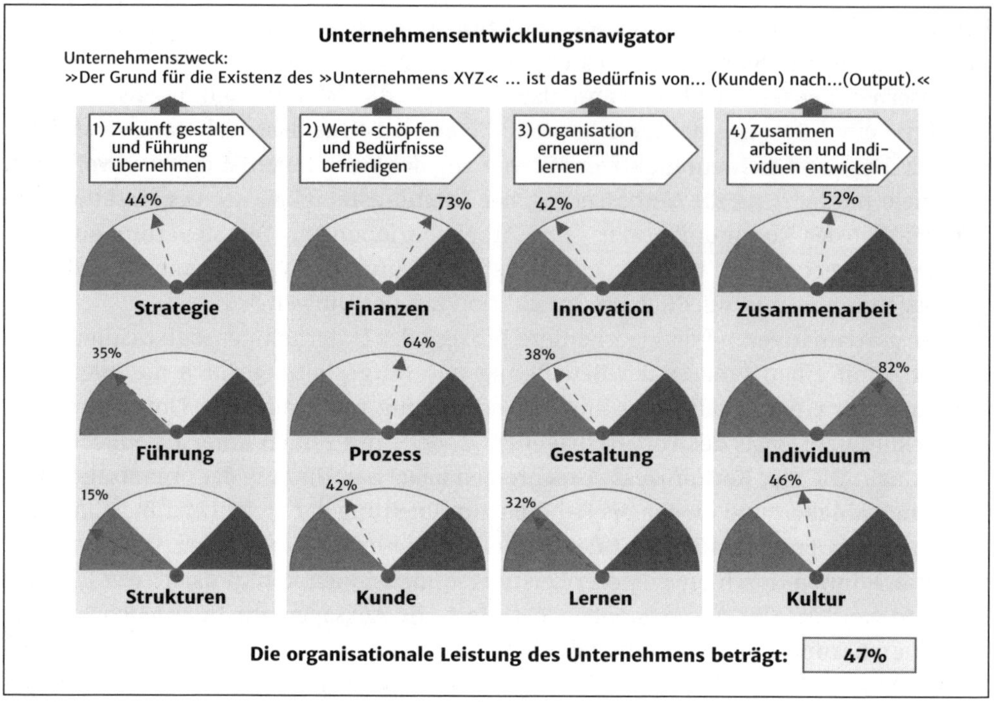

Abb. 82: Kernprozesse und Leistungsdimensionen im Modell der Organisationsperformance (eigene Darstellung)

4.1.4 Zwölf Leistungsdimensionen

Jeder Versuch, gewonnene Erkenntnisse in einem Model abzubilden, möchte Komplexität reduzieren. Auch die nachfolgende Beschreibung des Modells kann die Vielfalt der Ansätze aus der systemischen Organisationsentwicklung, dem strategischen Management und weiteren relevanten Disziplinen in ihren Facetten nicht vollständig darstellen und wiedergeben. Die Themenverdichtung will jedoch die Verständlichkeit und den praktischen Nutzen steigern.

Auf den in den vorangegangenen Abschnitten dargestellten Überlegungen aufbauend kann dem Modell der organisationalen Leistungsfähigkeit die Funktion einer integrativen Klammer zugesprochen werden, die sämtliche überlebens- und damit entwicklungsrelevanten Themenfelder einer Organisation umfasst und abbildet. Die Makrostruktur des Modells der organisationalen Leistungsfähigkeit (vgl. Abb. 83) ergibt sich auf der Basis der skizzierten Erkenntnisse und Anforderungen, der Rekonstruktion eigener Beratungsprojekte, der Literatur- und Studienrecherche sowie der Auswertung von Interviews mit Führungskräften zum Thema »Unternehmensentwicklung«.
Ausgehend von einem gemeinsamen Zukunftsbild, das sich z. B. im Unternehmenszweck oder der Vision ausdrückt, werden die zwölf Dimensionen abgeleitet, die für die Überlebensfähigkeit des Systems von entscheidender Relevanz sind. Hinter jeder ein-

Abb. 83: Die Makrostruktur des Modells der organisationalen Leistungsfähigkeit (eigene Darstellung)

zelnen Dimension befinden sich Kennzahlen und/oder Indikatoren, die zur Bestimmung der aktuellen organisationalen Leistungsfähigkeit herangezogen werden. Dieser strukturierte Gestaltungsrahmen bildet die Basis für die Sicherung der Überlebensfähigkeit des Systems, die entsprechende Kommunikation, die Realisierung des Zukunftsbilds und zeigt Ansatzpunkte bzw. Hebel für die Unternehmensentwicklung auf. Damit ist die Nutzung und Anwendung des Modells auch eine praktische Maßnahme der Selbstreflexion, die es ermöglicht, eine gemeinsame Sprache zu entwickeln und Unterschiede bzw. Gemeinsamkeiten in der Wahrnehmung der beteiligten Personen deutlich und damit bearbeitbar zu machen.

Eine der größten Herausforderungen in Bezug auf Veränderungs- und Unternehmensentwicklungsprozesse in Organisationen ist es, gemeinsam die Gesamtsituation zu sehen und den Kontext zu verstehen, der die Veränderung und Weiterentwicklung erforderlich macht. Jede der skizzierten und für die nachhaltige und wirkungsvolle Unternehmensentwicklung als relevant angesehenen Dimensionen beantwortet zentrale Fragen (vgl. Abb. 84, S. 136), die für die Sicherung der Überlebensfähigkeit und die Realisierung des Zukunftsbilds notwendig sind.
Die konkrete Ausgestaltung dieses Rahmens geschieht mithilfe von gemeinsam in einem dialogischen Prozess definierten und verabschiedeten Kennzahlen und/oder Indikatoren, die sich unternehmensspezifisch gewinnen und anpassen lassen. Aufgrund der systemspezifischen Charakteristika und Merkmale ist es nur bedingt sinnvoll, konkrete Kennzahlen und Indikatoren für jede Dimension des Modells vorzuschlagen. Ferner würden universell gültige Kennzahlen und Indikatoren dem selbstorganisatorischen Verständnis der Konstituierung von organisationalen Systemen widersprechen. Die im weiteren Verlauf vorgestellten Kennzahlen und Indikatoren sind vor diesem

	Vision/Unternehmenszweck	• Welche Ziele wollen wir als Organisation in den nächsten drei bis zehn Jahren erreicht haben? • Der Grund für die Existenz des Unternehmens ist das Bedürfnis ... von ... nach...
Zukunft gestalten und Führung übernehmen	**Strategie**	• Wie und auf welche Art und Weise gelingt es, die Festlegungen der Vergangenheit zur Disposition zu stellen und eine zukünftige Ausrichtung vorzugeben? • Wie und auf welche Art und Weise gelingt es der Organisation, den Weg zum strategischen Ziel und zur Erfüllung des Unternehmenszwecks zu formulieren, in der Organisation zu verankern und umzusetzen?
	Führung und Management	• Wie lassen sich die organisationalen Herausforderungen durch das Management gestalten, um das Überleben der Organisation zu sichern und die Visionen umsetzen? • In welcher Art und Weise führt das Management die Mitarbeiter? • Auf welche Art und Weise verknüpfen wir Beobachtung, Reflexion und Entscheidungsfindung?
	Strukturen	• Welche Strukturen sichern die Überlebensfähigkeit der Organisation, unterstützen die Umsetzung der Visionen, ermöglichen Freiräume, ohne den Zusammenhalt des Ganzen zu gefährden? • Sind die Strukturen effizient, wettbewerbsfähig und ermöglichen diese den Zusammenhalt des Ganzen? • Haben wir eigenständige Einheiten, die flexibel auf Umweltveränderungen reagieren können? • Haben wir gleichzeitig verschiedene Organisationsformen und wie werden diese koordiniert?
Werte schöpfen und Bedürfnisse befriedigen	**Kunden und Interessengruppen**	• Welche Anforderungen und Bedürfnisse haben die Interessengruppen an die Organisation und wie werden diese erfüllt? • Was definieren wir als relevante Interessengruppen? Warum genau diese und wonach beurteilen wird deren »Relevanz«?
	Prozesse	• Wie kann die Wertschöpfung in der Organisation sowie in der gesamten Wertschöpfungskette dauerhaft sichergestellt werden?
	Finanzen	• Wie kann die Wertorientierung in der Organisation dauerhaft sichergestellt werden? • Wie erfolgreich wird von der Organisation das Ziel der langfristigen Sicherung der Überlebensfähigkeit in einem Mix aus kurz- und langfristigen finanziellen Ergebnisgrößen sichergestellt?

Abb. 84: Zentrale Fragestellungen hinter den einzelnen Modelldimensionen (eigene Darstellung, Fortsetzung nächste Seite)

Hintergrund ausschließlich als Impuls und beispielhafte Orientierungsgrößen zu verstehen. Das Modell und damit auch das verwendete »Navigationssystem« bestehend aus gemeinsam festgelegten Steuerungsgrößen muss unternehmensindividuell ausgestaltet und gemeinsam mit den relevanten Akteuren »befüllt« werden.

Das Modell basiert dabei auf folgenden Annahmen, die sich in den Leistungsdimensionen, aber auch in der Ausgestaltung der einzelnen Kennziffern widerspiegeln. Gemäß dem systemischen Verständnis sind Organisationen geschlossene Systeme, die aus Menschen und deren Interaktionen bestehen. Daher können Veränderungen auch nur von den beteiligten Akteuren ausgehen. Die Basis für ein gemeinsames Handeln im Sinne der Organisation wird gemeinsam geschaffen, von jedem Einzelnen jedoch individuell wahrgenommen. Aus diesem Grund existiert z. B. der Kernprozess »Zusammen arbeiten und Individuen entwickeln« mit den Leistungsdimensionen »Kultur und

	Vision/Unternehmenszweck	• Welche Ziele wollen wir als Organisation in den nächsten drei bis zehn Jahren erreicht haben? • Der Grund für die Existenz des Unternehmens ist das Bedürfnis … von … nach…
Organisation erneuern und lernen	**Innovation**	• Auf welche Art und Weise wird das Leistungsportfolio weiterentwickelt und die Organisation neu erfunden? • Wie erfolgreich verfolgt die Organisation die Erneuerung auf den Ebenen Geschäftsmodell, Leistungsportfolio und Prozess? • Gab es Entwicklungen, die wir in der letzten Zeit »übersehen haben«? Was sagt dies über unseren »Beobachtungsradar« aus?
	Gestalten und Erneuern	• Wie gestaltet die Organisation bewusst den eigenen Entwicklungsprozess und werden dazu sinnvolle Instrumente eingesetzt? • Was definieren wir als relevante Umwelten? Warum genau diese und wonach bewerten wir deren »Relevanz«? • Was waren bisher markante Umbrüche und wodurch wurden diese ausgelöst? Wie viele Umbrüche hat die Organisation schon erlebt, welche Bewältigungsformen waren erfolgreich und welche nicht?
	Lernen	• Wie bewahrt und nutzt die Organisation Wissen und fördert das Lernen, ohne dabei die Eigenheiten der Organisation zu vernachlässigen? • Hat die Organisation Lern- und Reflexionsschleifen auf verschiedenen Rekursionsebenen installiert und wird die Ressource Wissen sinnvoll eingesetzt und gesteuert? Gibt es bei uns »Räume« für Reflexion (wo, wer, wann, wie)? • Wird bei uns Reflexion als nützliche und kreative Aktivität erlebt? • Ist für uns Feedback von relevanten Umwelten eine wichtige Quelle für Impulse und Informationen?
Zusammen arbeiten und Individuen entwickeln	**Kultur und Werte**	• Wie muss die Kultur gestaltet sein bzw. welche kollektiven Wahrnehmungsmuster und Interpretationen sind notwendig, um das langfristige Überleben und die Umsetzung von Visionen zu ermöglichen? • Wie erfolgreich wurde aktiv an der Gestaltung der Kultur gearbeitet, um positive kollektive Verhaltensmuster zur langfristigen Sicherung der Überlebensfähigkeit der Organisation zu installieren? • Gibt es Aussagen bzw. Kriterien, die auch in kritischen Situationen »handlungsleitend« sind? Gibt es hierfür Beispiele bei Umbruchphasen ? • Was sind unsere ökonomischen Kernwerte? Ist Wachstum der treibende Wert, um die langfristige Überlebensfähigkeit sicherzustellen?
	Teamwork	• Wie gut ist die Arbeit in und zwischen den Teams gleicher und verschiedener Disziplinen innerhalb der Organisation? • Welche Ideen gibt es, bisher Nicht-Beachtetes in den Bearbeitungsprozess zu bringen?
	Individuum	• Welche Rahmenbedingungen sind notwendig, um die Leistungsbereitschaft und -fähigkeit der Mitarbeiter auf der Grundlage von Eigeninitiative zu fördern bzw. zu steigern? • Ist die Organisation in der Lage, die Leistungsbereitschaft und -fähigkeit der Mitarbeiter zu fördern und zu steigern?

Werte«, »Teamwork« und »Individuum«. Eine verbesserte Leistungsfähigkeit ergibt sich eben nicht nur durch die Leistung eines Einzelnen, sondern v. a. durch eine verbesserte Zusammenarbeit in der Interaktion. Zudem ist für das Gelingen einer erfolgreichen Unternehmensentwicklung eine gemeinsame Einschätzung der aktuellen Leistungsfähigkeit von Bedeutung. Dies erfordert ein partizipatives Vorgehen, bei dem alle relevanten Beteiligten eingebunden werden.

Weiterhin sind die einzelnen Leistungsdimensionen nicht isoliert voneinander zu betrachten, sondern bilden ein integriertes Netz. Die Veränderung einer Leistungsdimension hat Auswirkungen auf andere Elemente. So hat z. B. die Leistungsdimension »Lernen« Einfluss auf die Leistungsdimension »Kunde«. Wenn Mitarbeiter sich regelmäßig in den Bereichen Fachkenntnisse, Vertriebskenntnisse etc. weiterbilden, dann können diese Mitarbeiter Kunden besser und zielgerichteter beraten. Dadurch steigt die Wahrscheinlichkeit, dass Kunden zufriedener und loyaler sind. Daher ist es erforderlich, die Wechselwirkungen zwischen einzelnen Leistungsdimensionen zu berücksichtigen. Werden Wechselwirkungen nicht berücksichtigt, dann führt dies langfristig zu Problemen. Jede Leistungsdimension ist daher Ursache von Problemen, kann aber auch gleichzeitig Ansatzpunkt für Lösungen sein. Deshalb sollte stets die Gesamtperspektive, die ein bewusstes Handeln im Sinne und zum Wohle des Ganzen ermöglicht, gemeinsam erfasst werden.

4.1.5 Multidimensionale Architektur — Fit-Kennzahlen

Das vorangegangene Kapitel hat deutlich gemacht, dass die Leistungsdimensionen im Modell der Organisationsperformance nicht isoliert voneinander zu sehen sind. Die vier Kernprozesse lassen sich auf jeweils drei Leistungsdimensionen zurückführen, die in sich sinnvoll bewertbar sind. Die einzelnen Leistungsdimensionen selbst beeinflussen sich jedoch gegenseitig, d. h. Veränderungen der einen Leistungsdimension haben Auswirkungen auf eine andere Leistungsdimension, wie in Abb. 85 veranschaulicht wird.

So hat beispielsweise das Individuum selbst, also der Mensch, Einfluss auf eine Vielzahl von anderen Leistungsdimensionen. Der Mensch in der Organisation kann zunächst durch seine Bereitschaft und seine investierte Zeit zur Innovationsfähigkeit des Unternehmens beitragen. Gleichzeitig kann das Individuum durch seine Lernbereitschaft daran mitwirken, die kollektive Intelligenz der gesamten Organisation weiterzuentwickeln. Alle Mitarbeiter der Organisation sind ein fester Bestandteil der Kultur. Die Wertvorstellungen des Unternehmens werden von den Mitarbeitern geprägt. Die Mitarbeiter selbst haben auch Einfluss auf die Strategie und die Führung eines Unternehmens. So müssen z. B. innerhalb der Leistungsdimension Führung Feedback- und Beurteilungssysteme an den Bedürfnissen der Mitarbeiter ausgerichtet werden. Hochmotivierte und engagierte Mitarbeiter im Kundenkontakt beeinflussen die Kundenzufriedenheit, die Wiederkaufsbereitschaft und die Loyalität positiv, daher stehen die Leistungsdimensionen Individuum und Kunde in einer engen Wechselbeziehung. Scheiden motivierte und kompetente Vertriebsmitarbeiter aus dem Unternehmen aus und wechseln innerhalb der Branche den Arbeitsplatz, so ist bei manchen Organisationen zu beobachten, dass auch Kunden mit dem Mitarbeiter zum Wettbewerber wechseln. Jedes Individuum hat natürlich auch Einfluss auf Strukturen und Prozesse innerhalb der Organisation. Dieser Prozess der Teamzusammensetzung muss einerseits kunden- und marktorientiert durchgeführt werden, andererseits sollte auch die innere Kohärenz eines Teams Berücksichtigung finden.

In den folgenden Abschnitten werden die Eigenschaften, Hintergründe sowie die Operationalisierung der einzelnen Leistungsdimensionen durch Kennzahlen erläutert.

UE-Kernprozess	Leistungs-dimension	hat Einfluss auf							
Zukunft gestalten & Führung übernehmen	**Strategie**	Prozesse	Kultur	Individuum	Strukturen	Lernen			
Zukunft gestalten & Führung übernehmen	**Führung**	Lernen	Mensch	Strukturen	Innovation	Strategie			
Zukunft gestalten & Führung übernehmen	**Strukturen**	Individuum	Kunde	Lernen	Innovation				
Werte schöpfen & Bedürfnisse befriedigen	**Prozesse**	Kunde	Finanzen	Strukturen					
Werte schöpfen & Bedürfnisse befriedigen	**Kunde**	Lernen	Innovation	Strategie	Prozesse	Individuum			
Werte schöpfen & Bedürfnisse befriedigen	**Finanzen**	Innovation	Mensch	Kultur					
Zusammen arbeiten & Individuen entwickeln	**Individuum**	Lernen	Innovation	Kultur	Strategie	Kunde	Prozesse	Führung	Strukturen
Zusammen arbeiten & Individuen entwickeln	**Kultur**	Lernen	Innovation	Individuum	Führung	Kunde	Strategie		
Zusammen arbeiten & Individuen entwickeln	**Zusammen-arbeit**	Individuum	Innovation	Führung	Strukturen	Gestaltung			
Organisation erneuern & lernen	**Lernen**	Strategie	Innovation	Prozesse	Kunde	Finanzen	Gestaltung		
Organisation erneuern & lernen	**Innovation**	Finanzen	Prozesse	Kunde	Individuum	Lernen			
Organisation erneuern & lernen	**Gestaltung**	Kunde	Individuum	Lernen					

Abb. 85: Wechselwirkungen zwischen den einzelnen Leistungsdimensionen (eigene Darstellung)

4.2 Denkrahmen — ein Einblick

4.2.1 Unternehmensentwicklungsperspektive: Zukunft gestalten und Führung übernehmen

Leistungsdimension Strategie

Die allgemeinen Veränderungs- und Beschleunigungstendenzen, der besondere Druck, die kurzfristigen Dringlichkeiten etc. wirken wie ein Magnet, der die letzten Reste der Managementaufmerksamkeit und Managementzeit auf sich zieht.[6] Demgegenüber zeigt sich ein zunehmendes Unbehagen bei vielen Entscheidungsträgern. Dieses Unbehagen steht im engen Zusammenhang mit der schwer steuerbaren Sogwirkung des operativen Geschäfts einerseits und mit einer grundsätzlichen Orientierungsunsicherheit ausgelöst durch die aktuellen Ereignisse der veränderten wirtschaftlichen Rahmenbedingungen andererseits. Gleichzeitig gilt auch für das Management, die unterschiedlichen Ansprüche von Interessengruppen sowie die Herausforderungen des Marktes, der Branche etc. zu managen. Oftmals stehen diese diversen Logiken zueinander in einem Widerspruch.

Empirische Studien konnten nachweisen, dass entgegen den Konzepten der strategischen Planung in der unternehmerischen Praxis andere Muster der Zukunftsbewältigung und Strategieentwicklung vorzufinden sind[7] und dass dem Themengebiet der Strategie gerade in Zeiten der Veränderung und Dynamik eine besondere Bedeutung u. a. für die Zukunftssicherung zukommt.[8] Einen einzigen »one best way« der Strategieentwicklung und Strategieumsetzung gibt es nicht. Vielmehr gilt es anzuerkennen, dass jedes Unternehmen auf der Basis der unternehmensspezifischen Geschichte seine eigene Art und Weise der Auseinandersetzung mit Zukunftsfragen entwickelt hat.[9] Untersuchungen von Kaplan und Norton konnten belegen, dass Unternehmen mit einem verankerten, integrierten und ganzheitlich ausgerichteten Strategiemanagementprozess eine dreifach höhere Erfolgswahrscheinlichkeit aufweisen als Unternehmen ohne derartige Prozesse.[10] Trotz dieser positiven Kausalität zwischen den genannten Aspekten zeigt sich jedoch in der Praxis, dass 85 % der befragten Führungsteams weniger als eine Stunde monatlich und ganze 50 % keine Zeit für die Besprechung der Strategie aufwenden.[11]

Darüber hinaus konnte in weiteren Studien nachgewiesen werden, dass die Umsetzung und Implementierung der Strategie in der Wahrnehmung der befragten Manager eine besonders wichtige Stellung einnimmt.[12] Das Problem der mangelnden Strategie-

6 Dies bestätigt auch eine Studie von Deloitte, wonach die größten Hindernisse in Bezug auf die Strategieumsetzung in den persönlichen Ressourcen, der Zeit, den Kosten sowie der Kompetenz und Know-how gesehen wird. Vgl. Dietterle, P. (2009), S. 14.

7 Vgl. Wimmer, R./Nagel, R. (2000), S. 6.

8 Vgl. Dietterle, P. (2009), S. 4.

9 Vgl. Wimmer, R./Nagel, R. (2000), S. 7.

10 Vgl. Kaplan, R./Norton, D. (2009), S. 7.

11 Vgl. Kaplan, R./Norton, D. (2009), S. 16f.

12 Vgl. Kaplan, R./Norton, D. (2009), S. 16.

umsetzung wird noch durch die Erkenntnis verschärft, dass weniger als 10 % der befragten Mitarbeiter die Strategie verstehen. Die Umsetzung der entwickelten Strategie kann aber nur dann erfolgreich gelingen, wenn die Mitarbeiter diese auch begreifen. Auf der Basis der skizzierten Herausforderungen sowie der Forderung nach einer stärkeren Einbeziehung und Integration der Mitarbeiter in derartige überlebensrelevante Prozesse gilt es, den gesamten Prozess der Strategieentwicklung[13] im Unternehmen zu reflektieren. Im Rahmen dieses Prozesses scheinen insbesondere Ansätze, die die Strategieentwicklung als eine nicht-delegierbare gemeinschaftliche Leistung eines Systems verstehen, unter den gegenwärtigen Bedingungen der zunehmenden Komplexität und Dynamik für eine hohe Leistungsfähigkeit eines organisationalen Systems zu stehen.

Bezogen auf die Auseinandersetzung mit Zukunftsfragen in der Dimension »Strategie« erscheint es lohnenswert, die nachfolgend zusammengestellten Indikatoren und Leitfragen gemeinsam zu bearbeiten.

Kennzahl/Indikator	Kurzbeschreibung, Leitfragen	Methodik der Erhebung
Bekanntheitsgrad	Bekanntheitsgrad der Strategie in der Organisation: Inwieweit kennen die Mitarbeiter die Strategie?	Befragung
Grad der Konsistenz	Strategie-Zweck-Fit: Inwieweit ermöglicht die aktuelle Strategie die Erreichung des definierten Zwecks?	Befragung, Auswertung vorhandener Dokumente
Operationalisierungsgrad	Sind Kenngrößen/Indikatoren und Besprechungsroutinen definiert, um zu überprüfen, ob das Unternehmen auf dem »richtigen« Weg ist, und um frühzeitig Anpassungen und Maßnahmen ergreifen zu können?	Befragung, Auswertung vorhandener Dokumente
Umsetzungsstand	Wo steht das Unternehmen in Bezug auf die Strategieumsetzung?	Befragung
Art und Weise (Prozess) der Strategieentwicklung	Prozess der Strategieentwicklung: Durch wen und wie wird die Strategie in der Organisation erarbeitet?	Befragung

Eine konkrete Auswahl der Indikatoren muss unternehmensindividuell und gemeinsam mit dem Projektteam getroffen werden. Die im Rahmen dieses Buchs vorgestellten Kenngrößen und Indikatoren sind lediglich als Impuls und Orientierungsrahmen zu verstehen.

13 Für eine detaillierte Darstellung der unterschiedlichen Spielarten der Strategieentwicklung siehe Glatzel, K./Wimmer R. (2009), S. 194–219; Nagel, R./Wimmer, R. (2006); Wimmer, R./Nagel, R. (2000).

Leistungsdimension Führung

Einleitend ist es wichtig zu erwähnen, dass im vorliegenden Buch nicht zwischen den Begriffen »Führung« und »Management« differenziert wird. In der Literatur werden in Bezug auf diese Begrifflichkeiten oftmals zwei Ebenen unterschieden: »Eine Sachebene, die sich auf die Führung und Leitung von Geschäften bezieht, als auch eine personenbezogene Ebene der Mitarbeiterführung.«[14] Im Rahmen der Differenzierung der Begriffe bezieht sich »Management« stärker auf Führung der Organisation im Allgemeinen und die Sachebene im Speziellen. »Führung« hingegen betont die Mitarbeiterführung bzw. die personenbezogene Ebene.[15] Auf einem systemischen Verständnis aufbauend sollte jedoch das Management sowohl die menschbezogene als auch die sachbezogene Ebene umfassen.

Die Betrachtung heutiger Organisationen und deren Umfeld zeigen, dass die Erfolgsvoraussetzungen eines auf dem Rationalitätsprinzip basierenden und an der Spitze einer Hierarchie stehenden Managements gegenwärtig nicht mehr gegeben sind.[16] Auf die Gründe und Konsequenzen für bzw. aus den sich verändernden Bedingungen ist in diesem Buch bereits mehrfach hingewiesen worden. Aufgrund der besonderen Aktualität sei auszugsweise auf die Paradoxie zwischen der Verantwortung für die Überlebensfähigkeit einerseits sowie der zunehmenden Unkalkulierbarkeit der Zukunft und des Umfelds andererseits verwiesen. Zusätzlich ist nochmals das Augenmerk darauf zu richten, dass Führung bzw. Management nicht direkt beeinflussen kann, jedoch notwendig ist.[17] Rüegg-Sturm sieht die Notwendigkeit von Führung und Management in der Theorie autopoietischer Organisationen begründet.[18] Der dynamische und komplexe Organismus eines Unternehmens reproduziert eine derart große Anzahl an Beziehungen, dass die Überschaubarkeit und Steuerbarkeit nicht mehr gegeben ist.[19] Um jedoch als System nicht in Chaos und Beliebigkeit zu zerfallen, ist die Organisation auf strukturierende Einflussmomente und ordnende Kräfte angewiesen, die eine Arbeitsteilung und Zusammenarbeit überhaupt erst ermöglichen. Organisationen benötigen demnach Strukturen, Verfahrensregeln und Programme, um eine eigene Identität auszubilden. Die Komplexität gegenwärtiger Organisationen wird vom Management dann verkannt, wenn nach wie vor von Eindeutigkeit und widerspruchsfreier Rationalität ausgegangen wird.[20]

Die Frage nach der Qualität des Managements durch einen vorwiegend individualistischen Zugang der Beschreibung bzw. Erklärung von Management greift unter den heutigen Bedingungen zu kurz. Vielmehr lässt sich Management mit den Mannschaftssportarten vergleichen. Die Ausschöpfung der Leistungspotenziale zur langfristigen Sicherung der Überlebensfähigkeit sowie der Umsetzung von Visionen gelingt nur im Zusammenwirken mit anderen. Damit wiederum gewinnt die Fähigkeit zur Gestaltung

---

14 Bühner, R. (2001), S. 458.
15 Vgl. Bühner, R. (2001), S. 458f.
16 Vgl. Wimmer, R./Schumacher, T. (2009), S. 171.
17 Vgl. Willke, H. (1999), S. 145.
18 Vgl. Rüegg-Sturm, J. (2003), S. 20.
19 Vgl. Schreyögg, G. (2002), S. 105.
20 Vgl. Wimmer, R./Schumacher, T. (2009), S. 173.

von Beziehungen und des Miteinanders von relevanten Akteuren in Organisationen an Bedeutung. Hierfür ist Führung auf Kommunikation und Dialog zwischen den beteiligten Funktionsträgern angewiesen, denn ohne eine erfolgreiche Verständigung zwischen den Beteiligten ist eine zielgerichtete Koordination der jeweiligen Handlungen bzw. Arbeitsergebnisse eher unwahrscheinlich.

Die Veränderung der Managementqualität gelingt dann, wenn die etablierten Muster des Managements erkannt und organisationale Phänomene nicht auf einzelne Personen zurückgeführt werden.[21] Baecker sieht aufbauend auf den skizzierten Ausführungen die wesentliche Herausforderung für das Management in einem bewussten und verantwortungsvollen Entscheiden und Gestalten.[22] Abbildung 86 zeigt die grundsätzlichen Aufgabenfelder der Führung, die im Rahmen eines Reflexions- und Lernprozesses zu thematisieren sind.

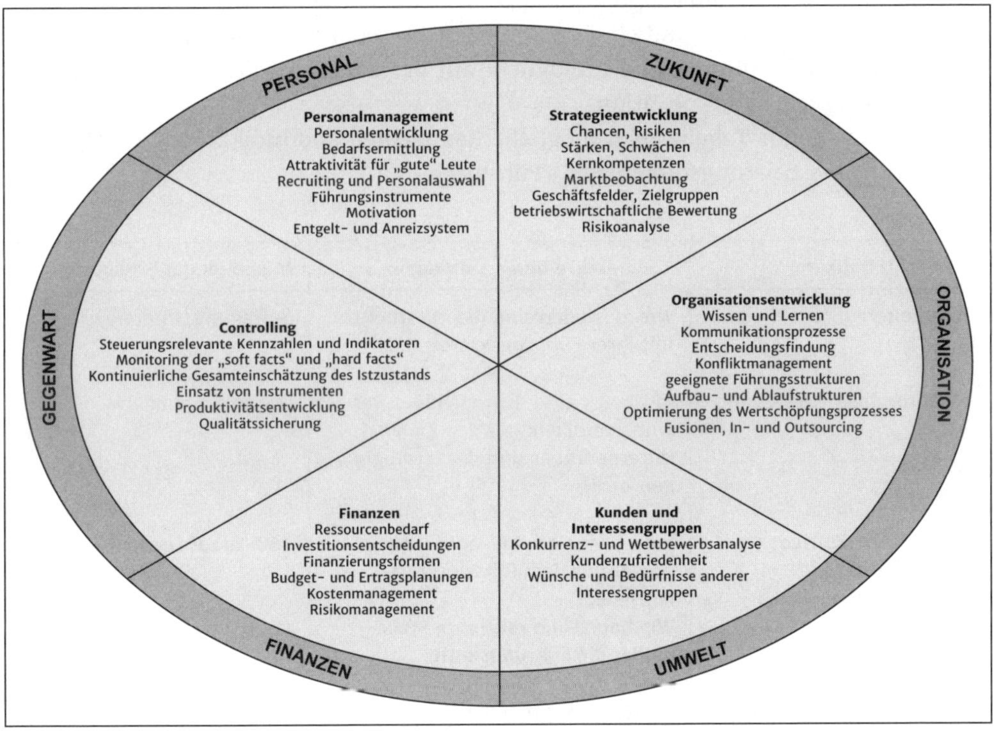

Abb. 86: Zentrale Aufgabenfelder der Führung (nach Wimmer u. Schumacher, 2009, S. 177)

Im diesem Sinne muss das Management die Paradoxien kontinuierlich beobachten, die eigenen sowie die organisationsspezifischen Formen des Umgangs mit diesen Paradoxien thematisieren bzw. reflektieren und entsprechende Umgangsformen entwickeln und fördern. Zur Initiierung derartiger Prozesse erscheint ein umfassendes und mehrere Perspektiven enthaltendes Feedback in Form eines »360-Grad-Feedbacks« sinn-

21 Vgl. Wimmer, R./Schumacher, T. (2009), S. 175.
22 Vgl. Baecker, D. (1999).

voll. Weiterhin erscheint es zweckmäßig, durch entsprechende Systeme Anreize für Leistung in der Organisation zu fördern. Aus den Erfahrungen der Praxis heraus ist es ebenfalls sinnvoll, die Mitarbeiter durch den Einsatz einer spezifischen Führungspraxis zu motivieren. Hierbei hat sich die Art und Weise, Transparenz herzustellen und die Mitarbeiter in Entscheidungsprozesse einzubeziehen, als besonders kritisch dargestellt. Unter den skizzierten Bedingungen ist es eine Leistung von Führung, Motivation für Ziele, Veränderungen u. Ä. bzw. für eine gemeinsame Bereitschaft bzw. ein gemeinsame Wollen zu erzeugen, um so die notwendige Grundlage für Akzeptanz bei den Beteiligten und Betroffenen zu schaffen.

Dialog und Kommunikation sind auf der Basis der vorangegangenen Ausführungen eine Art »Kernprozess« von Führung zur Herbeiführung von positiv erlebter Entwicklung und positiv erlebtem Wandel. Gelingt es der Führung, auf eine derartige Weise die kollektive Intelligenz »anzuzapfen« und gemeinsam getragene Maßnahmen zur Zielerreichung zu entwickeln und zu verabschieden, so schafft sie auf der einen Seite die Voraussetzung für Führung und ermöglicht auf der anderen Seite außergewöhnliche Leistungsfähigkeit und Innovation.

Die nachfolgende Tabelle zeigt mögliche Kennzahlen und Indikatoren zur Operationalisierung der Leistungsdimension »Führung«.

Kennzahl/ Indikator	Kurzbeschreibung, Leitfragen	Methodik der Erhebung
Mitarbeiterzufriedenheitsindex	Wie zufrieden sind die Mitarbeiter mit ihrer Führungskraft?	Befragung, Interviews
Indikator Ziele-Strategie-Fit	Inwieweit sind die individuell vereinbarten Ziele mit den Zielen des Unternehmens und der Strategie konform?	Dokumentenanalyse
Stakeholder-Zufriedenheitsindex	Inwieweit sind relevante Stakeholder mit der Führungskraft zufrieden? Wie beurteilen relevante Stakeholder die Führungskraft?	360-Grad-Feedback
Anzahl der durchgeführten Präferenzanalysen im Verhältnis zur Mitarbeiteranzahl	Inwieweit kennen die Mitarbeiter ihre Präferenzen?	Insights Präferenzanalyse

Leistungsdimension Struktur

Die Gestaltung der Strukturen ist ein zentraler Parameter des Managements der Unternehmensentwicklung und wird aufgrund dieser zunehmenden Bedeutung auch für das strategische Management interessant.[23] Bei Projekten zeigt sich häufig, dass die beste

23 Vgl. Krüger, W. (1994), S. 4.

Strategie ihre volle Wirkung nicht entfalten kann, wenn diese nicht entsprechend organisatorisch verankert wird.[24] Den engen Zusammenhang von Strategie und Strukturen benennen auch Haken und Schiepek:

> *»Die Entwicklung und Umsetzung von Strategien findet innerhalb bestimmter Rahmenbedingungen statt, die durch die bestehenden Strukturen eines Unternehmens oder eines Teams gegeben sind. Diese Strukturen wirken sich auf die Strategieentwicklung aus, denn Unternehmen/Teams haben ihre Biographie und damit ihre bereits etablierte Organisationsstruktur. Chandler's Postulat, nach dem die Struktur der Strategie folgt — structure follows strategy sollte damit erweitert werden zu: strategy follows structure follows strategy. Mit anderen Worten: Strukturen und Strategien befinden sich in einem rekursiven, sich wechselseitig bedingenden Verhältnis.«*[25,26]

Die besondere Bedeutung der Organisation für die zukünftige Wettbewerbsfähigkeit hebt auch von Werder hervor, indem er in der »organisatorischen Kompetenz« einen zentralen Werttreiber für den Unternehmenserfolg sieht.[27] Als Folge daraus bildet die Gestaltung von Strukturen und Prozessen ein Aufmerksamkeitsschwerpunkt des Managements.[28] Strukturen in organisationalen Systemen geben den Systemmitgliedern Orientierung, indem sie die Komplexität reduzieren und beispielsweise Teilaufgaben an organisatorische Teileinheiten übertragen und eine organisationsspezifische Koordination der Einzelhandlungen sicherstellen.[29] Damit lassen sich die Organisationsstrukturen als die Infrastruktur für die Erledigung bzw. Erfüllung sämtlicher Aktivitäten eines organisationalen Systems interpretieren.[30]

Damit einher geht eine zunehmende Aufmerksamkeit für die Themen der Organisationsgestaltung aus betriebswirtschaftlicher Sicht. Dies kann mit der Tatsache erklärt werden, dass in der entsprechenden Gestaltung der Organisationsstrukturen ein Beitrag zur Generierung von Wettbewerbsvorteilen vermutet wird.[31] Auslöser für orga-

24 Vgl. Deuringer, C. (2000), S. 67.

25 Haken, H./ Schiepek, G. (2006), S. 596; vgl. auch Chandler, A. (1962).

26 »Strukturen sind nach der Theorie der Strukturation Ergebnis nicht beabsichtigte Handlungsfolgen, die wiederkehren, um sich als Bedingung weiteren Handelns zu manifestieren (Giddens, 1997). Sie klären, wer in welcher Weise was zu tun hat, und geben Orientierung bei der Verrichtung von Aufgaben und Tätigkeiten. Strukturen helfen dem System, sich zu stabilisieren, und auch dabei, sich räumlich und zeitlich auszubreiten. Im Sinne der Synergetik könnte man Strukturen als Randbedingungen (constraints) für die handelnden Personen interpretieren, wobei je nach Ausprägung der Strukturmomente die dynamischen Freiheitsgrade von Mitarbeitern und Führungskräften mehr oder minder stark limitiert werden. Strukturen begrenzen, aber gleichzeitig ermöglichen sie auch Handlungen (Giddens, 1997). Wie frühe Forschungen in der Sozialpsychologie zeigen, hängt es (unter anderem) von den strukturellen Vorgaben der Kommunikationsabläufe ab, wie das Klima in Teams und Gruppen erlebt wird und wie effektiv sie arbeiten. Es macht in Bezug auf Problemlöse- und Leistungsfähigkeit einen Unterschied, innerhalb welcher Struktur Gruppenmitglieder agieren, ob Informationsflüsse z. B. über eine zentrale Figur laufen (hierarchisch-führerzentriert), ob sie ringförmig oder vernetzt ablaufen [...].« Haken, H./ Schiepek, G. (2006), S. 596f.

27 Vgl. Werder, A. von (2008), S. 15.

28 Vgl. Werder, A. von (2008), S. 15.

29 Vgl. Werder, A. von/Grundei, J. (2006), S. 17.

30 Vgl. Frese, E./Mensching, /Werder, A. von (1987), S. 217; Werder, A. von/Grundei, J.(2000), S. 100.

31 Vgl. Werder, A. von/Grundei, J. (2006), S. 17.

nisatorische Maßnahmen und Veränderungen gehen intern häufig von Strategieänderungen sowie extern von entsprechenden Entwicklungen im relevanten Umfeld des Unternehmens aus. Damit werden die Beobachtung und Verfolgung von organisationsrelevanten Umweltparametern erforderlich, um Veränderungen in diesem Bereich frühzeitig erkennen zu können und durch geeignete Maßnahmen die langfristige Überlebensfähigkeit des Systems zu gewährleisten. Gleichzeitig sind bei den skizzierten Veränderungen die Strategie sowie die entsprechenden Strukturen aufeinander abzustimmen, so dass strategische Kursänderungen auch organisatorische Anpassungen bedingen und auslösen.[32] In diesem Zusammenhang haben die Ableitung einer geeigneten Organisationsstruktur aus der Strategie sowie geeignete Methoden zur Bestimmung der Vorteilhaftigkeit einzelner Organisationsvarianten eine zentrale Bedeutung. Diese Fragestellungen sind vielschichtig und keinesfalls neu im Rahmen der Diskussion dieses Themenkomplexes.[33] Rojas merkt hierzu an: »Although it may be intuitively apparent that a measure of organizational performance would be readily available in management literature, quite the contrary is true.«[34] Abbildung 87 zeigt, wie in der Praxis die Organisationsstruktur aus der Strategie abgeleitet werden kann.

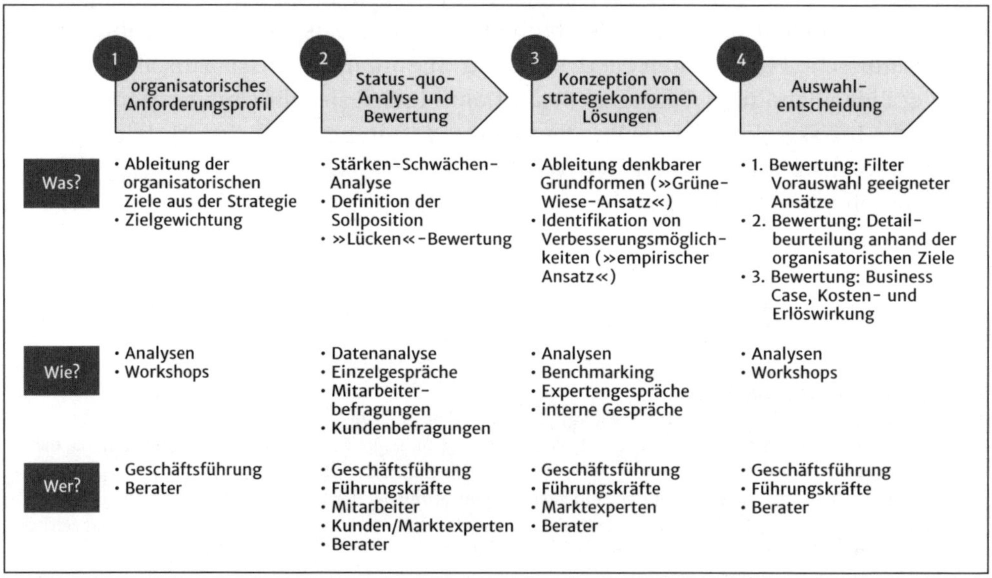

Abb. 87: Von der Strategie zur Organisationsstruktur (nach Utikal u. Ebel, 2006, S. 170ff.)

32 Vgl. Werder, A. von/Grundei, J. (2006), S. 21.

33 Vgl. Davis, P./Pett,T. (2002), S. 87; March, J./Sutton, R. (1997), S. 698; Engle, N. (1941); Bernard, C. (1939).

34 Rojas, R. (2000), S. 97.

Zur Konzeption und Auswahl der entsprechenden strategiekonformen Organisationsstruktur sind vier Phasen zu durchlaufen. In einem ersten Schritt werden auf der Grundlage der Strategie die Anforderungen an die Organisationsstrukturen abgeleitet und formuliert. Dem schließt sich als zweiter Schritt eine Analyse und Bewertung der Stärken und Schwächen der bestehenden Strukturen an. Als dritter Schritt werden mögliche und denkbare organisatorische Lösungen entwickelt und mithilfe des im ersten Schritt formulierten Anforderungsprofils eine erste Vorauswahl getroffen. Eine abschließende Bewertung der verbleibenden Alternativen sowie die Entscheidung für eine Alternative folgen im vierten Schritt.[35]

Neben der Ableitung der Organisationsstruktur aus der Strategie und der Definition der damit verbundenen Anforderungen lassen sich mithilfe von Gestaltungsparametern die Arbeitsstrukturen gestalten. Die folgenden acht Gestaltungselemente sind dem OSTO-Systemmodell entnommen:[36]

- Aufgaben (A): Der Begriff »Aufgaben« wird herkömmlich Ablauf- und Aufgabenbeschreibung genannt und umfasst z. B. die Aufteilung in Teilaufgaben, Erwartungen an Funktionen, konkrete Arbeitsaufträge und Rollen.
- Techniksystem (T): Mit Technik sind sämtliche Computersysteme, Betriebsmittel, Gebäude etc. gemeint. Diese Hilfsmittel werden zur Erledigung der entsprechenden Aufgaben benötigt.
- Organisationsstruktur (O): Diese Gestaltungskomponente beschreibt die Aufbau- und Ablauforganisation eines Projekts, z. B. Funktionen, Hierarchien, Unterstellungsverhältnisse.
- Entwicklungs- und Erneuerungssystem (EES): Hierbei geht es um die fortlaufende Entwicklung der Anpassungs- und Leistungsfähigkeit des Projekts und insbesondere der Projektteammitglieder. Eine ständige Orientierung an den Kundenwünschen, Kundenbedürfnissen, Umweltbedingungen, dem Existenzgrund etc. sind hierfür eine zwingende Voraussetzung.
- Informationssystem (I): Das Informationssystem beschreibt die Verteilung und den Zugang zu Informationen sowie die Kommunikations- und Informationshilfsmittel. Es geht primär um die Frage: Wer erhält wann, von wem, mit welchen Hilfsmitteln welche Information oder aber auch nicht und warum? Welche Arten des Wissensmanagements gibt es? Welche Inhalte werden über das Mailsystem transportiert?
- Entscheidungssystem (E): Dieses System beschreibt, wo, wie, durch wen, auf welcher Ebene, an welcher Stelle und mit welchen Hilfsmitteln Entscheidungen herbeigeführt und getroffen werden. Weiterhin werden auch die Mechanismen, Verfahren, Spielregeln etc. für Entscheidungsprozesse selbst sowie für die sie steuernden Prozesse betrachtet.

---

35 Für eine detaillierte Vorstellung der Methode an einem Fallbeispiel vgl. Utikal, H./Ebel, B. (2006), S. 170–176.

36 Vgl. Henning, R. (o. J.), S. 16 und S. 19.

- Belohnungs- und Kontrollsystem (BKS): Das Belohnungs- und Kontrollsystem ist der Sammelbegriff für sämtliche Verstärkungs- und Abschwächungssysteme. Gemeint sind Mechanismen und Verfahren, die menschliches Verhalten, Systemergebnisse etc. steuern. Dabei kann es sich sowohl um Gehalts- und Bonusstrukturen als auch um kulturelle Aspekte handeln.
- Mensch (M): Dieser Parameter der Gestaltung umfasst alle Mitglieder des Systems bzw. Projektteams.

Die thematisierten Gestaltungsparameter ergänzen, unterstützen oder blockieren sich gegenseitig und stehen darüber hinaus in einer wechselseitigen Abhängigkeit.[37]

Neben den skizzierten Methoden kann zur Visualisierung der Arbeitsorganisation auf die Methode des Visual Management[38] zurückgegriffen werden. Bei dieser Methodik nutzt die Organisation die Fotografie, um auf ausgewählte Verhaltensweisen im Unternehmen hinzuweisen. Es werden Fotos von konkreten Situationen im Unternehmen aufgenommen, z. B. die Organisation einzelner Büros, die Wege des Kunden durch die Organisation oder wo sich Mitarbeiter zur Kommunikation treffen. Anwender bestätigen die positiven Erfahrungen mit dieser Methode:

> *»Ferner werden durch die von den Mitarbeitern angefertigten Fotos Arbeitsstile, Handlungsmuster etc. deutlich.«*[39]

Entsprechend flexible und leistungsfähige Organisationsstrukturen bzw. Organisationsverhältnisse haben sich zu einem bedeutenden Wettbewerbsfaktor entwickelt.[40] Als Folge aus den sich verändernden Bedingungen und Anforderungen sind organisationale Systeme gezwungen, sich auf der einen Seite mit alternativen und neuen Organisationsstrukturen auseinanderzusetzen und auf der anderen Seite für die Befolgung und Beachtung von Regeln etc. zu sorgen. Im Management dieser und ähnlicher Widersprüche sieht Cichy »[...] das Material und die Chance zur Gestaltung einer erfolgreichen Zukunft des Unternehmens. Die bewußte, gezielte Auseinandersetzung mit diesen Widersprüchen kennzeichnet seine Stärke.«[41] Somit sind für das Management von Organisationen die Strukturen derart zu gestalten, dass genügend Freiräume für unternehmerisches Handeln auf sämtlichen Ebenen möglich sind und zugleich der Zusammenhalt des Ganzen nicht gefährdet wird.[42]

Die nachfolgende Tabelle zeigt mögliche Kennzahlen und Indikatoren zur Operationalisierung der Leistungsdimension »Struktur«.

---

37 Siehe zum OSTO-Modell auch Kapitel 3.2.3.2.
38 Zur Methode des Visual Management siehe auch spätere Erläuterungen im Rahmen der Kulturanalyse.
39 Gloger, A. (2002), S. 13.
40 Vgl. Wimmer, R./Schumacher, T. (2009), S. 184.
41 Cichy, U. (2001), S. 80.
42 Vgl. Wimmer, R./Schumacher, T. (2009), S. 184.

Kennzahl/Indikator	Kurzbeschreibung, Leitfragen	Methodik der Erhebung
Struktur-Strategie-Fit	Inwieweit unterstützen die vorhanden Strukturen die Umsetzung der Strategie? Existieren unterschiedliche Organisationsformen gleichzeitig und wie werden diese koordiniert?	Workshop, Befragung
Grad der Eigenständigkeit von Geschäftseinheiten oder Geschäftsbereichen	Inwieweit gibt es eigenständige Geschäftseinheiten oder Geschäftsbereiche, die flexibel auf Veränderungen der relevanten Umwelten reagieren können?	Befragung

4.2.2 Unternehmensentwicklungsperspektive: Werte schöpfen und Bedürfnisse befriedigen

Leistungsdimension Finanzen

Für die finanzwirtschaftliche Dimension wird eine Kombination aus allgemeinen, branchenunabhängigen sowie branchen- und strategiespezifischen Kennziffern vorgeschlagen. Als branchenunabhängige Größen gelten z. B.: Earnings before Interest, Taxes, Depreciation and Amortization (EBITDA), Return on Investment (ROI), Economic Value Added (EVA) bzw. Return on Capital Employed (ROCE). Im Kontext von Non-Profit-Organisationen bzw. Hochschulen könnten Kennziffern die maximale Ausschöpfung von Fördermitteln bzw. die Akquisition privatwirtschaftlicher Spendengelder sein.[43]

Für eine ganzheitliche Darstellung der monetären Dimension ist es unabdingbar, die strategischen Zielsetzungen dem Lebenszyklus[44] der Organisation bzw. des entsprechenden Unternehmensteils anzupassen. In Anlehnung an Kaplan und Norton lassen sich u. a. die folgenden Phasen unterscheiden:[45]

- Wachstum: Unternehmen, die sich in der Wachstumsphase befinden, stehen am Anfang des Lebenszyklus und verfügen über Dienstleistungen bzw. Produkte mit

43 Vgl. Alt, J. (2002), S. 15.

44 »Lebenszyklusanalysen besagen in ihrer allgemeinen Form, daß Produkte, Marken, Branchen oder Märkte, ähnlich natürlichen Organismen, eine begrenzte Lebensdauer aufweisen.« Bruhn (1998), S. 66. Der bekannteste Lebenszyklus ist der Produktlebenszyklus, der die Lebensdauer eines Produktes in die Phasen Entwicklung, Einführung, Wachstum, Reife und Alterung einteilt. Jede dieser einzelnen Phasen ist durch unterschiedlich hohe Umsätze, Deckungsbeiträge, Kosten, Investitionen etc. gekennzeichnet. Vgl. hierzu Meffert, H. (2000), S. 339ff. Analog zu diesen Ausführungen befindet sich auch ein Unternehmen in einer ganz bestimmten Phase im Lebenszyklus und lässt damit entsprechende Erwartungen im Hinblick auf die finanziellen Größen zu.

45 Vgl. Kaplan, R./Norton, D. (1997), S. 47ff.

einem großen Wachstumspotenzial. Aufgrund der hohen Aufwendungen zur Ausschöpfung dieser Potenziale können für diese Phase Ergebnis- und Umsatzwachstumsziele für bestimmte Kundengruppen, Zielmärkte bzw. Regionen definiert werden.
- Reife: Die Reifephase wird dadurch gekennzeichnet, dass sämtliche Basisinvestitionen getätigt wurden und nur noch Ersatz- bzw. Erweiterungsinvestitionen notwendig sind. Als finanzwirtschaftliches Ziel steht die Rentabilität des eingesetzten Kapitals im Vordergrund des Interesses.
- Ernte (Sättigung): Unternehmen in der Erntephase zeichnen sich dadurch aus, dass sie keine neuen Investitionen mehr durchführen, sondern vielmehr die vorher aufgebauten Potenziale nutzen. Das primäre Ziel ist in einer Maximierung des Cashflows zu sehen.

Kaplan und Norton haben weiterhin herausgefunden, dass die Ableitung eines geschlossenen Kennzahlennetzwerks zum einen von der Position im Lebenszyklus und zum anderen von der Auswahl der entsprechenden Strategie abhängig ist. Sie empfehlen, sich bei der Kennzahlengenerierung auf die drei folgenden Schwerpunkte zu konzentrieren:[46]
- Ertragswachstum und Ertragsmix,
- Kostensenkung und Produktivitätsverbesserung sowie
- Nutzung von Vermögenswerten und Investitionsstrategie.

Die Zweckmäßigkeit der unterschiedlichen Finanzziele ist von der spezifischen strategischen Ausrichtung[47] einer Organisation abhängig und vor diesem Hintergrund zu überprüfen.[48] Kenngrößen zum Ertragswachstum und Ertragsmix sind so zu formulieren, dass sie z. B. Informationen über Umsätze mit neuen Produkten, neuen Anwendungsfeldern bzw. neuen Kundengruppen bereitstellen. Mit dieser Vorgehensweise wird die Abschöpfung der vorhandenen Wachstumspotenziale sichergestellt. Hierbei sind Fragen nach der Ertragsstärke eines neuen Produkt- und Dienstleistungsmix sowie einer neuartigen Preisstrategie von besonderem Interesse. Mithilfe derartiger Maßgrößen lassen sich sowohl die Zusammensetzung der Umsätze bzw. Erträge als auch das Wachstum darstellen.

Hinsichtlich der Dimension Kostensenkung und Produktivitätsverbesserung sind eine Einführung prozesskostenorientierter Vorgaben bzw. Kennzahlen zur Visualisierung der Ressourcennutzung anzustreben.[49] Die Vermögensverwendung und die Investitionsstrategie als dritte Strukturierungsdimension haben den Charakter eines vorlau-

46 Vgl. dazu Kaplan, R./Norton, D. (1996), S. 51ff sowie Kaplan, R./Norton, D. (1997), S. 49ff.

47 Die strategische Ausrichtung einer Organisation steht für Kaplan, R./Norton, D. (1996), S. 48ff. in einem engen Zusammenhang mit der jeweiligen Positionierung im unternehmensbezogenen Lebenszyklus. Aus Vereinfachungsgründen unterscheiden sie lediglich die Phasen »Wachstum«, »Reife« und »Ernte«. Diese Vorgehensweise kann z. B. zu Schwierigkeiten der Zuordnung eines Unternehmens mit mehreren Produkten in verschiedenen Lebenszyklusphasen zu einer einzigen Phase führen.

48 Vgl. Kaplan, R./Norton, D. (1997), S. 47ff.

49 Zu den konkreten Kennzahlen dieser Dimension vgl. Kaplan, R./Norton, D. (1997), S. 54ff.

fenden Treibers. Für die inhaltliche Konkretisierung der Vermögensverwendung steht das Ziel der Kapitalkostensenkung im Vordergrund. Hierzu wird z. B. der Zeitraum zwischen der Bezahlung der Lieferantenrechnung und dem Erhalt der Kundenzahlung quantifiziert.[50]

Abbildung 88 zeigt denkbare Kennzahlen der Finanzperspektive und verdeutlicht zugleich den Zusammenhang zwischen der Kennzahlenauswahl und der lebenszyklusdeterminierten strategischen Stoßrichtung eines Unternehmens. Im Sinne eines konservativen Finanzgebarens sind die Einplanung und der Aufbau einer entsprechenden Liquiditätsreserve zweckmäßig.

	strategische Themen		
Lebenszyklusphase (als Determinante der Strategie)	**Ertragswachstum und Ertragsmix**	**Kostensenkung bzw. Produktivitätsverbesserung**	**Nutzung von Vermögenswerten und Investitionsstrategie**
Wachstum	Umsatzwachstumsrate pro Segment, Prozent der Erträge aus neuen Produkten, Dienstleistungen und Kunden	Ertrag pro Mitarbeiter	Investition (in % des Umsatzes), F&E (in % des Umsatzes)
Reife	Anteil an Zielkunden, Cross-Selling, prozentuale Erträge aus neuen Anwendungen, Rentabilität von Kunden und Produkten	Kosten des Umsatzes vs. Kosten bei der Konkurrenz, Kostensenkungssätze, indirekte Kosten (Verkauf in Prozent)	Kennzahlen für das Working Capital (Cash-to-Cash-Zyklen), ROCE pro Hauptvermögenskategorien, Anlagennutzungsrate
Ernte	Rentabilität von Kunden und Produktlinien, Prozentzahl der unrentablen Kunden	Einheitskosten (pro Outputeinheit, pro Transaktion)	Amortisation, Durchsatz

Abb. 88: Potenzielle Kennzahlen der finanziellen Perspektive und deren Abhängigkeit von der Strategie (nach Kaplan u. Norton, 1997, S. 50)

Leistungsdimension Prozesse

Um sowohl den unterschiedlichen Ansprüchen und Erwartungen der Kunden als auch weiterer relevanter Interessengruppen gerecht werden zu können, ist es unabdingbar, Prozesse zielorientiert zu realisieren bzw. auszuführen.[51] Die Studie von Bailom und Matzler identifizierte als zwei der wichtigsten Herausforderungen der Zukunft die

50 In diesem Zusammenhang sprechen Kaplan und Norton von einem sog. »cash-to-cash-cycle«. Vgl. Kaplan, R./Norton, D. (1997), S. 56ff.

51 Vgl. Horváth, P./Gleich, R. (1998), S. 564.

»Verbesserung der Kundenorientierung« sowie die »Prozessoptimierungen«.[52] Der permanente Wandel führt dazu, dass sich Organisationen mit einer entsprechenden Strategieentwicklung auf mögliche zukünftige Entwicklungen vorbereiten und ihre internen Gestaltungsprinzipien und Prozesse adaptieren müssen. So muss beispielsweise die traditionelle Funktionsgliederung einer Prozessorientierung weichen. Die Herausforderung für das einzelne Unternehmen lässt sich damit wie folgt zusammenfassen: »schnellere und wirtschaftlichere Bewältigung einer zunehmenden Vielfalt sich rasch ändernder Aufgaben.«[53] Als Konsequenz ist festzuhalten, dass es dabei nicht nur um die Verbesserung bereits bestehender Prozesse, sondern vielmehr um die Definition und Optimierung der vollständigen Wertschöpfungskette geht, die den gesamten Geschäftsprozess (zunehmend auch unternehmensübergreifend) abbildet. In diesem Zusammenhang können auch bisher nicht beachtete und völlig neue Geschäftsprozesse identifiziert werden.

Ausgehend von den organisationsspezifischen Kernkompetenzen gilt es zunächst, die organisationsbezogenen Kernprozesse abzuleiten.[54] Derartige Kernprozesse sind von hoher strategischer Bedeutung für das organisationale System und leisten einen direkten Beitrag zur Wertschöpfung.[55] Kaplan und Murdock definieren Kernprozesse als Prozesse, die neben der skizzierten strategischen Bedeutung quer zu den einzelnen Abteilungen verlaufen sowie den Entstehungsweg der Produkte bzw. Leistungen bis hin zum Kunden beschreiben.[56]

Neben den diskutierten Kernprozessen existieren auch sogenannte »Support- bzw. Unterstützungsprozesse«, die nicht zu den eigentlichen Kernkompetenzen der Organisation zählen. Zu diesen Prozessen zählen Tätigkeiten, die die eigentliche Leistungserstellung (Kernprozess) entlasten und unterstützen, wie technische Dienste, Hausverwaltung, Marktforschung, Rechnungswesen.[57]

Abhängig von der strategischen Ausrichtung[58] des organisationalen Systems lassen sich folgende drei kritische Prozesse identifizieren:

- Innovationsprozess (Strategie der Produktführerschaft),
- Betriebs- bzw. Produktionsprozess (Strategie der Kostenführerschaft) sowie
- Serviceprozess (Strategie der Kundenvertrautheit).

52 Vgl. Bailom, F./Matzler, K. (2009), S. 45.
53 Doppler, K./Lauterburg, C. (2005), S. 55.
54 Vgl. Suntrop, C. (1999), S. 20.
55 Vgl. Glatz, H./Graf-Götz, F. (2007), S. 201.
56 Vgl. Kaplan, R./Murdock, L. (1991), S. 29.
57 Zur Unterteilung und Charakterisierung der einzelnen Prozessarten siehe auch Osterloh, M./Frost, J. (2006), S. 36ff.
58 Treacy und Wiersema unterscheiden hierbei zwischen der Strategie der Produktführerschaft, der Kundenvertrautheit sowie der Strategie der operativen Excellence/Kostenführerschaft. Vgl. Treacy, M./Wiersema, F. (1995), S. 31ff. Unternehmen, die eine Strategie der Produktführerschaft verfolgen, legen besonderen Wert auf Innovationsprozesse. Unternehmen mit einer Strategie der Kundenvertrautheit werden ihre Service- bzw. Kundenmanagementprozesse hervorheben und Unternehmen, die eine Kostenführerschaft anstreben, müssen in ihren Produktionsprozessen herausragend sein. Vgl. Kaplan, R./Norton, D. (2004), S. 42.

Der Innovationsprozess bezieht sich auf die Identifikation der gegenwärtigen und v. a. der zukünftigen Bedürfnisbefriedigung der Kunden und relevanter Interessengruppen. Im Zentrum dieses Prozesses stehen Marktforschungsaktivitäten, die aktuelle und potenzielle Kunden- und Interessengruppenwünsche erfassen sollen. Damit muss der Innovationsprozess sämtliche Forschungs- und Entwicklungsaktivitäten umfassen, die einen Beitrag zur Konkurrenzfähigkeit der Organisation leisten.[59] Bedingt durch die zunehmende Wettbewerbsdynamik und den sich daraus ergebenden Folgen gewinnen Innovationen von Produkten, Dienstleistungen sowie Geschäftsmodellen eine besondere Bedeutung im Rahmen der Generierung von Wettbewerbsvorteilen gegenüber Konkurrenten.

Den Betriebs- bzw. Produktionsprozess definieren Kaplan und Norton als die Summe aller zwischen der Annahme des Auftrags und der Auslieferung des Produkts bzw. der Ausführung der Dienstleistung an den Kunden zu vollziehenden Aktivitäten.[60] Bei der Gestaltung solcher Prozesse steht die effiziente, beständige und pünktliche Lieferung der Produkte bzw. Ausführung der Dienstleistungen im Vordergrund. Aufgrund des repetitiven Charakters derartiger Prozesse bieten sich Managementtechniken der Prozesssteuerung und Prozessverbesserung zur Bewertung der Abläufe an.[61] Der Schwerpunkt der Analyse liegt hierbei auf Zeit-, Kosten- und Qualitätsgrößen.

Bei der Konkretisierung des Serviceprozesses betonen Kaplan und Norton die Kennzahlen Zeit, Qualität und Kosten.[62] Hervorgehoben wird die Zweckmäßigkeit der Bestimmung der Zeitspanne zwischen einer Kundenanfrage und der Problemlösung. Der Erfassung der sog. »first-pass-yields«,[63] d. h. aller Kundenanfragen, die mit einem einzigen Telefongespräch befriedigt werden können, wird ebenfalls eine besondere Bedeutung beigemessen.

EXKURS

Ein Praxisbeispiel

Im Rahmen der Unternehmensentwicklung eines Getränkeherstellers galt es u. a., die Prozesse zur Markteinführung von neuen Produkten zu hinterfragen und Impulse für deren Optimierung bzw. Neuausrichtung zu identifizieren. Hierfür sind von mehreren Teams die Erfolgsfaktoren für derartige Prozesse mithilfe von Legosteinen »gebaut« worden, wie Abb. 89 beispielhaft zeigt.

59 Vgl. Raps, A. (2003), S. 232.
60 Vgl. Kaplan, R./Norton, D. (1997), S. 100.
61 Vgl. Kaplan, R./Norton, D. (1997), S. 100ff.
62 Vgl. Kaplan, R./Norton, D. (1997), S. 102.
63 Vgl. Kaplan, R./Norton, D. (1996), S. 106.

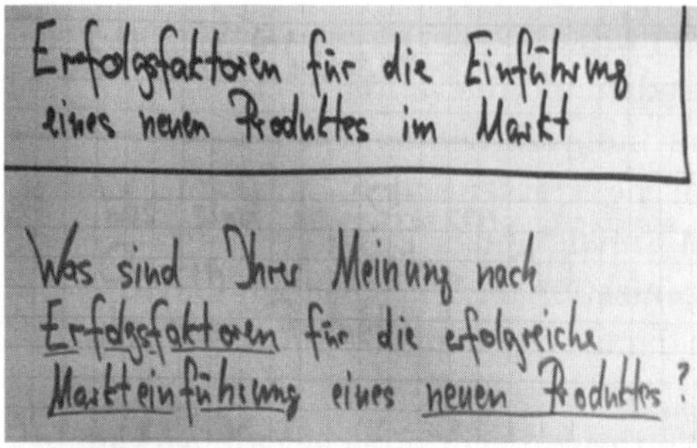

Abb. 89: Faktoren für die erfolgreiche Einführung neuer Produkte (eigene Darstellung)

Die nachfolgende Tabelle zeigt denkbare Kennzahlen und Indikatoren für die Leistungsperspektive »Prozesse«.

Kennzahl/ Indikator	Kurzbeschreibung, Leitfragen	Methodik der Erhebung
Dokumentationsgrad von Kernprozessen	Inwieweit sind die Kernprozesse dokumentiert?	Befragung
Messbarkeit der Prozesse	Besteht die Möglichkeit, die Qualität der Prozesse mit Kennzahlen zu messen?	Erhebung von Durchlaufzeiten, Zuordnung von Prozesskosten, Anzahl von Schnittstellen der Abteilungsübergänge
Bekanntheitsgrad der Kernprozesse	Inwieweit sind die (dokumentierten) Prozesse bekannt?	Befragung

Leistungsdimension Kunden und relevante Interessengruppen

Eine Kernfrage dieser Perspektive beschäftigt sich mit der Wahrnehmung der Organisation und ihrer Leistungen aus der Sicht der Kunden und relevanter Interessengruppen (Stakeholder).[64] Der Begriff der »Stakeholder« ist dem Kartenspiel entlehnt. Bei Kartenspielen werden Personen, die entsprechende Trümpfe auf der Hand halten, als Sta-

64 Vgl. Kaufmann, L. (1997), S. 425.

keholder bezeichnet.[65] Freeman übertrug den Begriff Stakeholder in den 1960er-Jahren auf die Organisationstheorie und verstand darunter »Individuen oder Gruppen, die die Ziele einer Organisation beeinflussen können oder die von deren Zielerreichung betroffen sind.«[66] Für die Sicherung der langfristigen Überlebensfähigkeit eines organisationalen Systems ist daraus folgend eine entsprechende lebendige Austauschbeziehung mit den Kunden und den relevanten Interessengruppen grundlegende Voraussetzung. So muss »[...] die Verbindung zwischen Organisation und ihren wichtigsten Umwelten kontinuierlich gesichert und gepflegt werden. Ohne Mitarbeiter, Kunden oder Lieferanten kann keine Organisation überleben.«[67] Ferner ist es unabdingbar, als Organisation ein gemeinsames Bild sowie eine klare Vorstellung bzw. Einschätzung hinsichtlich des relevanten Geschäftsumfelds zu haben. Diese gemeinsame Einschätzung wiederum bildet die Basis für das weitere und v. a. überlebenssichernde Wirtschaften des organisationalen Systems.

Zur langfristigen Sicherung der Überlebensfähigkeit eines organisationalen Systems ist die Zufriedenheit der Kunden und Interessengruppen mittels Befragungen oder entsprechender Dialoge von zentraler Bedeutung. Ferner gilt es, die Kunden und die relevanten Interessengruppen, den Markt, die Konkurrenz kontinuierlich zu beobachten und die Erkenntnisse aus diesen Analysen in der Organisation zu bearbeiten. Deshalb ist der kontinuierliche Austausch und Dialog sowie ein entsprechender Intensitätsgrad der Kooperation bzw. Zusammenarbeit mit diesen Gruppen sicherzustellen und anzustreben. Porter merkte in diesem Kontext an, dass die Bedürfniserfüllung wesentlicher Anspruchsgruppen als ein potenzieller Indikator für eine hohe Leistungsfähigkeit eines organisationalen Systems anzusehen ist.[68]

Neben den skizzierten Aspekten im Zusammenhang mit Kunden und relevanten Interessengruppen gewinnt die Attraktivität einer Organisation für qualifizierte Mitarbeiter eine zunehmende Bedeutung. Hierbei entwickelt sich laut Jäger und Lukasczyk das Thema des Talentmanagements zunehmend zu einem kritischen Erfolgsfaktor.[69] Für die langfristige Sicherstellung der Überlebensfähigkeit und zur Umsetzung der eigenen Visionen ist es für Organisationen von großer Wichtigkeit, attraktiv für gute Mitarbeiter zu sein.[70] Die Anzahl und Qualität von eingehenden Bewerbungen sowie die Personalfluktuationsrate können in diesem Kontext als Warnsignale interpretiert werden.

In der nachfolgenden Tabelle sind mögliche Kennzahlen und Indikatoren zur Operationalisierung der Leistungsdimension »Kunden und relevante Interessengruppen« zusammengestellt.

65 Vgl. König, E./Volmer, G. (2008), S. 124.
66 Freeman, E. (1984), S. 25.
67 Seliger, R. (2008), S. 33.
68 Vgl. Porter, M. (1999).
69 Vgl. Jäger, W./Lukasczyk, A. (2009), S. 5.
70 Vgl. Malik, F. (2008), S. 156.

Kennzahl/ Indikator	Kurzbeschreibung, Leitfragen	Methodik der Erhebung
Kundenzufriedenheitsindex	Wie zufrieden sind die Kunden mit den angebotenen Leistungen oder Produkten? Warum kaufen die Kunden die jeweiligen Leistungen oder Produkte des Unternehmens?	Befragung, Workshop
Einbindungsgrad von Kunden und Interessengruppen	Inwieweit werden Kunden und Interessengruppen in den Entwicklungsprozess eingebunden bzw. werden befragt?	Auswertung Teilnehmerlisten bzw. Befragung

4.2.3 Unternehmensentwicklungsperspektive: Organisation erneuern und lernen

Leistungsdimension Innovation

Der besondere Stellenwert von Innovationen in Organisationen kann u. a. durch eine Studie der Unternehmensberatung Boston Consulting Group (BCG) bestätigt werden. Laut dieser Umfrage (vgl. Abb. 90) bewerten über 50 % der befragten Personen das Thema Innovation als eines der drei wichtigsten Prioritäten in ihren jeweiligen Organisationen.

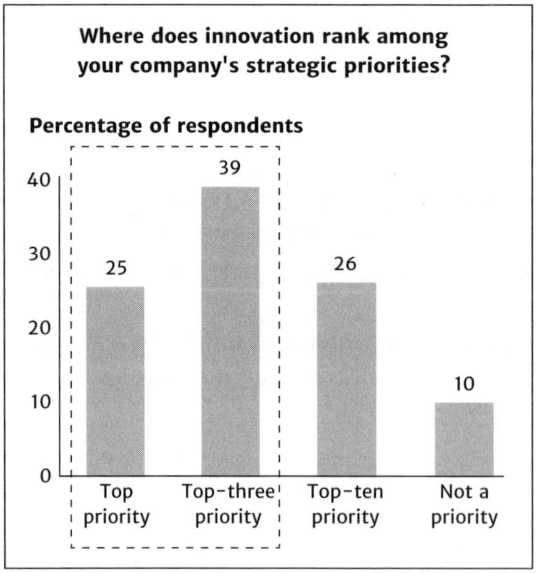

Abb. 90: Die besondere Bedeutung der Innovation für Unternehmen (nach Andrew u. a., 2009, S.8)

Diese Dimension kann als eine Art Frühwarnsignal für die Beurteilung der langfristigen Überlebensfähigkeit eines organisationalen Systems gesehen werden. Der Abwärtstrend einer Organisation kündigt sich in dem Moment an, wo die betreffende Organisation aufhört zu innovieren bzw. wo dessen Innovationskraft nachlässt.[71] Diese negative Entwicklung findet ihren Niederschlag im Finanz- und Rechnungswesen mit einer gewissen zeitlichen Verzögerung. Dann ist es oftmals schon zu spät für notwendige Korrekturen.

Auf die Frage nach der Innovationsleistung einer Organisation gibt es keine Standardantwort: »Die Frage ist zwar für alle Branchen und alle Unternehmen gleich; die Antworten sind aber in jedem Fall verschieden.«[72] »Innovation« als Begriff bedeutet nach seiner etymologischen Herkunft »Neuheit«, entlehnt aus dem Wort »innovatio«, das für »Erneuerung«, »Veränderung« steht.[73] In betriebswirtschaftlichen Kontexten wird immer dann von Innovation gesprochen, wenn wesentliche Neuerungen entwickelt wurden, die zu einem wirtschaftlichen Erfolg führen bzw. beitragen.[74] Bereits Schumpeter stellte vor ca. 100 Jahren fest, dass die Innovation nicht nur aus der Erfindung an sich besteht, sondern vielmehr auch die technische und organisatorische Umsetzung umfasst.[75] Trotz der besonderen Relevanz von Innovationen für die nachhaltige Überlebenssicherung von Unternehmen bleibt zu konstatieren, dass das Neue selten und eher zufällig entsteht.[76] Eine Studie der Unternehmensberatung Booz, Allen & Hamiliton identifizierte sechs Gründe, die die Bedeutung von Innovationen für organisationale Systeme benennen (vgl. Abb. 91).

Gründe für Innovationen	Häufigkeit der Nennung
Erhaltung der Position als »Produktinnovator«	46%
Verteidigung des erreichten Marktanteils	44%
Einstieg in zukünftige Märkte	37%
Besetzung eines Segments vor den Konkurrenten	33%
neuartige Anwendung einer Technologie	27%
Ausnutzung von Stärken im Vertrieb	24%

Abb. 91: Die Bedeutung von Innovationen für Unternehmen
(nach Bergmann u. Daub, 2006, S. 60f.)

Verstärkend hinzu kommt noch der Sachverhalt, dass organisationalen Systemen Erhaltungsmuster innewohnen, die soziale Systeme immer wieder aus ihren Elementen (z. B. Kommunikation, Gerüchte und Tratsch von gestern) neu erschaffen.[77] Um sub-

71 Vgl. Malik, F. (2008), S. 149ff.
72 Malik, F. (2008), S. 150.
73 Vgl. Kluge, F. (1995), S. 401f.
74 Vgl. Fagerberg, J./Mowery, D./Nelson, R. (2006) und Krafft, A./Ullrich, G. (2002), S. 58ff.
75 Vgl. Bleis, C./Helpup, A. (2009), S. 100.
76 Vgl. Bergmann, G./Daub, J. (2006), S. 31.
77 Vgl. Bergmann, G./Daub, J. (2006), S. 31.

stanziell Neues zu entwickeln, müssen jedoch Grenzen überschritten bzw. es muss »out-of-the-box« gedacht werden. Schumpeter spricht in diesem Kontext von der »schöpferischen Zerstörung«.[78]

Mentale Modelle und innere Einstellungen zu verhaltensrelevanten Themenbereichen sind die Barrieren, die Menschen daran hindern, Neues zu denken: »Was wir heute benötigen, steht oft in totalem Widerspruch zu dem, was in den Köpfen verankert ist.«[79] Um einen wirklichen und nachhaltigen Veränderungsprozess zu initiieren, gilt es, gemeinsam mit den Beteiligten neue Wege zu suchen und sich im Rahmen dieses Prozesses mit den relevanten mentalen Modellen zu befassen. Diese Denkstrukturen müssen in einem ersten Schritt bewusst gemacht werden, bevor sie anschließend hinterfragt und gegebenenfalls in einem letzten Schritt im Sinne eines Lern- und Übungsfelds verändert werden.[80] Ideen entstehen hierbei häufig in einer Art kreativem Chaos.[81] Erfolgreiche organisationale Systeme durchlaufen derartige Erneuerungsprozesse fortwährend, »weil sie nicht aufhören, Fragen zu stellen.«[82]

Bezogen auf die Messung und Steuerung der Innovationsleistungsfähigkeit von organisationalen Systemen im Rahmen des Konzepts der integrierten organisationalen Leistungsfähigkeit ist zwischen einer marktbezogenen Innovationsleistung und der Erneuerungskraft innerhalb eines Systems zu differenzieren. Zur Bestimmung der marktbezogenen Leistungsfähigkeit eignen sich Größen wie die Innovationsrate[83] oder die Zeit von der Idee bis zur Markteinführung (Time to Market). Zur Einleitung von organisationsinternen Innovationsprozessen sei auf das Konzept des »Innovationscoaching« nach der Augsburger Schule verwiesen (vgl. Abb. 92). Ziel dieses Konzepts ist die »bewusste Organisation« bzw. das Bewusstmachen der eigenen mentalen Modelle und unterschiedlichen Sichtweisen. Hierdurch werden die organisationsspezifischen Barrieren und Hindernisse offensichtlich und einem Kommunikations- und Veränderungsprozess zugänglich.[84]

---

78 Vgl. Doppler, K. (2009), S. 252.

79 Doppler, K. (2009), S. 252.

80 Vgl. Doppler, K. (2009), S. 252.

81 Holman führt in diesem Kontext die Möglichkeiten einer Selbstreflexion des organisationalen Systems bzw. seiner Mitglieder mithilfe von Großgruppeninterventionen wie der Open Space Technology (OST) an: »Ein Blick auf die Mechanismen eines OST-Events verdeutlicht das. Seine organisierenden Prinzipien und das Thema etablieren ordentliche Grenzen. Das Thema fungiert als positiver Veränderungskern — eine Frage, die tief in das kollektive Anliegen der Menschen hineinreicht und dadurch die Macht zur Transformation evoziert. In diesem Raum entwickelt sich immer eine intensive kollektive Reflexion. Die Menschen erkunden und hören einander zu und begreifen oft zum ersten Mal seit langem bestehende Differenzen. Sie handeln aus Leidenschaft und Verantwortlichkeit und aus einem tieferen Verständnis heraus. Mit anderen Worten: Aus der Ordnung heraus machen sie sich das Chaos zu eigen und was dabei herauskommt, sind unerwartete kreative und innovative Durchbrüche.« Holman, P. (2006), S. 267. Für nähere Informationen zur Open Space Technology vgl. Bonsen, M. zur (1998).

82 Bleis, C./Helpup, A. (2009), S. 100.

83 Die Innovationsrate beschreibt, wie viel Umsatz, Gewinn etc. mit Produkten bzw. Dienstleistungen, die nicht älter als drei bis fünf Jahren sind, gemacht werden. Vgl. Malik, F. (2008), S. 150.

84 Siehe hierzu auch die Ausführungen zur Augsburger Schule in Kapitel 2.3. Für eine detaillierte Beschreibung des Konzepts sei auf die Arbeiten von Tomaschek und Strobel verwiesen. Vgl. Tomaschek, N. (2007); Tomaschek, N./Strobel, M. (2007); Tomaschek, N./Strobel, M. (2006); Enzler, S./Strauß, T./Strobel, M. (2007).

Projektplanung
Projekterklärung
Projektvereinbarung
Projektorganisation

Projektdurchführung

Team aufbauen und Projekt konkretisieren
Beteiligte: Bedenken, Erwartungen, Wünsche transparent machen
Organisation: Zweck, Sinn, Vision klären
Projekt: Zielsetzungen festlegen

Hinsehen, lernen was ist und Verantwortung übernehmen
Modelle zu Material-, Informations- und Geldflüssen erstellen
Organisationsformen, Strukturen und Prozesse darstellen
Kooperationsfähigkeit, Betriebsklime, Motivation wahrnehmen
aktuelles Leistungsniveau bezüglich Zielsetzungen ermitteln

Hinter die Kulissen blicken und den Nebel lichten
zentrale Ursachen und Zusammenhänge erkennen
alte Störungen, Barrieren und Blockaden auflösen
neue Ressourcen entdecken

Kreative und innovative Ideen in den Fluss bringen
Soll-Niveau der Zielsetzung festlegen
Lösungen und Konzepte entwickeln
konkretes Maßnahmenprogramm ausarbeiten

Ins Tun kommen
Maßnahmenprogramm umsetzen
erste Erfahrungen sammeln
Anpassungen vornehmen

Projektabschluss
Ergebnisse und Erkenntnisse präsentieren
Ergebnisse mit Zielen abgleichen
weiteres Vorgehen planen

Abb. 92: Die Vorgehensweise des Innovationscoaching (nach Tomaschek, 2007, S. 542)

Neben einer risikoaversen Organisationskultur mit den entsprechenden Konsequenzen für die Innovationsfähigkeit und Innovationsleistung der Organisationen stellt die Auswahl der zukunftsträchtigen Innovationsprojekte eine der größten Hürden für Innovationen in Organisationen dar, wie Abb. 93 (S. 160) verdeutlicht.

Zur Bearbeitung der kulturellen Barrieren und Hürden eignet sich besonders das umrissene Konzept des Innovationscoaching. Hierbei werden neben einer gemeinsamen Vision v. a. die Schwierigkeiten bei der Erreichung dieser Vision offengelegt und

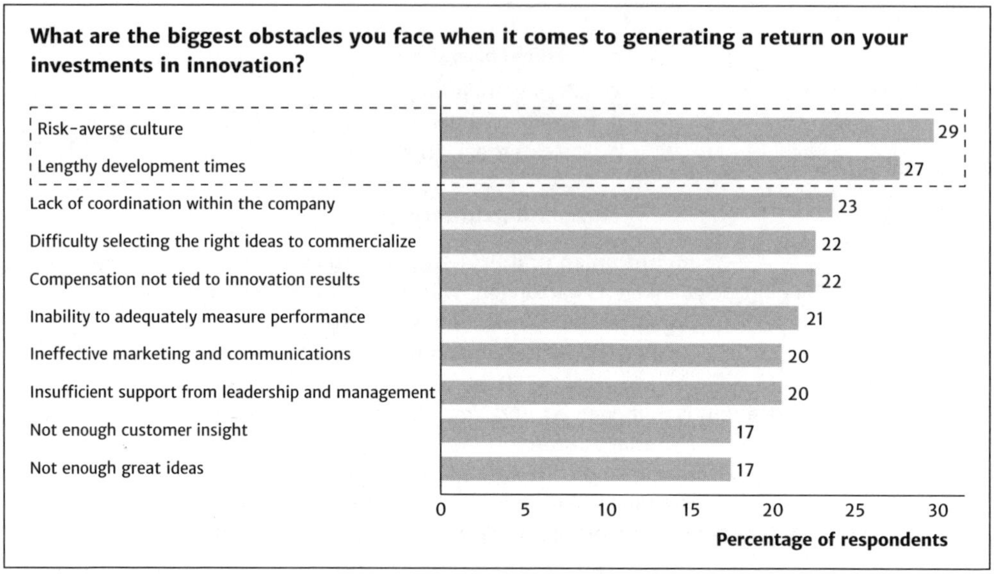

Abb. 93: Hürden bei der Innovationsgenerierung (nach Andrew u. a., 2009, S. 11)

damit kommunikativen Prozessen zugänglich gemacht. Zur Bewertung von unterschiedlichen Innovationsvorhaben ist es hilfreich, neben geeigneten qualitativen Faktoren auch eine Betrachtung der Projekte aus einer betriebswirtschaftlichen Perspektive vorzunehmen.[85] Entsprechende softwaregestützte Lösungen sind hierfür u. a. der PipelinePlanner der Perlitz Strategy Group.[86]

Die nachfolgende Tabelle zeigt mögliche Kennzahlen und Indikatoren zur Operationalisierung der Leistungsdimension »Innovation«.

Kennzahl/ Indikator	Kurzbeschreibung, Leitfragen	Methodik der Erhebung
Anzahl der Produkterneuerungen	Wie viele Produktverbesserungen und Neugestaltungen entstehen pro Jahr?	Auswertung Produktinnovationen
Grad der Prozesserneuerungen	Welche Prozessverbesserungen haben zu welchem Output geführt?	Matrix Prozessoptimierung
Planarbeitszeit für Innovationen	Wie viel Zeit sollen die Mitarbeiter geplant für Innovationen investieren? Besteht die Möglichkeit für Mitarbeiter, Zeit frei einzuteilen?	Arbeitszeitmodell Mitarbeiter

85 Vgl. Schug, K. (o. J.), S. 1f.

86 Für weitere Informationen siehe die Homepage der Firma Perlitz Strategy Group www.perlitzgroup.de.

Leistungsdimension Gestaltung

Offenbar ist es nicht einfach, eine wirksame und produktive Zusammenarbeit in Unternehmen bzw. in Teams zu entwickeln und zu erhalten. Menschen in Organisationen — Mitarbeiter und Führungskräfte — handeln individuell und häufig weit weniger rational, als ihnen selbst bewusst ist. In einer volatilen, komplexen, dynamischen und mit Unsicherheit behafteten Welt bringt ein Wechselspiel aus typischen individuellen Verhaltensmustern und selektiver Wahrnehmung Situationen hervor, in denen Zusammenarbeit und Führung zu scheitern drohen. Zusammenarbeit gelingt nicht einfach so, sondern ist an Voraussetzungen geknüpft (z. B. Vertrauen, bestimmte Kommunikationsformen, gemeinsames Zielverständnis). Gleiches gilt für Führung: Führung qua Funktion bzw. Macht wird nicht erfolgreich sein. Insofern benötigen Unternehmen über die rein quantitativen Steuerungsgrößen hinausgehende, ergänzende Informationsquellen, um zu erkennen, was am »Puls« des Unternehmens geschieht. Weitere relevante Fragen könnten z. B. sein:

- Werden die vereinbarten Themen in der Organisation umgesetzt?
- Wie entwickeln sich Themen, die sich nicht kurzfristig bzw. unmittelbar in Kennzahlen niederschlagen?

Zusätzliche und in der Praxis sehr hilfreiche Informationenquellen sind zum einen die Auseinandersetzung mit Beobachtungen (was wird von den Organisationsmitgliedern beobachtet und was nicht?) sowie die Reflexion und »Verarbeitung« dieser Wahrnehmungen und zum anderen das Lernen aus der Geschichte des Unternehmens. In Bezug auf die Beobachtung von relevanten Umwelten und deren Entwicklungen stehen Unternehmen vor einem Dilemma, denn man kann die Umwelt nicht vollständig erfassen, obwohl dies sicherlich hilfreich in der Auseinandersetzung mit Fragen der Überlebensfähigkeit und Unternehmensentwicklung wäre. Insbesondere bei Entwicklungsprozessen gilt es, ein entsprechendes Sensorium zu erarbeiten und die folgenden Leitfragen kontinuierlich gemeinsam zu bearbeiten:

- Was wird in der Organisation beobachtet (z. B. Stimmung der betroffenen Mitarbeiter, Feedback zu Workshops und Informationsveranstaltungen)?
- Wer im Unternehmen hat Zugang zu welchen hilfreichen Beobachtungen?
- Was geschieht mit dem Beobachteten bzw. wie werden die Erkenntnisse im weiteren Prozess genutzt und mit wem besprochen?

Das Beobachten und Reflektieren sind zwei sich wechselseitig bedingende und sich überschneidende Vorgänge. Ziel des Reflektierens ist die Verarbeitung der beobachteten Information. Hierfür bedarf es entsprechender Zeit und geeigneter »Räume«. Der wesentliche Nutzen der Reflexion ist trotz des scheinbaren Zeitaufwands die Schaffung einer gemeinsamen Grundlage für zu treffende Entscheidungen.

Des Weiteren liefern die Betrachtung und Untersuchung des bisherigen Lebenswegs des Unternehmens wertvolle Hinweise, wie bisher mit Veränderungen, Umbrüchen und Entwicklungsprozessen umgegangen worden ist. Fehlt z. B. dieser Prozess des Hinspürens, mit welchen Mustern das Unternehmen diese Entwicklungen bearbeitet, könnte das Führungsteam entsprechend naiv an Entwicklungsprozesse herangehen und verfügbares organisationsspezifisches Wissen zum Umgang und zur Bearbeitung derartiger Veränderungs- und Entwicklungsprozesse vernachlässigen.

EXKURS

Ein Praxisbeispiel

Im Rahmen eines Workshops zur Unternehmensentwicklung bei einem weltweit tätigen Transport- und Logistikunternehmen ist zur Steuerung des Prozesses von den Mitgliedern eines Sound Boards ein Radar erarbeitet worden. In einem ersten Schritt (vgl. Abb. 94) haben Kleingruppen die drei aus ihrer Sicht wichtigsten Faktoren für erfolgreiche Entwicklung und Veränderung mithilfe von Legosteinen »gebaut« und den anderen Gruppen vorgestellt. In einem nächsten Schritt (vgl. Abb. 95) hat die Gruppe aus den einzelnen Modellen ein gemeinsames Erfolgsfaktorenmodell entwickelt.

Abb. 94: Faktoren für eine erfolgreiche Entwicklung und Veränderung (eigene Darstellung)

Abb. 95: Das gemeinsame Erfolgsfaktorenmodell (eigene Darstellung)

Dieses gemeinsame Modell bildet die Basis für die Entwicklung eines Radars. Hierbei hat die Gruppe die folgende Aufgabenstellung geleitet:

- Woran machen wir in Bezug auf die Erfolgsfaktoren fest, dass wir auf dem »richtigen« Weg der Entwicklung bzw. Umsetzung sind?
- Bitte entwickeln Sie in Kleingruppen Fragen zur »Messung« der jeweiligen Erfolgsfaktoren und stellen diese im Plenum vor!

Für den Radar sind die in Abb. 96 aufgeführten Dimensionen mit den entsprechenden Leitfragen entwickelt worden.

	Bewertungsfelder	Frage
1	Transparenz über klare Zielvorstellung und Zielerreichung	Die Ziele der anstehenden Veränderungen insbesondere aus »Zukunft Bahn« sind uns klar?
2	Planung	Inwieweit haben wir einen klaren Plan, wie wir bei der Ziel-erreichung bzw. Umsetzung der Veränderungen vorgehen wollen?
3	Stimmung	Wie ist die Stimmung der Mitarbeiter im Kundenservice in Bezug auf die anstehenden Veränderungen?
4	Information	Inwieweit sind die Mitarbeiter im Kundenservice ausreichend über die Veränderungen informiert?
5	Veränderungs-bereitschaft der Mitarbeiter	Inwieweit sind die Mitarbeiter im Kundenservice bereit, die Veränderungen mitzugehen?
6	Befähigung	Fühlen wir uns ausreichend befähigt, die Veränderungen umzusetzen?
7	Zusammenarbeit Vertrieb & Produktion	Inwieweit funktioniert die Zusammenarbeit und Abstimmung zwischen Vertrieb und Produktion?
8	Veränderungsbereitschaft der Kunden	Inwieweit sind die Kunden bereit, die Veränderungen mit uns zu leben?
9	Lernen von Mitbewerbern	Inwieweit können wir etwas von unseren Mitbewerbern lernen?

Abb. 96: Dimensionen und Leitfragen für den Radar (eigene Darstellung)

In einem weiteren Schritt folgt dann eine erste Bewertung der einzelnen Dimensionen anhand des Schulnotensystems durch die gesamte Gruppe. Abbildung 97 zeigt das sich daraus ergebende Radar.

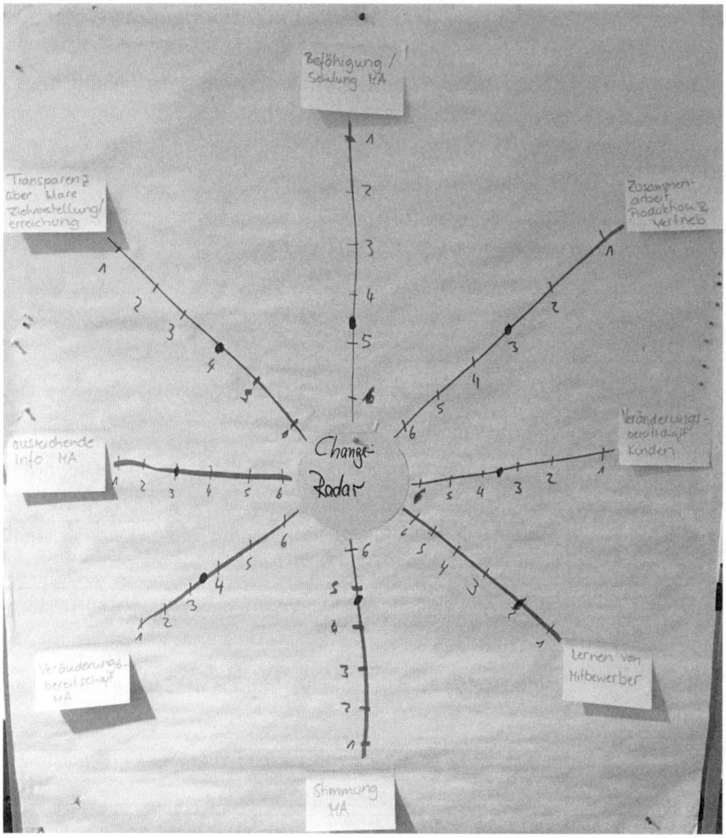

Abb. 97: Das entwickelte Radar (eigene Darstellung)

In der nachfolgenden Tabelle sind mögliche Kennzahlen und Indikatoren zur Operationalisierung der Leistungsdimension »Gestaltung« zusammengestellt.

Kennzahl/ Indikator	Kurzbeschreibung, Leitfragen	Methodik der Erhebung
Bewertung der einzelnen Radardimensionen (im zeitlichen Verlauf)	Inwieweit hat sich die Bewertung der einzelnen Dimensionen verbessert/verschlechtert?	Bearbeitung Radar mit Sounding Board Team
Klarheit für Mitarbeiter und Führungskräfte über Gestaltungsmaßnahmen im Unternehmen	Wie gut kennen die Mitarbeiter und Führungskräfte die Gestaltungsmaßnahmen und können diese Kriterien zuordnen (strategischer Fokus, Optimierungshintergrund usw.)?	Befragung der Mitarbeiter und Führungskräfte
Anzahl umgesetzter Maßnahmen aus dem Radar	Umsetzungsgrad der aus der Radarbewertung abgeleiteten Maßnahmen	Monitoring der Maßnahmenumsetzung in Rahmen von Besprechungen

Leistungsdimension Lernen

Über die zunehmende Bedeutung von Lernen und Wissen besteht sowohl in der wissenschaftlichen Diskussion als auch in der unternehmerischen Praxis Einigkeit.[87] Den besonderen Stellenwert des Wissens bzw. Lernens und der knappen Ressource des Wissensarbeiters verdeutlicht Abb. 98.

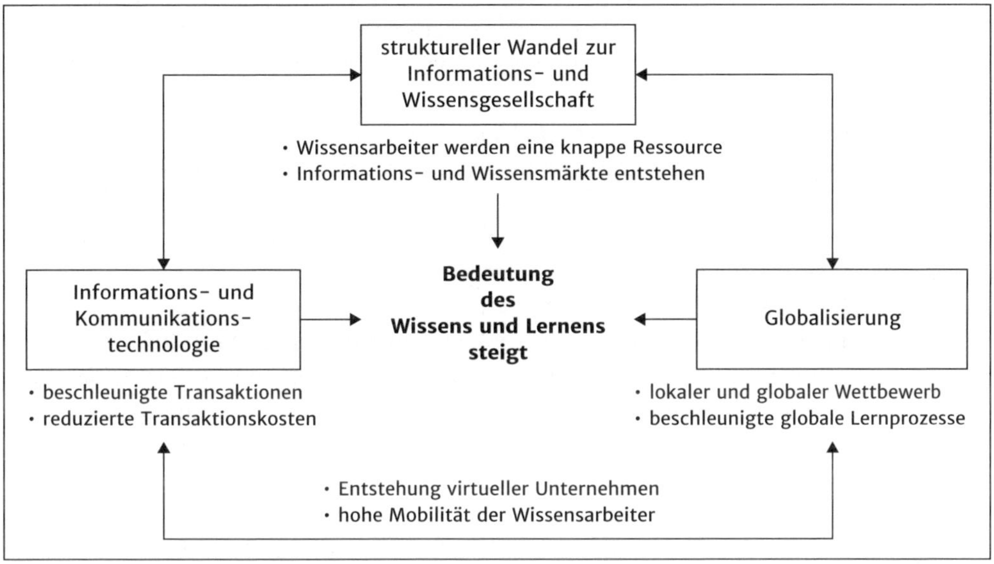

Abb. 98: Die zunehmende Bedeutung des Wissens und Lernens (nach North, 1998, S. 15)

Willke stellt in diesem Zusammenhang fest, dass auf der Grundlage der globalen Veränderungen Wissen und Expertise besondere und v. a. knappe Ressourcen darstellen.[88] Ferner prägt der Umgang mit Wissen die Wissensgesellschaft in dem Ausmaß, wie die Epoche der Industriegesellschaft vom Umgang mit Kapital maßgeblich beeinflusst und geprägt ist.[89] Somit stehen Wissen und Lernen auf der Basis eines systemischen Verständnisses in einem engen Zusammenhang.[90]

»Je besser es eine Organisation versteht, mit ihren Wissensressourcen umzugehen, umso leichter kann sie auf Umfeld- und Marktveränderungen reagieren und/oder innovative Prozesse anstoßen — und damit beweist sie Lernfähigkeit sowohl im Sinne des Anpassens als auch im Sinne des aktiven Gestaltens. Die Lernfähigkeit einer Organisation und ihrer Mitglieder stellt insbesondere in der Wirtschaft mit wachsendem Druck am Markt in jedem Fall einen zentralen Wettbewerbsfaktor dar. Eine notwendige Bedingung für das Lernen der gesamten Organisation sind die Lernbereitschaft und -fähigkeit der Mitarbeiter und eine Organisa-

87 Vgl. zu diesem Diskurs die Beiträge von Wolf, P./Hilse, H. (2009), S. 118ff.; Davenport, T./Prusak, L. (1998); Grant, R. (1996); Nonaka, I. (1991), Teece, D. J. (1998).

88 Vgl. Willke, H. (1999), S. 78.

89 Vgl. Willke, H. (1999), S. 80.

90 Vgl. Wolf, P./Hilse, H. (2009), S. 121.

tionskultur, in der kontinuierlicher Wissens- und Erfahrungsaustausch zum integralen Bestandteil gehören.«[91]

Folglich werden die Wettbewerbsfähigkeit und damit auch die langfristige Überlebensfähigkeit eines organisationalen Systems wesentlich von der Fähigkeit beeinflusst, bereits vorhandenes Wissen, z. B. die Erfahrungen und Fähigkeiten seiner Mitarbeiter, zu integrieren. Hierauf aufbauend können organisationale Systeme als Institutionen zur Integration von Wissen verstanden werden.[92] Coenenberg bemerkt hierzu treffend:

»Die Leistungsfähigkeit eines [...] Systems hängt nicht primär von der Qualität seiner Elemente ab, sondern wird entscheidend durch das zwischen ihnen bestehende Beziehungsnetzwerk bestimmt.«[93]

Aus dieser Erkenntnis ergeben sich die folgenden Schlussfolgerungen für ein systemtheoretisches Verständnis für Lernen und Wissen:

- Wissen ist ein bewährtes Muster zur Problemlösung im Umgang mit Informationen. Im Vergleich zur traditionellen Managementtheorie ist Wissen nicht ein zeitbeständiger Vorrat oder eine vergleichbare Ressource wie Arbeit, Boden und Kapital. Wissen lässt sich vielmehr durch seine Systemgebundenheit, seine Perspektivität, seinen Einfluss auf die Interpretation und Entscheidung sowie seine Tendenz zur Selbstbestätigung charakterisieren.[94]
- Organisationales Wissen wird durch eine kontinuierliche Bestätigung veränderungsresistent und kann mithilfe von Lernen verändert bzw. angepasst werden.
- Lernprozesse müssen in eine Struktur integriert sein, die Wissenstransformation durch die Anschlussfähigkeit an neue Wahrnehmungs- und Entscheidungsmuster ermöglicht.
- Lernen stellt einen sozialen Prozess dar. Im Rahmen dieses Prozesses wird die Realität gemeinsam (re-)konstruiert. Der individuelle Lernprozess ist hierbei zugleich sozial und individuell. Als sozial ist dieser Prozess anzusehen, weil individuelles Lernen nicht ohne eine Übernahme bzw. nicht ohne das Hineinversetzen in die Perspektive eines anderen möglich ist. Die individuelle Dimension des Lernens zeigt sich darin, dass derartige Prozesse auch immer zugleich Prozesse der individuellen Identitätsbildung anstoßen.[95]
- Individuelles Lernen kann zu einem organisationalen Lernen führen, wenn es den Organisationsmitgliedern gelingt, Lerninhalte anschlussfähig in Bezug auf die Wahrnehmungs- und Entscheidungsmuster des organisationalen Systems zu transportieren bzw. zu kommunizieren.[96]

---

91 Reinmann-Rothmeier, G./Mandl, H./Erlach, C. (2001), S. 70.
92 Vgl. Grant, R. (1996), S. 380; Nonaka, I. (1994); Teigland, R. (2003), S. 125f.
93 Coenenberg, A. (1966), S. 78.
94 Vgl. Wolf, P./Hilse, H. (2009), S. 128.
95 Vgl. Wolf, P./Hilse, H. (2009), S. 127.
96 Vgl. Wolf, P./Hilse, H. (2009), S. 129.

Als Konsequenz aus den sich verändernden Rahmenbedingungen, der zunehmenden Dynamik und Komplexität, ausgelöst durch veränderte Kundenbedürfnisse, technologische Entwicklungen etc., wird es für organisationale Systeme zunehmend wichtiger, Neues wie etwa Wissens- und Ideenmanagement oder Innovationen hervorzubringen.[97,98] Die Generierung von Neuem kann hierbei erfolgreich stattfinden, wenn es gelingt, individuelle Lern- und Reflexionsprozesse zu initiieren, die neues Wissen hervorbringen, vorhandenes Wissen explizieren und austauschen sowie das Wissen nutzen.[99]

Wissen und Lernen sind zwei Prozesse, die in Organisationen grundsätzlich immer stattfinden, jedoch nur begrenzt steuerbar sind, da sie der organisationsspezifischen Logik folgen.[100] Deshalb ist es für das Management besonders wichtig, die spezifische Organisationslogik zu erfassen und geeignete Strukturen und Prozesse für Wissen und Lernen zu eröffnen. McDermott fast die in Abb. 99 dargestellten wesentlichen Hebel zur wissensbildenden und -generierenden Potenzialerhöhung zusammen.

Implications for Leveraging Knowledge

- To leverage knowledge, develop communities.
- Focus on knowledge important to both to the business and to people.
- Create forums for thinking as well as systems for sharing information.
- Let the communitiy decide what to share and how to share it.
- Create a community support structure.
- Use the community‘s terms for organizing knowledge.
- Integrate sharing knowledge into the natural flow of work.
- Treat culture change as a community issue.

Abb. 99: Implications for Leveraging Knowledge (nach McDermott, 1999, S. 111)

In Anlehnung an McDormatt scheint der Schlüssel zu effektivem Wissensmanagement in organisationalen Systemen in der transparenten Gestaltung der kollektiven Wissensbildung und Wissensgenerierung zu liegen.[101] Dabei gewinnen sogenannte Communities of Practice zunehmend an Bedeutung. Sie können wie folgt definiert werden:

> *»Eine Community of Practice ist eine Gemeinschaft von Personen, die aufgrund eines gemeinsamen Interesses oder Aufgabengebietes über formale Organisationsgrenzen hinweg miteinander interagieren (virtuell und/oder face-to-face) mit dem Ziel, Wissen in einem für*

97 Vgl. O‘Conner, K. (2003).
98 Vgl. Probst, G./Raub, S./Romhardt, K. (1997).
99 Vgl. Reinmann-Rothmeier, G./Mandl, H./Erlach, C. (2001), S. 71.
100 Vgl. Wolf, P./Hilse, H. (2009), S. 129.
101 Vgl. Probst, G./Doughty, H./Raub, S. (2000).

das Unternehmen relevanten Themengebiet gemeinsam zu entwickeln, zu (ver-)teilen, anzuwenden und zu bewahren.«[102]

Ferner ist eine Community of Practice ein selbstentstandenes bzw. gezielt vom Management initiiertes, selbstorganisiertes Netzwerk von Mitarbeitern, wobei die Personen des Netzwerkes

- ein gemeinsames Interesse oder Aufgabengebiet haben,
- eine gewachsene soziale Identität besitzen,
- flexibel zusammensetzbar sind,
- persönliche und gemeinschaftliche Ziel verfolgen,
- Wissen, das für das organisationale System relevant ist, organisationsübergreifend entwickeln, austauschen, anwenden sowie bewahren,
- sich virtuell und/oder persönlich treffen und
- freiwillig Mitglieder dieser Community of Practice sind.[103]

In diesem Kontext sei nochmals auf die positiven Effekte einer bewussten Wahrnehmung von selbstorganisatorischen Prozessen verwiesen. Holman hebt diese wie folgt hervor:

> »*Wenn Gruppen sich auf Selbstorganisation verpflichten, scheinen drei Merkmale im Vordergrund zu stehen:*
> - *Ein positiver Veränderungskern oder ein tief empfundenes Ziel gibt Richtung und bindet die Gemeinschaft zusammen.*
> - *Die Menschen handeln aus Leidenschaft und Verantwortlichkeit.*
> - *Reflexion und Erkundung fließen und münden schließlich in Aktion ein.*«[104]

Eine empirische Untersuchung zu Wissensnetzwerken konnte die leistungsfördernde Wirkung von Communities of Practice nachweisen. Die Einführung von Communities of Practice führte zu Prozessoptimierungen, einer verbesserten Effektivität und Produktivität, einer verkürzten Einarbeitungszeit durch Lernkurveneffekte sowie zur Generierung von Innovationen.[105] Zusammengefasst lässt sich konstatieren, dass die Community of Practice »einen positiven Einfluss auf den Unternehmenserfolg« hat.[106]

In Bezug auf die langfristige Sicherstellung der Überlebensfähigkeit spielt neben der Schaffung von Reflexions- und Lernmöglichkeiten auch die Dokumentation vorhandenen Wissens eine zentrale Rolle. Bei der Dokumentation von Wissen eignet sich das Konzept Wissenslandkarten. Hierbei wird z. B. optisch sichtbar, wie eine bestimmte Person in das Geflecht des Unternehmens und der Interessengruppen eingebunden ist und welche Aufgaben sich damit verbinden. Mithilfe dieser Methode wird wertvolles Wissens greifbar gemacht. Abb. 100 zeigt den Ablauf des Wissenstransfers:

102 Zboralski, K. (2006), S. 30.
103 Vgl. Zboralski, K. (2006), S. 59.
104 Holman, P. (2006), S. 267.
105 Vgl. Zboralski, K. (2006), S. 229.
106 Zboralski, K. (2006), S. 229.

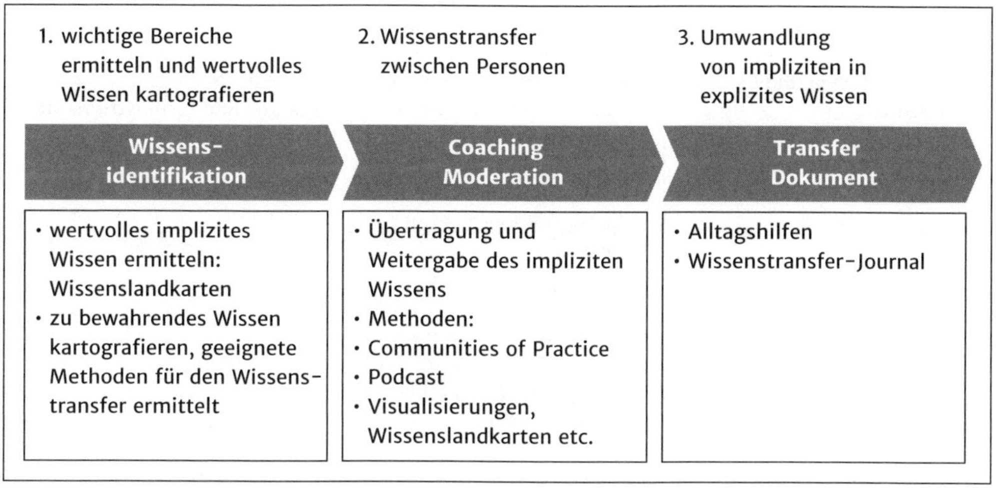

Abb. 100: Methodik zum Wissenstransfer (nach Ackermann, 2009, S. 29)

Ein weiterer Ansatz, der Wissens- und Lernprozesse anstoßen kann, ist das Konzept des selbstorganisierten Lernens.[107] Hierbei geht es um einen Perspektivenwechsel zu einem eigenverantwortlichen Lernen mit dem Ziel der Kompetenzentwicklung. Die Initiative für einen derartigen Lernprozess geht stets vom Mitarbeiter aus, der selbst darüber entscheidet, was sein Lernziel ist, in welcher Zeit, an welchem Ort, welche Inhalte, mithilfe welcher Methoden und Ressourcen bzw. mit welchem Lernpartner der Lernprozess stattfinden soll.

Die nach den Smart-Kriterien[108] definierten Lernziele werden in einem Lernvertrag fixiert. Dieser Vertrag gilt nicht als Kontrollinstrument, sondern hilft dem Mitarbeiter vielmehr bei der Planung, der Durchführung sowie der Bewertung des individuellen Lernprozesses. Die Bewertung dieser Maßnahmen lässt sich mithilfe der Instrumente und Methoden aus den anderen Dimensionen bzw. aus diversen Perspektiven (z. B. regelmäßige Kunden-, Interessengruppenbefragungen oder einer Mitarbeiterbefragung im Hinblick auf die Zufriedenheit) durchführen.

Die nachfolgende Tabelle zeigt mögliche Kennzahlen und Indikatoren für die Leistungsdimension »Lernen«.

Kennzahl/ Indikator	Kurzbeschreibung, Leitfragen	Methodik der Erhebung
Qualität der Lernverträge	Inwieweit werden die Lernverträge mit Mitarbeitern und Führungskräften erfüllt?	Qualitätsmessung Lernverträge

107 Für eine detaillierte Beschreibung dieses Konzeptes siehe Deitering, F. (2001); Cunnigham, I./Bennett, B./Dawes, G. (2001).

108 Smart steht für spezifisch, messbar, attraktiv, realistisch, terminiert.

Kennzahl/ Indikator	Kurzbeschreibung, Leitfragen	Methodik der Erhebung
Lernumgebungen und Lerninstrumente	Welche Lernumgebungen und Lerninstrumente werden den Mitarbeitern und Führungskräften zur Verfügung gestellt (Workshopräume an der Produktion, Outdoormeetings, Planspiele usw.)?	Soll-Ist-Vergleich Lernumgebungen und Lerninstrumente
Verbreitungsgrad von selbstgesteuertem Lernen	Inwieweit erfolgt die persönliche Weiterentwicklung selbstgesteuert (jeder Mitarbeiter hat ein festes Budget, über das er verfügen kann)?	Befragung
Verbreitungsgrad von Tandems, Patenschaften oder Mentoringmodellen	Inwieweit gibt es Tandems, »Patenschaften« aus erfahrenen und jungen Kollegen, die dem Know-how-Transfers dienen?	Interviews, Befragung
Anzahl und Qualität der Feedbackschleifen	Welche Feedbackschleifen sind als Standard etabliert und werden mit welcher Qualität durchgeführt?	Feedbackschleife Individualebene, Teamreflexionen, Qualitätsrückführung Abteilungs-/ Unternehmensoutput

4.2.4 Unternehmensentwicklungsperspektive: Zusammen arbeiten und Individuen entwickeln

Leistungsdimension Individuum

Zur Sicherung der langfristigen Überlebensfähigkeit eines organisationalen Systems in einem von stetiger Veränderung gekennzeichneten Wettbewerbsumfeld spielen Menschen eine zentrale Rolle. Als einer der zentralen Indikatoren innerhalb dieser Perspektive fungiert die Zufriedenheit der betreffenden Person. Die Zufriedenheit wiederum steht in einem engen Zusammenhang zur Treue sowie zur Leistungsfähigkeit der Personen, die einen Einfluss auf die erzielten Ergebnisse haben. Die herausragende Stellung der Zufriedenheit basiert auf einem empirischen Zusammenhang zwischen der Zufriedenheit der Person und der Kundenzufriedenheit.[109] Der Indikator Zufriedenheit kann mithilfe von regelmäßig durchgeführten Zufriedenheitsbefragungen ermittelt werden. Wie Abb. 101 zeigt, wird er ferner durch die Faktoren Motivation, Kultur, Werte, Arbeitsklima, Strukturen (z. B. technologische Infrastruktur) sowie durch die entsprechenden Fähigkeiten bestimmt.

109 Vgl. Kaplan, R./Norton, D. (1997), S. 124ff.

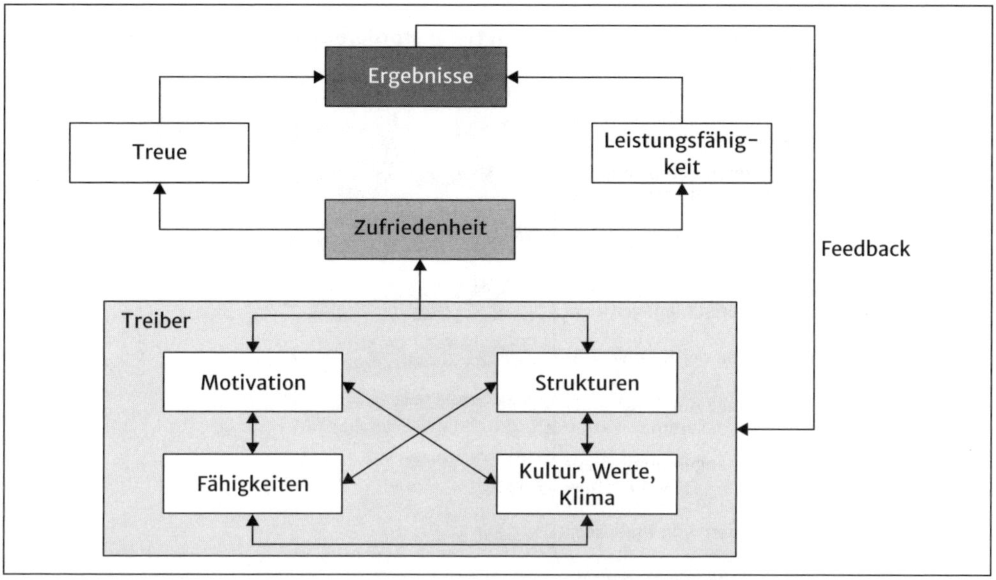

Abb. 101: Wesentliche Zusammenhänge der Mensch-Dimension (nach Kaplan u. Norton, 1997, S. 124)

Die Einflussgrößen Kultur, Werte sowie Strukturen sind bereits im Rahmen der Kapitel 4.2.2. und 4.2.3. erläutert worden, so dass auf eine erneute Thematisierung verzichtet werden kann. Ausgehend von der Vision und der Strategie des organisationalen Systems sind die für die langfristige Überlebensfähigkeit relevanten Fähigkeiten der Mitarbeiter abzuleiten sowie in entsprechenden Anforderungsprofilen zu beschreiben. Mithilfe von Testverfahren (z. B. Insights Discovery, MBTI-Test oder DISG-Methode) können die Deckungsgrade ermittelt und notwendige Entwicklungsmaßnahmen definiert werden.

Wie bereits mehrfach erwähnt, werden Veränderungsprozesse für organisationale Systeme zur Sicherung der langfristigen Überlebensfähigkeit immer bedeutsamer. In diesem Zusammenhang entwickelt sich die Veränderungsbereitschaft der Mitarbeiter und der betroffenen Personen zu einem zentralen Erfolgsfaktor.[110] Eine Umfrage von IBM aus dem Jahre 2007 weist aus, dass in der Veränderung von Einstellungen und Verhaltensweisen eine der größten Herausforderungen zu sehen ist (vgl. Abb. 102, S. 172).

Eine Veränderung des Verhaltens ist hauptsächlich abhängig von den Bedingungen der Person und der jeweiligen Situation. Damit umfasst die Veränderungsbereitschaft, was in einer Person und in ihrer Beziehung zu anderen Personen bzw. in ihrem Verhältnis zum organisationalen System die Bereitschaft für Veränderungen und Neues beeinflusst.[111] Ferner beeinflusst die Veränderungsbereitschaft die Umsetzungsgeschwindigkeit der Veränderungen. Wird im Rahmen eines Veränderungsvorhabens die Übernahme von bestimmten Verhaltensweisen angestrebt, so kommt es neben den hierzu erforderlichen Fähigkeiten und Kompetenzen auch darauf an, dass die betroffene

110 Vgl. Rodenstock, B. (2007), S. 14.
111 Vgl. Rodenstock, B. (2007), S. 15.

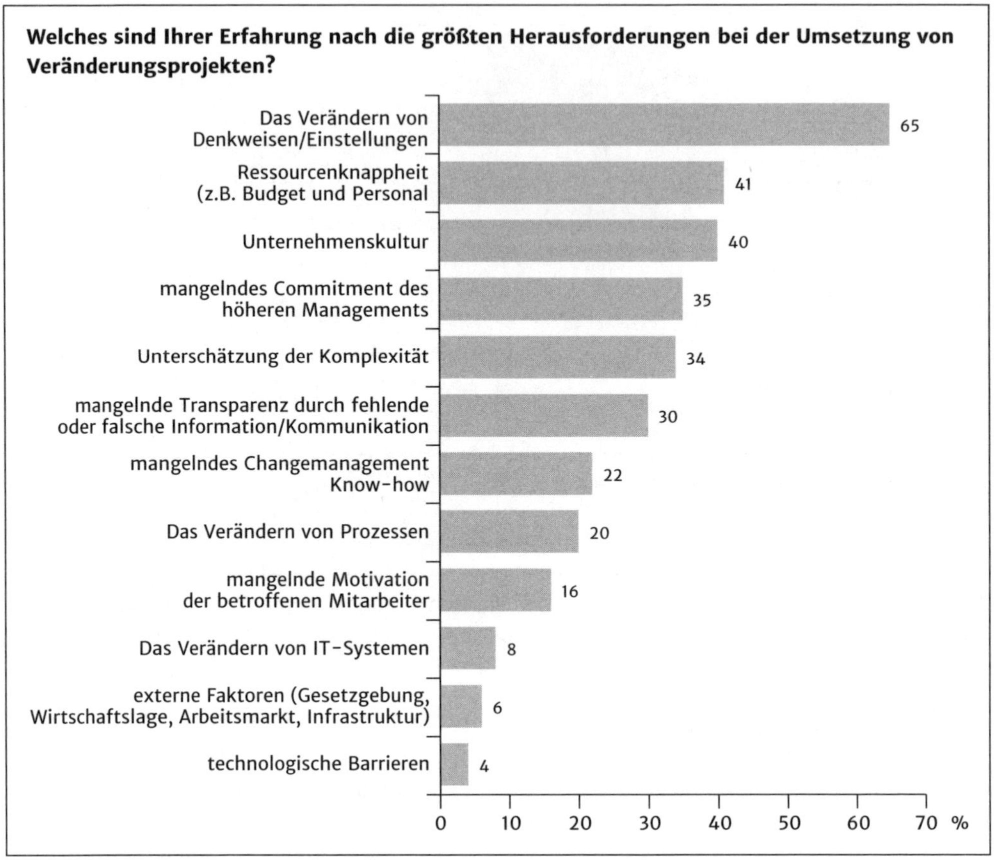

Abb. 102: Herausforderungen bei der Umsetzung von Veränderungsvorhaben (nach Jørgensen u. a., 2007, S. 7)

Person die mit dem Vorhaben verbundenen Ziele für sinnvoll und zweckmäßig einschätzt. Die Motivation, verstanden als die Summe aller Beweggründe, prägt letztendlich das Handeln sowie die Entscheidungen einer Person.[112] Ein entsprechendes Engagement der beteiligten Personen wird nur erzielt, wenn es gelingt, dass sich die Betroffenen auch emotional einbringen können.

In diesem Zusammenhang ist der Faktor Wollen ein personenabhängiger Faktor, der entsprechende Verhaltensänderungen bewirken kann. Abbildung 103 zeigt ein Ursache-Wirkungs-Diagramm für den Faktor Wollen sowie die Notwendigkeit, bei den Beteiligten neben der extrinsischen v. a. eine intrinsische Motivation für das Vorhaben auszulösen.

112 Vgl. Rodenstock, B. (2007), S. 18.

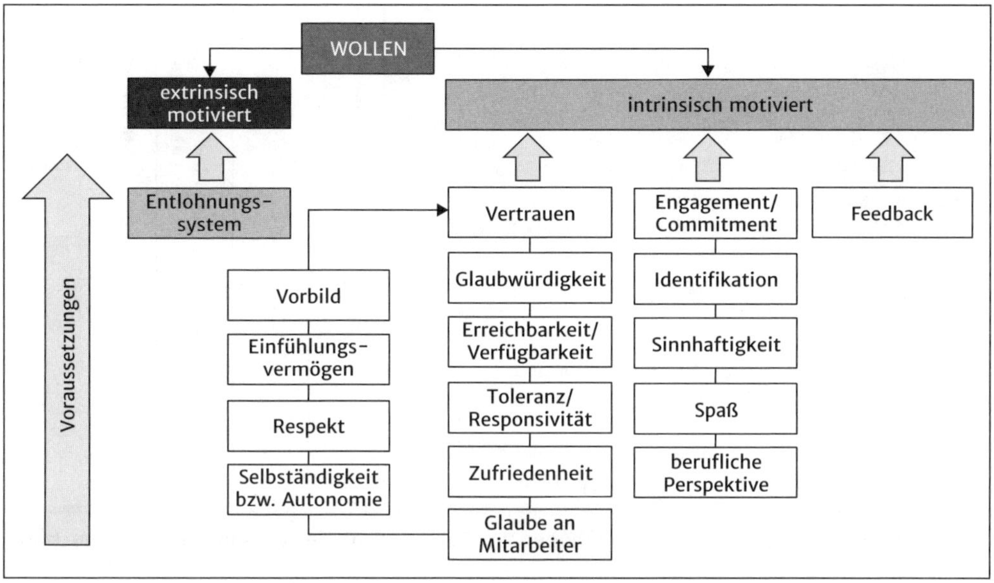

Abb. 103: Ursache-Wirkungs-Diagramm für den Faktor Wollen (nach Rodenstock, 2007, S. 17)

Die Veränderungsbereitschaft kann auf der Basis eines Fragebogens erfasst und entsprechend bewertet werden (vgl. Abb. 104). Hierbei wird Folgendes unterstellt: Je größer die Bereitschaft für Veränderungen ist, desto zufriedener sind die Personen und desto effizienter werden die entsprechenden Veränderungen umgesetzt.

	Stimmt völlig	Stimmt weitgehend	Stimmt etwas	Stimmt eher nicht	Stimmt weitgehend nicht	Stimmt überhaupt nicht
Ich bekomme die volle Unterstützung von meinem Vorgesetzten, die ich zur erfolgreichen Umsetzung meiner Arbeit benötige, bezogen auf						
Zeit	□	□	□	□	□	□
Ressourcen	□	□	□	□	□	□
Informationen	□	□	□	□	□	□
In unserem Bereich kann sich jeder auf den anderen verlassen.	□	□	□	□	□	□
Die Mitarbeiter sind immer auf der Suche nach Rückmeldungen über fehlerhafte Abläufe.	□	□	□	□	□	□
Wir Kollegen zeigen, dass wir einander vertrauen.	□	□	□	□	□	□

	Stimmt völlig	Stimmt weitgehend	Stimmt etwas	Stimmt eher nicht	Stimmt weitgehend nicht	Stimmt überhaupt nicht
Wenn alles anders läuft als erwartet, legen meine Kollegen selten ihre ursprünglichen Annahmen offen.	□	□	□	□	□	□
Es ist nicht üblich, dass wir unsere Annahmen an der Wirklichkeit prüfen.	□	□	□	□	□	□
Meine Ideen und Anregungen finden Gehör und werden konstruktiv diskutiert.	□	□	□	□	□	□
In schwierigen Entscheidungssituationen findet meine Meinung Eingang in den Lösungsprozess.	□	□	□	□	□	□

Abb. 104: Ausschnitt aus einem Fragebogen zur Bestimmung der Veränderungsbereitschaft (nach Rodenstock, 2007, S. 19)

In der nachfolgenden Tabelle sind mögliche Kennzahlen und Indikatoren zur Operationalisierung der Leistungsdimension »Individuum« zusammengestellt.

Kennzahl/ Indikator	Kurzbeschreibung, Leitfragen	Methodik der Erhebung
Mitarbeiterzufriedenheitsindex	Wie zufrieden sind die Mitarbeiter?	Befragung
Qualifikationsmatrix	Wird der Mitarbeiter mit seinen Qualifikationen zur Erfüllung der richtigen Aufgaben eingesetzt?	Analyse der Qualifikationsmatrizen für Mitarbeiter
Kompetenz-Strategie-Fit	Inwieweit verfügen die Mitarbeiter über die notwendigen Kompetenzen, die sich aus der definierten Strategie ergeben?	Workshop, Dokumentenanalyse

Leistungsdimension Team

Mit den in den vorangegangenen Abschnitten skizzierten Veränderungen eines zunehmend interdependenteren Wirtschaftsgeschehens und der sich daraus ergebenden Konsequenzen für Unternehmen gewinnen Teams zunehmend an Relevanz. Wie Abb. 105 veranschaulicht, sind dialogorientierte Führung und teamförmige Strukturen eine Antwort auf die sich verändernden Rahmenbedingungen von Unternehmen.

	Situation	Entscheidungsfeld, Modell	Informationsgrundlage	Prozesse, Methoden	Strukturen
Turbulenz, dynamische Komplexität	substanzielle Unsicherheit	soziale Systeme, Spiele	analoge Methoden, Netzwerkanalysen	dialogische Bewertung und Entscheidung	Heterarchie, Selbstorganisation
	strukturelle Unsicherheit	Simulationsmodelle	Szenarien, Simulation	emergente Methoden	Projekte und Teams
	Risiko	Entscheidungsbäume, Schachspiel	Planungsrechnung	Fire-Fighting-Systeme	Taskforce, Experten, Projekte
Übersichtlichkeit, geringe Dynamik	Sicherheit, Überschaubarkeit	monetäre Modelle	Cashflow etc.	Anweisungssysteme	Liniensystem, Fremdorganisation

Abb. 105: Dialog und Teams als Reaktion auf veränderte Rahmenbedingungen (nach Bergmann u. Daub, 2006, S. 10)

Als weitere Folge aus diesen Entwicklungen haben die Unternehmen ihre eigene Komplexität u. a. dadurch gesteigert, dass sie neue Organisationsstrukturen geschaffen, Unterstützungs- und Kernprozesse weiterentwickelt sowie neue Führungs- und Steuerungssysteme eingeführt haben. Auf der Grundlage dieser Anpassungen und Weiterentwicklungen können diese Unternehmen ihre Antwortfähigkeit auf neue bzw. veränderte Anforderungen aus den relevanten Umwelten (z. B. Kunden, Lieferanten) sicherstellen. Die unternehmensinterne Bearbeitung und Bewältigung dieser erhöhten Komplexität erfordert teamförmige Strukturen. Insbesondere bei der Bearbeitung von komplexen und mit Unsicherheit behafteten Fragestellungen sind teamförmige abteilungs- oder bereichsübergreifende Kooperationsstrukturen und Koordinationslogiken Erfolg versprechend.

Die Arbeitsfähigkeit von Teams ist von vielfältigen Faktoren abhängig; sie ist eine wichtige Voraussetzung für eine gelungene Teamarbeit und damit voraussetzungsvoll. Die einfache Benennung von Teammitgliedern und die Definition von Zielen reichen hier nicht aus. Jedes Team hat u. a. drei Leistungen zu erbringen. Zum einen muss das Team eine entsprechende Aufgabe erfüllen und damit einhergehende Ziele erreichen. Zum Zweiten muss das Team den einzelnen Mitgliedern einen Nutzen stiften sowie deren Interessen und Bedürfnisse in einem bestimmten Umfang zufriedenstellen, damit der Einzelne sein Wissen, sein Engagement und seine Arbeitsleistung einbringt. Drittens hat jedes Team die Aufgabe, sich selbst durch die Entwicklung von Strukturen, Regeln, Rollen etc. zu erhalten. Die sich hieraus ergebende Ordnung ist zudem geprägt von der jeweiligen Teamgeschichte, die die Beziehungen beeinflusst und die Teamkultur formt. Teams als soziale Systeme sind genau wie Unternehmen auch in Umwelten eingebettet.

Von Unternehmen unterscheiden sie sich bzw. gegenüber diesen ziehen sie Grenzen. In der praktischen Arbeit mit Teams hat es sich als nützlich und hilfreich herausgestellt, zwischen einer Innenwelt (innere Umwelt) und einer äußeren Umwelt zu differenzieren. Die innere Umwelt von Teams besteht aus Kommunikation bzw. Interaktionen, die die spezielle Ordnung und Eigengesetzlichkeit von Teams ausmacht. Geprägt wird diese Innenwelt von den Besonderheiten, den Wünschen, den Befürchtungen und dem Verhalten der einzelnen Teammitglieder. Jedes Mitglied beeinflusst bzw. prägt somit das Team und wird gleichzeitig auch durch das Team beeinflusst bzw. geprägt. Von einer besonderen Bedeutung ist die äußere Umwelt des Teams, der Kontext, in dem es aktiv ist und handelt. Aus diesen Umwelten ergeben sich die zu bearbeitenden Aufgaben, anzustrebenden Ziele, Ressourcen und weitere ähnliche Einflussfaktoren, die den Gestaltungs- und Spielraum des Teams bestimmen.

Damit ein Team überlebensfähig bleibt bzw. Bestand hat, benötigt es eine Balance zwischen Stabilität und Veränderung. Zu den stabilisierenden Faktoren eines Teams gehören Rollen, Normen und Strukturen, die ein Team im Laufe der gemeinsamen Arbeitszeit hervorbringt. Diese Stabilität erzeugt Orientierung für die einzelnen Teammitglieder. Zu den stabilisierenden Faktoren zählen auch die Grenzen eines Teams, die zum einen deutlich machen, wer zum Team gehört und wer nicht, und zum anderen, welche Themenfelder bearbeitet bzw. nicht bearbeitet und welche Verhaltensweisen erwünscht bzw. nicht erwünscht sind. Diese Grenzziehung mit den entsprechenden Gestaltungsmöglichkeiten geschieht innerhalb der definierten Rahmenbedingungen und ist somit eine Leistung des Teams. Die angesprochenen thematischen Grenzen bestimmen den Raum für den gemeinsamen Dialog und die Reflexion über relevante Themenfelder wie Zusammenarbeit, Vorgehens- und Arbeitsweisen, Kommunikation, Ziele. Weiterhin existieren in Teams eine informelle und eine formelle Kommunikation. Bestimmte Themen werden in Meetings und Workshops offen besprochen und bearbeitet, andere jedoch nur bilateral oder zwischen ausgewählten Teammitgliedern.

Darüber hinaus benötigt jedes Team eine Steuerung. Steuerung meint in diesem Zusammenhang den bewussten Versuch, Einfluss auf die Teamarbeit zu nehmen. In der praktischen Arbeit wird zwischen der Kontextsteuerung, der Steuerung durch eine Teamleitung und der Selbststeuerung des Teams unterschieden.

- Kontextsteuerung: Jedes Team wird durch Veränderungen des Kontextes beeinflusst. Werden beispielsweise durch das Managementteam des Unternehmens Entscheidungen zur strategischen Ausrichtung oder der Organisationsstruktur getroffen, haben diese auch Auswirkungen auf das Team.
- Teamleitung: Um als Team arbeitsfähig zu werden und um diesen Zustand auch aufrechterhalten zu können, müssen Führungsaufgaben im Team übernommen werden. In manchen Teams werden diese Aufgaben an eine einzelne Person delegiert.
- Selbststeuerung: Unabhängig von der formalen Regelung ist es für die Zukunftsfähigkeit von Teams von besonderer Bedeutung, dass das Team lernt, das Aufgabenverständnis, die eigenen Arbeits- und Vorgehensweisen und die Zusammenarbeit im Team selbst zu steuern. Die Verbesserung und Weiterentwicklung der Zusammenarbeit gelingt, indem die Teammitglieder ihre Erfahrungen gemeinsam reflektieren und entsprechende Konsequenzen daraus ziehen. Ein von allen geteiltes Verständnis zu Aufgaben, Vorgehensweisen und zur Zusammenarbeit ist keine Selbstverständlichkeit und muss erst bewusst gemeinsam geschaffen werden.

Mithilfe eines Fragenbogens können die kurz skizzierten Faktoren für eine gelingende Teamarbeit erfasst und einem gemeinsamen Dialog zugänglich gemacht werden. Vielen Teams ist es häufig gar nicht bewusst, dass die Teammitglieder andere Bilder und ein anderes Verständnis hinsichtlich Aufgabe, Ziele, Vorgehensweisen etc. haben. In der praktischen Arbeit mit Teams erleben wir häufig, dass Personen davon überzeugt sind, dass ihre Lösung und ihre Ideen die einzig richtigen sind.

Der Fragebogen bzw. der Diagnoseworkshop umfasst Fragen zu den folgenden Themenfeldern:

- Teamvision und Teamzweck,
- Strategie und Ziele,
- Zusammenarbeit im Team,
- Rollen und Verantwortlichkeiten,
- Entwicklung, Reflexion und Feedback,
- Strukturen, Systeme und Prozesse,
- Kommunikation,
- Beziehungen zu relevanten Umwelten,
- Kultur und Werte.

Die nachfolgende Tabelle zeigt mögliche Kennzahlen und Indikatoren zur Operationalisierung der Leistungsdimension »Team«.

Kennzahl/ Indikator	Kurzbeschreibung, Leitfragen	Methodik der Erhebung
Grad an Team-Alignment	Inwieweit ziehen die Mitglieder der Teams an einem Strang?	Befragung
Team-Comittment	Wie hoch ist das Comittment des Teams zum unternehmerischen Zweck?	Team-Comittment-Index
Abdeckungsgrad von unterschiedlichen Teamrollen	Inwieweit sind im Team unterschiedliche Teamrollen vertreten?	Workshops
Bekanntheitsgrad von Präferenzen	Inwieweit sind die eigenen Präferenzen und die der anderen Teammitglieder bekannt?	Kartenspiel, Onlinetest (z. B. Insights Discovery) mit anschließendem Auswertungsworkshop
Funktionale Vertrautheit	Wie hoch ist die Leistungsfähigkeit des Teams?	Selbsteinschätzung nach Liebe-Wahrheit-Diagramm

Leistungsdimension Werte

Im vorliegenden Buch werden unter Organisationskultur »weitgehend selbstverständliche Denk- und Handlungsmuster verstanden, die sich einem direkten, steuernden Zugriff entziehen.«[113] Die Relevanz kultureller Fragestellungen und die Notwendigkeit zur Veränderung und Anpassung der Organisationskultur an veränderte Strategien gewinnen durch den zunehmenden Veränderungsdruck auf organisationale Systeme weiter an Bedeutung.[114] Die zentrale These, die auf der Grundlage der skizzierten Sachverhalte abgeleitet werden kann, besagt, dass organisationale Systeme und deren Akteure wesentliche Leistungs-, Entwicklungs- bzw. Gestaltungspotenziale ungenutzt lassen, wenn kulturelle Phänomene unberücksichtigt bleiben.[115] Die Organisation kann auf der Basis des dem integrierten Modell der organisationalen Leistungsfähigkeit zugrunde liegenden systemisch-konstruktiv(istisch)en Ansatzes kulturbewusst weiterentwickelt werden, um die langfristige Überlebensfähigkeit des Systems sicherzustellen.

Wie bereits einleitend angeführt, werden unter der Organisationskultur die im System vorhandenen kollektiven Handlungs- und Denkmuster verstanden, die auf einem »System gemeinsam geteilter Werte, Normen, Einstellungen, Überzeugungen und Ideale«[116] beruhen. Die jeweilige organisationsspezifische Kultur gilt in diesem Zusammenhang als organisationshistorisch geprägt und über die Zeit als »organisch gewachsene Lebenswelt«.[117] Ferner wird die Organisationskultur wie eine Art Skript durch das tägliche Handeln der Systemmitglieder gemeinsam produziert und wesentlich bestimmt. Dieser Prozess der »Kulturerstellung« vollzieht sich jedoch, ohne explizit niedergeschrieben zu werden, und entzieht sich weitestgehend einer gezielten Steuerung oder Beeinflussung.[118] Die Kultur, interpretiert als Wahrnehmungs- und Orientierungshilfe, offeriert den Systemmitgliedern einen Bedeutungshorizont, der ihnen zu verstehen gibt, was in der Organisation relevant ist, was vernachlässigt werden kann, was als richtige bzw. falsche Sichtweise anzusehen ist etc.[119] und setzt sich aus drei Ebenen zusammen, wie aus Abb. 106 ersichtlich ist.

Aus der praktischen Arbeit in und mit Organisationen haben sich gewisse Spannungsfelder herausgestellt (vgl. Abb. 107), mit denen sich sowohl ein Individuum als auch das gesamte organisationale System zur Sicherung der langfristigen Überlebensfähigkeit auseinandersetzen muss.[120]

---

113 Baitsch, C./Nagel, E. (2009), S. 219.

114 Eine Studie der Goldpark Unternehmensberatung bestätigt die besondere Wichtigkeit der Unternehmenskultur für den betriebswirtschaftlichen Erfolg von Organisationen. Ferner stiftet die Organisationskultur Identifikation, Orientierung und ist als ein zentraler Faktor für die Generierung von dauerhaften Wettbewerbsvorteilen anzusehen. Darüber hinaus identifizierte und bestätigte die Befragung den Zusammenhang von Organisationskultur und Strategie. Vgl. Zolke, K./Bleis, C./Lütjen, S. (2009), S. 6f. und S. 8f.

115 Vgl. Baitsch, C./Nagel, E. (2009), S. 220 und Kötter, W./Longmuß, J./Bahlow, J. (2009), S. 246.

116 Staehle, W.H./Conrad, P./Sydow, J. (1999), S. 498.

117 Smircich, L. (1983), S. 339ff.

118 Vgl. Steinmann, H./Schreyögg, G. (1993), S. 603.

119 Vgl. Baitsch, C./Nagel, E. (2009), S. 224f.

120 Vgl. Kötter, W./Longmuß, J./Bahlow, J. (2009), S. 247ff.

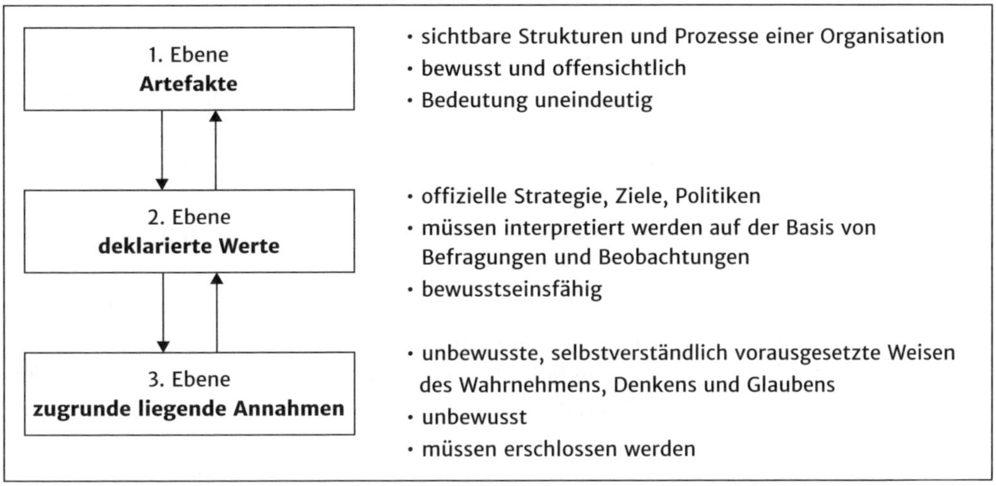

Abb. 106: Die drei Ebenen der Organisationskultur (nach Baitsch u. Nagel, 2009, S. 226)

Weick und Sutcliffe haben in Bezug auf die Organisationskultur herausgefunden, dass verfestigte gemeinsame Werte, Normen etc. auch eine Gefahrenquelle für die Lebensfähigkeit organisationaler Systeme darstellen können, wenn diese nämlich den Blick für erforderliche Entwicklungen und alternative Perspektiven versperren bzw. er-

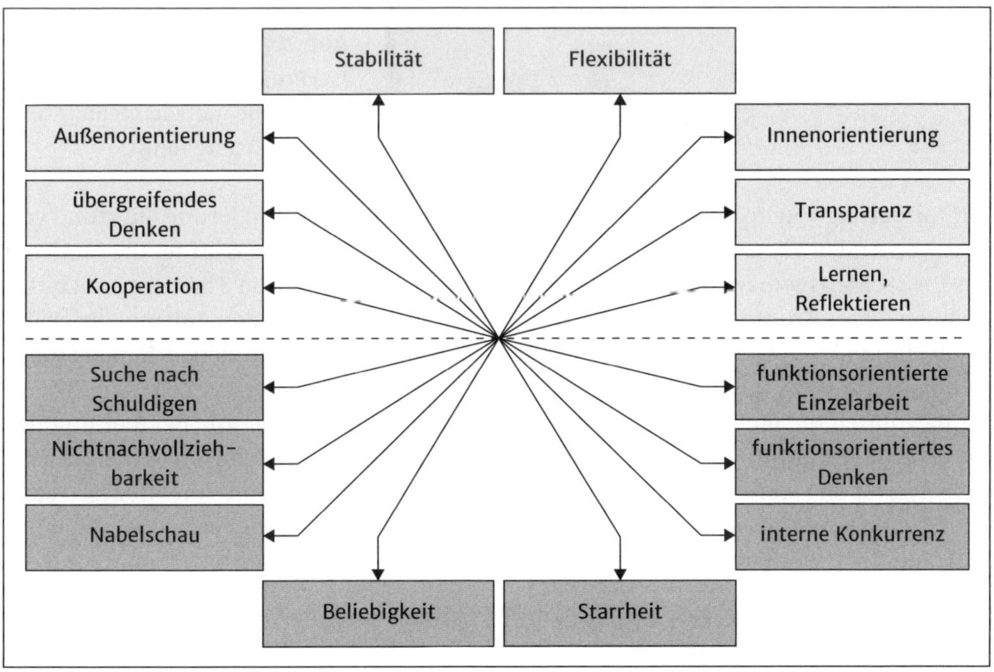

Abb. 107: Spannungsfelder der Organisationskultur (nach Kötter u. a., 2009, S.249)

schweren: »Cultural blind spots can lead an organization down the wrong path, sometimes dire performance consequences.«[121]

Um kulturelle Sachverhalte bearbeitbar zu machen, um so die Leistungsfähigkeit des organisationalen Systems langfristig sicherstellen zu können, muss die konkrete Ausgestaltung der Organisationskultur erkundet werden. Hierbei haben sich in der praktischen Arbeit die Visualisierung der Kultur anhand einer »Spinnennetzdarstellung« (vgl. Abb. 108) und die Beobachtung von Artefakten als hilfreich herausgestellt. Ausgehend von der Strategie werden hierbei die wichtigsten kulturellen Merkmale der Organisation in einem Workshop erarbeitet sowie deren heutige Ausprägung mithilfe einer Notenskala von 1 bis 6 ermittelt. In einem nächsten Erkundungsschritt wird von den Teilnehmern der zu erreichende Sollzustand erarbeitet sowie die entsprechenden Maßnahmen zur Umsetzung werden definiert.

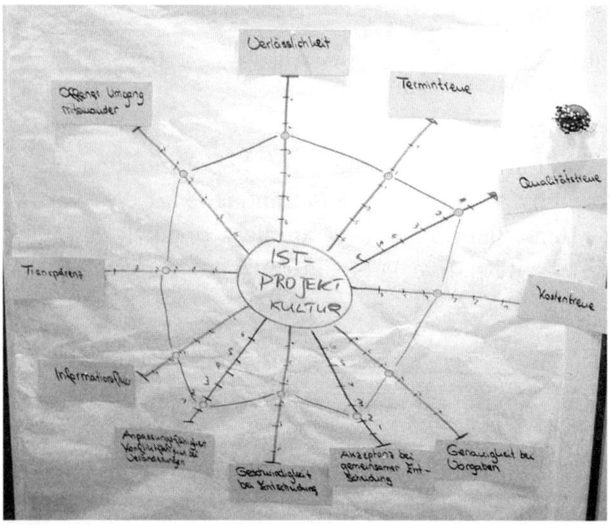

Abb. 108: Darstellung einer Ist-Projektkultur mithilfe der Spinnennetzdarstellung (eigene Darstellung)

Zur Initiierung von Prozessen der Kulturdiagnose und Kulturveränderung aufgrund von entsprechenden Transformationen des organisationalen Systems eröffnet die Methode des Visual Management neue Sichtweisen und Zugänge zu diesem Themenbereich. Im Rahmen dieses Ansatzes erhalten die Mitarbeiter Kameras sowie den Auftrag, durch die Organisation zu gehen und sämtliche Dinge zu fotografieren, an denen Management sichtbar wird.[122] Mithilfe dieser Vorgehensweise entsteht in kürzester Zeit eine Art Fotosafari durch die entsprechende Organisation sowie ein Fenster zur Bearbeitung der Unternehmenskultur. In einem anschließenden Workshop werden die Erkenntnisse ausgewertet und weiterbearbeitet.[123] Darüber hinaus werden Diskussionsprozesse entsprechend fokussiert und weisen aufgrund der Tatsache, dass Bilder sechsmal schneller aufgenommen werden als Texte, einen großen praktischen Nutzen auf. Ferner sind die

121 Weick, K./Sutcliffe, K. (2003), S. 73.
122 Vgl. Gloger, A. (2007), S. B1.
123 Vgl. Noppeney, C. (2002), S. 6.

Bilder organisationsspezifisch, dokumentieren den derzeitigen Zustand des Systems unverzerrt und eröffnen neue Sichtweisen und Strukturen: »Wer in der Lage ist, Bilder wahrzunehmen und zu verstehen, kann Strukturen erkennen. Und wer sie erkennt, kann sie auch verändern.«[124]

Weiterhin sind insbesondere das Interaktionsverhalten, sich wiederholende Beschreibungen von Interessengruppen sowie ähnliche Sachverhalte und Artefakte (z. B. welcher Parkplatz befindet sich am Eingang ins Unternehmensgebäude?) zu erfassen. Die entsprechenden Kommunikationsbeziehungen in der Organisation lassen sich im Rahmen von Prozessanalysen sehr gut visualisieren und eventuelle Schwachstellen identifizieren. Zur Beurteilung und Optimierung der Zusammenarbeit kann mithilfe von definierten Sollanforderungen und entsprechender Testverfahren[125] zur Bestimmung der individuellen Stärken, Präferenzen und Verhaltensmuster gearbeitet werden.

EXKURS

Ein Praxisbeispiel

Im Rahmen eines Unternehmensentwicklungsworkshops wurde mit dem Team eines der führenden Unternehmen aus der Dienstleitungsbranche am Thema »Zusammenarbeit und Werte« gearbeitet. Hierbei wurde ein innovativer Ansatz verfolgt. Die Teilnehmer haben mithilfe von Legosteinen die Werte »gebaut«, die ihnen für das zukünftige Miteinander besonders wichtig sind. Abbildung 109 zeigt die gemeinsam entwickelte Teamwerte-Landschaft.

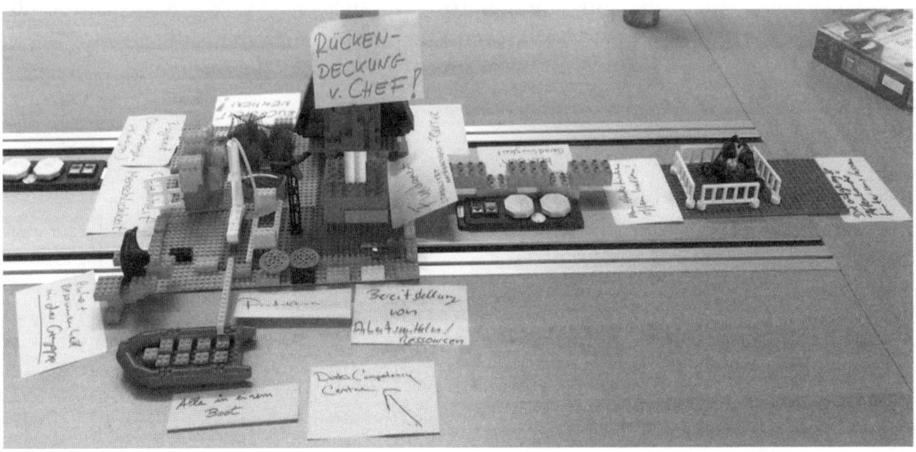

Abb. 109: Landschaft der Teamwerte (eigene Darstellung)

124 Noppeney, C. zitiert in Pfländler, R. (2003), S. 26.

125 Als mögliche Testverfahren kommen hierbei u. a. das DISG-Persönlichkeitsprofil; Myers-Briggs-Typenindikator (MBTI), Insights-Discovery-Präferenzanalyse bzw. das Team Management Profile (TMP) infrage. Für eine detaillierte Vorstellung des DISG-Testes siehe Ott, L./Wittmann, R./Gay, F. (2006), S. 159-179; für den MBTI-Test Lorenz, T./Oppitz, S. (2006), S. 299-320 und den TMP-Test Wagner, H. (2006), S. 355-379.

Die nachfolgende Tabelle zeigt mögliche Kennzahlen und Indikatoren für die Leistungsdimension »Werte«.

Kennzahl/ Indikator	Kurzbeschreibung, Leitfragen	Methodik der Erhebung
Bekanntheitsgrad der Werte	Inwieweit sind die Werte im Unternehmen verschriftlicht und bekannt?	Befragung
Umsetzungsgrad proklamierte vs. gelebte Werte	Inwieweit werden die kommunizierten Werte auch im täglichen Miteinander gelebt?	Kulturspinne

4.3 Denkrahmen — Navigator Unternehmensentwicklung (Cockpit)

Nachdem in Kapitel 4.2 die einzelnen Leistungsdimensionen und die korrespondieren Kennzahlen hergleitet worden sind, soll in diesem Abschnitt das Ergebnis aus diesen Überlegungen vorgestellt werden.

Die Kennzahlen der Leistungsdimensionen bilden das Navigationscockpit der Unternehmensentwicklung. Für jede Leistungsdimension werden Kennzahlen abgeleitet und dargestellt. Abbildung 110 zeigt ein Beispiel für ein konkretes Navigationscockpit.

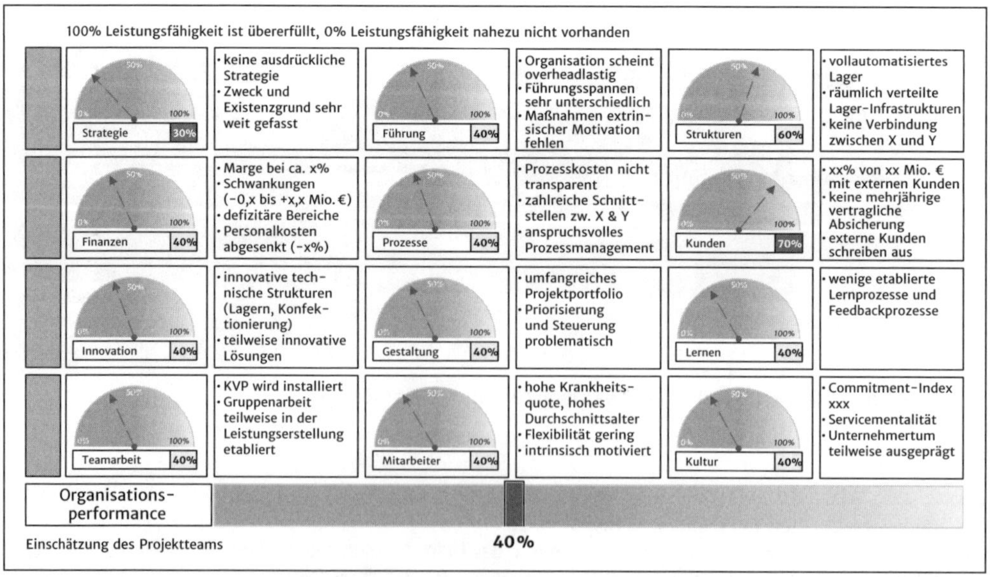

Abb. 110: Beispiel für ein Navigationscockpit (eigene Darstellung)

Als Ergebnis der Messung der Leistungsfähigkeit wird ein Performanceindex von 40 % ausgewiesen. Die Organisation ist also zu 40 % leistungsfähig. Vor allem im Bereich Strategie muss dringend nachgebessert werden. Aber auch bei allen anderen Leistungsdimensionen werden nur Werte im mittleren Bereich erzielt. Aus den einzelnen Leistungsdimensionen werden auch mögliche Gründe und Folgen angegeben, die sich aus dieser doch eher mittelmäßigen Performance ableiten lassen.

Das Navigationscockpit zeigt sehr anschaulich die zwölf Dimensionen der organisationalen Leistungsfähigkeit. So wird es für die Mitarbeiter leichter, ein gemeinsames Bild zu finden bzw. den aktuellen Stand der Organisationsperformance zu erkennen. Wichtig ist, dass die zugrunde gelegten Kennzahlen nicht absolut fixiert sind. Vielmehr bietet das Modell einen Rahmen, der unternehmensindividuell mit Kennzahlen gefüllt werden kann.

Abbildung 111 zeigt ein Beispiel für die konkrete Messung der zwölf Leistungsdimensionen mithilfe von Kennzahlen. Deutlich wird noch einmal die Struktur der Fit-Kennzahlen, die ja die Wechselwirkungen zwischen den verschieden Leistungsdimensionen widerspiegeln sollen. Die Fit-Kennzahl »Aufgabe-Talente« beschreibt den Umfang, in dem erfolgskritische Kernaufgaben durch entsprechende Mitarbeiter abgedeckt werden können. Existieren z. B. zehn kritische Kernaufgaben und gibt es nur sechs Mitarbeiter, die in der Lage sind, diese Aufgaben zu bearbeiten, dann liegt ein Deckungsgrad von 60 % vor.

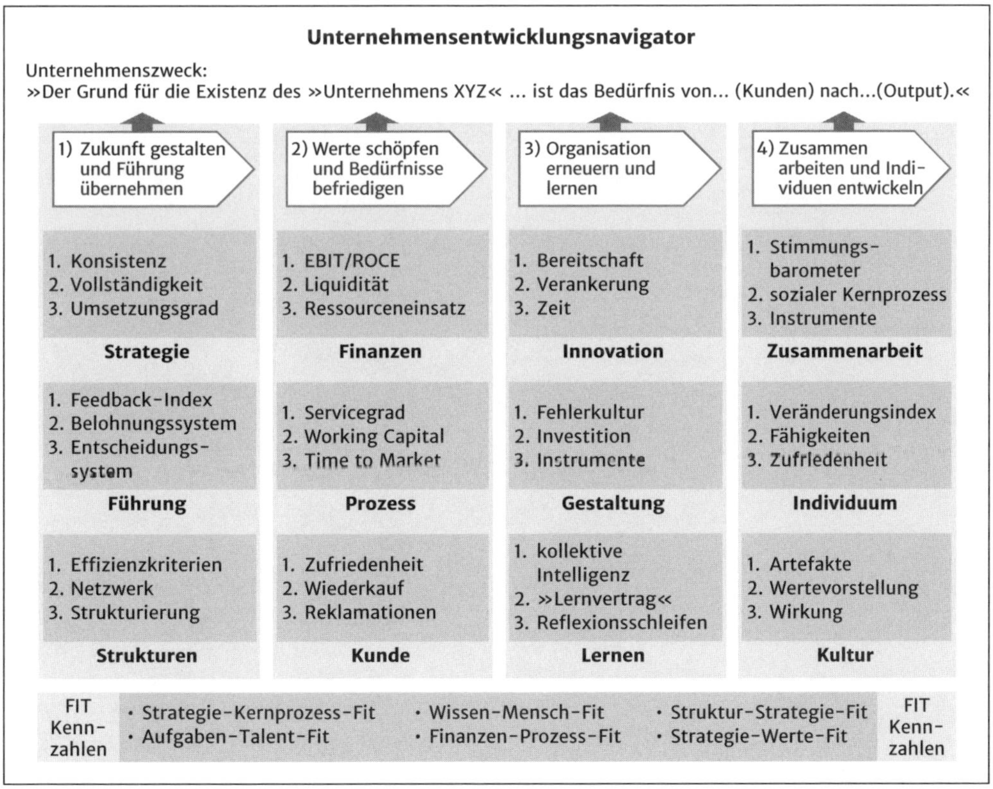

Abb. 111: Beispiel für Kennzahlen zur Messung der Organisationsperformance (eigene Darstellung)

Das Navigationscockpit ist nicht nur ein Denkrahmen zur aktuellen Standortbestimmung der organisationalen Leistungsfähigkeit, vielmehr bietet das Cockpit auch Impulse für die Unternehmensentwicklung. Wird die Fit-Kennzahl »Aufgaben-Talente« betrachtet, dann lautet die Aufgabe für die Unternehmensentwicklung: »Intensivieren der Personalentwicklung« oder »Neueinstellung im Team XY«, um alle erfolgskritischen Kernaufgaben weiterhin erledigen zu können. Wird die Leistungsdimension »Strategie« betrachtet, dann lautet die Aufgabe für die Unternehmensentwicklung: »regelmäßiges Zusammenführen aller Stakeholdergruppen« und »Erarbeitung einer konkreten Unternehmensvision«.

Das Navigationscockpit liefert den beteiligten Personen zunächst einmal ein sichtbares Ergebnis. Daraus ergibt sich dann eine Diskussion über das gemeinsame Bild und Unsichtbares kann sichtbar gemacht werden.[126] Daher sind das Modell und das Navigationscockpit aus zweierlei Hinsicht bedeutsam: Menschen werden zur gemeinsamen Diskussion der Unternehmensentwicklung zusammengeführt und das gemeinsame Bild zum Unternehmen wird messbar gemacht.

126 Vgl. Kapitel 2.3.3.

5 Fazit und Ausblick

Unternehmensentwicklung kann heute als die gewollte und ungewollte Entwicklung eines Systems definiert werden, die aus der Organisation heraus verstanden werden muss und sich unter aktiver Mitwirkung der betroffenen Mitarbeiter vollzieht. Kernziele hierbei sind die Verbesserung der Leistungsfähigkeit der Organisation und der Qualität der Kommunikations- und Arbeitsbeziehungen. Die Steuerung konzentriert sich dabei auf die mehrdimensionale Gestaltung der Systemelemente und der Systembeziehungen einschließlich der Interaktion mit der Umwelt.

Die Auffassungen reichen von einer Unsteuerbarkeit der Unternehmensentwicklung bis hin zu einer völligen Gestaltung der Entwicklung durch das Management. In diesem Buch wird von der bedingten aktiven Gestaltungsfähigkeit der Unternehmensentwicklung mit dem Ziel der langfristigen Sicherung der Überlebensfähigkeit und der Erfüllung des Unternehmenszwecks ausgegangen. Dabei stellt das Umfeld die Rahmenbedingungen, ist jedoch nicht allein bestimmend für die Entwicklung des Unternehmens.

Die Erkenntnisse zur Steuerungsfähigkeit und Messbarkeit der Unternehmensentwicklung — also der Standortbestimmung des Unternehmens in seiner Entwicklung — sind unzureichend. Ideen hierzu finden sich in Fragmenten in verschiedenen praktischen und wissenschaftlichen Beiträgen. Die Steuerung der Unternehmensentwicklung hängt in hohem Maße von der Transparenz der Umgebung und dem Wissen über die eigene Leistungsfähigkeit ab.

Transparenz und Wissen sind dabei wie auch das gemeinsame Verständnis über einen bestimmten Zustand (»Bilderabgleich«) nicht immer betriebswirtschaftlich korrekt messbar. Mit dem Verlangen nach exakteren Steuerungsinstrumenten auf der Ebene der Unternehmenswicklung geht gleichzeitig die Forderung einher, sich von einer mechanisch genauen Steuerungsfähigkeit komplexer Organisationen zu verabschieden. Unternehmen als hochkomplexe Systeme basieren auf dem Miteinander von Menschen und sind damit nur begrenzt steuerbar. Diese begrenzte Steuerungsfähigkeit soll durch die Ausschöpfung interdisziplinärer Ansätze soweit wie möglich überwunden werden.

Auf der Grundlage dieses Verständnisses ist eine Vorgehensweise erforderlich, die mehrdimensional ausgerichtet ist und eine ganzheitliche Denkweise verfolgt. Der Workshop Unternehmensentwicklung trägt diesen Anforderungen Rechnung mit seinem pragmatischen Ansatz zur interaktiven Gestaltung der Unternehmensentwicklung.

Die Zielsetzung des Workshops Unternehmensentwicklung besteht darin,

1. Leistungen und Leistungsfähigkeit des organisationalen Systems im Kreis der Organisationsmitglieder systematisch zu erfassen,
2. aus dieser Leistungsmessung entsprechende Gestaltungsansätze und Interventionen für die fortlaufende Unternehmensentwicklung abzuleiten,
3. um dann deren Wirkung in einer erneuten Leistungsmessung zu beobachten und daraus zu lernen.

Diese Zielsetzung wird erreicht, indem die Führungskräfte

- ein gemeinsames Verständnis für den Istzustand der organisatorischen Leistungsfähigkeit des Unternehmens bzw. seiner Geschäftsfelder zu einem Zeitpunkt t_0 in der Unternehmensentwicklung aufzeigen,
- die »Hebel« identifizieren, mit denen sie die organisationale Leistungsfähigkeit im Rahmen der weiteren Unternehmensentwicklung steigern können,
- dazu beitragen, die Unternehmensentwicklung ziel- bzw. zweckorientiert steuern zu können, um die Überlebensfähigkeit der Organisation zu sichern sowie Fortschritte der Unternehmensentwicklung transparent zu machen.

Schlicht beschrieben hat die Führungskraft zu Beginn des 21. Jahrhunderts keine Instrumente, um auf der Kurve der Unternehmensentwicklung die derzeitige Organisationsperformance und deren Veränderung im Zeitablauf zu bestimmen. Die Leistung der Organisation wird als Interpretation der Finanz- und Prozesskennzahlen akzeptiert und die Gestaltung der Organisation resultiert aus rein betriebswirtschaftlichen Analysen. Für die Weiterentwicklung von Fähigkeiten, Unternehmensentwicklungsprozesse und damit die organisatorische Gestaltung wirkungsvoller planen und steuern zu können, besteht also ausreichend Potenzial. Die Komplexität des entwickelten Lösungsansatzes wird für diejenigen groß sein, die ihre fachliche Disziplin (Betriebs-, Sozial- oder Naturwissenschaften) nicht verlassen können. Alle anderen Interdisziplinären werden diese Sichtweise zu ihrem angestammten Blick entwickeln, ohne den Unternehmensentwicklung und Organisationsgestaltung zu reduziert erscheinen mag.

Die rekursive Steuerung und Zielplanung der Unternehmensentwicklung setzt eine Operationalisierung dieses dynamischen Prozesses in einer Organisation voraus. Dies kann über die Ausgestaltung von vier Kernprozessen geschehen, die maßgeblich für die erfolgreiche Unternehmensentwicklung mit dem Ziel einer Sicherung der langfristigen Überlebensfähigkeit sind. Diese vier Kernprozesse der Unternehmensentwicklung, die sich teilweise gegenseitig bedingen, sind:

1. Zukunft gestalten und Führung übernehmen,
2. Werte schöpfen und Bedürfnisse befriedigen,
3. Organisation erneuern und lernen,
4. Zusammen arbeiten und Individuen entwickeln.

Hierbei steht das Unternehmen im systemtheoretischen Verständnis als System im Mittelpunkt seines Umfelds zwischen (System-)Input- und (System-)Output-Beziehungen zur Erzielung des Unternehmenszwecks. Dieses Unternehmen existiert statisch gesehen aus bestimmten Struktur- und Prozesselementen. Strukturelemente können die technischen Anlagen, die Mitarbeiter oder die Entscheidungssysteme sein. Prozesselemente sind Unternehmensprozesse zur Erstellung des inhaltlichen Outputs, soziale Interaktionsprozesse und individuelle Entwicklungsprozesse.[1] In der Unternehmensentwicklung verändert sich das Unternehmen von einem Systemzustand S_1 zum Zeitpunkt t_1 bis zum nächsten Systemzustand S_2 zum Zeitpunkt t_2. Die Weiterentwicklung des Unternehmens vollzieht sich über die vier Kernprozesse. Das heißt, die Leistung des Unternehmens wird in diesen vier Kernprozessen und den wechselseitig abhängigen Räumen zwischen diesen Kernprozessen erzeugt. Die Messung erfolgt also sowohl in den Kernprozessen als auch in den Leistungsbereichen zwischen den Prozessen.

Der Workshop Unternehmensentwicklung eignet sich für eine Organisation zu verschiedenen Entwicklungszeitpunkten. Das Management steht zu diesen Zeitpunkten vor folgenden Fragestellungen:

1. Übernahme einer neuen Führungsposition für ein eigenständiges Geschäft (gesamtes Unternehmen, Geschäftsfeld, Business Unit, Produktsegment): Wie gut ist die Leistung des Geschäfts bei der Übernahme?
2. Initiierung eines umfangreichen Veränderungsprojekts auf Unternehmens- oder Segmentebene (z. B. Strategieumsetzungs-, Restrukturierungs- oder Post-Merger-Integrationsprojekte): Wie stabil ist die organisationale Leistungsfähigkeit für diese Veränderung?
3. Kontinuierliche Belastung der Organisation durch normale »Beanspruchung« im Tagesgeschäft, Veränderungen durch Impulse des Umfelds oder steigende Dynamik und Komplexität im Innenverhältnis: Welche Präventivmaßnahmen können zur Stabilisierung oder Erhöhung der Leistungsfähigkeit beitragen oder den Ausfall organisationaler Leistung verhindern?

Daraus ergeben sich auch die unterschiedlichen Einsatzgebiete des Unternehmensentwicklungsnavigators als Gutachten bei Führungswechseln, als Ergänzung zu Veränderungsprojekten und/oder als »Wartungsvertrag« für die Organisation. Mit dem Unternehmensentwicklungsnavigator wird neben Health Checks für die Menschen in der Organisation, technischen Wartungsverträgen für Anlagen und Maschinen auch für die Organisation eine kontinuierliche »Wartung« ermöglicht.

Damit wird deutlich, dass der Mehrwert des Unternehmensentwicklungsnavigators und seiner spezifischen Vorgehensweise (Workshop Unternehmensentwicklung) nicht wie bei klassischen Finanz-Performance-Systemen das tagesaktuelle Kennzahlencockpit ist. Entscheidend ist der Prozess, bei dem die beteiligten Mitarbeiter und Führungskräfte eine gemeinsame Interpretation zu quantitativen und auch qualitativen, eingängigen und eher schwerfälligen, weichen wie harten und kurzfristigen wie langfristigen Messgrößen erzielen. Die Flughöhe, aus der das Management der ersten zwei bis drei Ebenen die einzelnen Leistungsdimensionen betrachtet, ermöglicht eine Sicht auf die gesamte Organisation und den vor ihr stehenden Unternehmensentwicklungsprozess. Das Verständnis eines Unternehmens als soziales System sensibilisiert Füh-

1 Vgl. Hees, F./Isenhardt, I. (2005).

rungskräfte für eine hohe Innenkomplexität. Die Spiegelung der steigenden Außenkomplexität (z. B. Digitalisierung, globale Märkte) in der Innenkomplexität ist dabei ein unumgänglicher Vorgang. Das System hilft damit bei der Komplexitätsbewältigung und nicht bei der in vielen Geschäftsmodellen existenzgefährdenden Komplexitätsreduktion. Die Standortbestimmung des Unternehmens findet sowohl auf der umweltorientierten (Kunden, Markt) Lebenszyklusphase als auch auf der innenorientierten Stufe des Systemzustands statt. Dies erhöht die Frühwarn- und Vorhersagestabilität eines koexistierenden Bauchgefühls bei jedem Geschäftsverantwortlichen zur zweckorientierten Entwicklung seiner strategischen Geschäftseinheit oder seines Unternehmens.

Literatur

Ackermann, B. (2009): Senkrechtstart für den Nachfolger. In: Personalwirtschaft. Magazin für Human Resources, 36(4), S. 28-32.

Alt, J. (2002): Balanced Government — Die Eignung der Balanced Scorecard als Organisationsentwicklungsinstrument in der Öffentlichen Verwaltung. In: Scherer, A. G./ Alt, J. (Hrsg.): Balanced Scorecard in Verwaltungen und Non-Profit-Organisationen. Stuttgart: Schäffer-Poeschel, S. 43-72.

Andrew, J./Hannaes, K./Michael, D./Sirkin, H./ Taylor, A. (2009): Innovation 2009. Making Hard Decisions in the Downturn. A BCG Senior Management Survey. http://www.bcg.com/impact_expertise/publications/files/BCG_Innovation_2009_Apr_2009.pdf. Zugriff am 10.06.2009.

Aristoteles (2006): Nikomachische Ethik. 2. Aufl. Berlin: Akademie-Verlag.

Baecker, D. (1999): Organisation als System. Frankfurt am Main: Suhrkamp.

Bailom, F./Matzler, K. (2009): Was Top-Unternehmen anders machen: Ergebnisse einer europäischen Strategiestudie. In: Controller Magazin, 34(1), S. 44-50.

Baitsch, C./Nagel, E. (2009): Organisationskultur — Das verborgene Skript der Organisation. In: Wimmer, R./Meissner, J./ Wolf, P. (Hrsg.): Praktische Organisationswissenschaft. Lehrbuch für Studium und Beruf. Heidelberg: Carl-Auer-Systeme, S. 219-241.

Bartlett, C./Ghoshal, S (1995): Die wahre Aufgabe des Topmanagements heute. In: Harvard Business Manager, 17(2), S. 56-65.

Bateson, G. (1985): Ökologie des Geistes. Anthropologische, psychologische, biologische und epistemologische Perspektiven. Frankfurt am Main: Suhrkamp.

Beer, M. (2003): Building Organizational Fitness. In: Chowdhury, S. (Hrsg.): Organization 21 C. Someday all Organizations will Lead this Way. New Jersey: Financial Times Prentice Hall, S. 311-329.

Beer, M./Eisenstat, R. (2000): The Silent Killers of Strategy Implementation and Learning. In: Sloan Management Review, 41(4), S. 29-41.

Beer, S. (1962): Kybernetik und Management. Frankfurt am Main: S. Fischer.

Bergmann, G./Daub, J. (2006): Systemisches Innovations- und Kompetenzmanagement. Grundlagen — Prozesse — Perspektiven. Wiesbaden: Gabler.

Bernard, C. (1939): The Functions of the Executive. Cambridge: Harvard University Press.

Berndt, C./Bingel, C./Bittner, B. (2007): Tools im Problemlösungsprozess: Leitfaden und Toolbox für Moderatoren. Bonn: managerSeminare.

Blankenburg, D. (1999): Evaluation von Performance Measurement-Systemen: Eine empirische Analyse. Regensburg: Transfer.

Bleis, C./Helpup, A. (2009): Management. Die Kernkompetenzen. München: Oldenbourg.

Bonsen, M. zur (1998): Mit der Konferenzmethode Open Space zu neuen Ideen. In: Harvard Business Manager, 20(3), S. 19-26.

Boos, F./Heitger, B./Hummer, C. (2004): Veränderung — systemisch. In: Boos, F./ Heitger, B. (Hrsg.): Veränderung — Systemisch. Management des Wandels. Praxis, Konzepte und Zukunft. Stuttgart: Klett-Cotta, S. 13-46.

Boos, F./Heitger, B./Hummer, C. (2006): Systemische Beratung im Vergleich. Anforderungen an die Zukunft. In: Tomaschek, N. (Hrsg.): Systemische Organisationsentwicklung und Beratung bei Veränderungsprozesse. Ein Handbuch. Heidelberg: Carl-Auer-Systeme, S. 196-212.

Bruhn, M. (1998): Balanced Scorecard: Ein ganzheitliches Konzept der Wertorientierten Unternehmensführung? In: Bruhn, M./Lusti, M./Müller, W. R./Schierenbeck, H./Studer, T.

(Hrsg.): Wertorientierte Unternehmensführung: Perspektiven und Handlungsfelder für die Wertsteigerung von Unternehmen. Wiesbaden: Gabler, S. 145-167.

Buber, M. (1962): Das Dialogische Prinzip, Heidelberg: Schneider.

Buchinger, K. (1991): Organisationsbewusstsein und innerbetriebliche Selbstreflexion oder: Organisationen müssen radikale strukturelle Veränderungen bewältigen. In: Gruppendynamik, 22(4), S. 391-414.

Buchinger, K. (1998): Supervision in Organisationen. Den Wandel begleiten. 2. Aufl. Heidelberg: Carl-Auer-Systeme.

Bühner, R. (2001): Management-Lexikon. München: Oldenbourg.

Burke, W./Litwin, G. H. (1992): A Causal Model of Organizational Performance and Change. In: Journal of Management, 18(3), 523-545.

Burke, W./Litwin, G. (2009): A Causal Model of Organizational Performance and Change. In: Burke, W./Lake, D./Paine, J. (Hrsg.): Organization Change. A Comprehensive Reader. San Francisco: John Wiley & Sons, S. 273-300.

Capgemini Consulting (2010): Change Management Studie 2010. Business Transformation — Veränderungen erfolgreich gestalten. http://wirkt.de/wp-content/uploads/Change_Management_Studie_2010.pdf. Zugriff am 11.03.2014.

Capgemini Consulting (2012): Digitale Revolution. Ist Change Management mutig genug für die Zukunft? https://www.de.capgemini.com/change-management-studie-2012. Zugrifff am 12.03.2014.

Capra, F./Exner, A./Königswieser, R. (1992): Veränderung im Management — Management der Veränderung. In: Königswieser, R./Capra, F. (Hrsg.): Das systemisch-evolutionäre Management. 2. Aufl. Wien: Orac, S. 112-121.

Chandler, A. (1962): Strategy and Structure. Cambridge: Cambridge University Press.

Cichy, U. (2001): »Von einem, der auszog, das Fürchten zu lernen«. Was bringt SIM? — Antworten eines Managers. In: Königswieser, R./Cichy, U./Jochum, G. (Hrsg.): SIMsalabim. Veränderung ist keine Zauberei. Systemisches IntegrationsManagement. Stuttgart: Klett-Cotta, S. 79-87.

Claßen, M. (2008): Change Management aktiv gestalten. Personalmanager als Architekten des Wandels. Köln: Luchterhand.

Claßen, M./Kywa, F. von (2008): Change Management — Studie 2008. Business Transformation — Veränderungen erfolgreich gestalten. Berlin: Capgemini Consulting. http://www.de.capgemini.com/m/de/tl/Change_Management-Studie_2008.pdf. Zugriff am 20.10.2008.

Coenenberg, A. (1966): Die Kommunikation in der Unternehmung. Wiesbaden: Gabler.

Cunningham, I./Bennett, B./Dawes, G. (2001): Self Managed Learning in Action. Hampshire: Gower Publishing.

Davenport, T./Prusak, L. (1998): Wenn Ihr Unternehmen wüßte, was es alles weiß...: Das Praxisbuch zum Wissensmanagement. Landsberg am Lech: moderne industrie.

Davis, P./Pett, T. (2002): Measuring Organizational Efficiency and Effectiveness. In: Journal of Management Research, 2(2), S. 87-97.

Deitering, F. (2001): Selbstgesteuertes Lernen. Göttingen: Verlag für Angewandte Psychologie.

Deuringer, C. (2000): Organisation und Change Management: Ein ganzheitlicher Strukturansatz zur Förderung organisatorischer Flexibilität. Wiesbaden: Gabler.

Dietterle, P. (2009): Strategie — Erfolgsfaktor für den Mittelstand. Begleitstudie zum Axia-Award 2008 in Norddeutschland. http://www.deloitte.com/dtt/cda/doc/content/DE_Mst_Axia_Nord_150109_s.pdf. Zugriff am 23.05.2009.

Doppler, K./Lauterburg, C. (2005): Change Management. Den Unternehmenswandel gestalten. 11. Aufl. Frankfurt am Main: Campus.

Doppler, K. (2009): Innovatives Change Management. In: Papmehl, A./Gastberger, P./Budai, Z. (Hrsg.): Die kreative Organisation. Führungsverantwortung wahrnehmen. Kreative Mitarbeiter entfesseln. Chancen im globalen Wettbewerb gestalten. Wiesbaden: Gabler, S. 243-257.

Eccles, R. (1991): The Performance Measurement Manifesto. In: Harvard Business Review, 69(1), S. 131-137.

EFQM (2003): Excellence einführen. http://www.deutsche-efqm.de/download/Excellence_einfuehren_2003(9).pdf. Zugriff am 22.02.2009.

Eisenstat, R.A./Beer, M./Foote, N./Fredberg, T./Norrgren, F. (2008) The Uncompromising Leader, Harvard Business Review, 86 (6/7), S. 51-57.

Engle, N. (1941): Measurement of Economic and Marketing Efficiency. In: Journal of Marketing, 5(4), S. 335-349.

Enzler, S./Strauß, T./Strobel, M. (2007): Innovationscoaching nach der Augsburger Schule im Seminarbetrieb spielerisch erfahren. In: Tomaschek, N. (Hrsg.): Die bewusste Organisation. Steigerung der Leistungsfähigkeit, Lebendigkeit und Innovationskraft von Unternehmen. Heidelberg: Carl-Auer-Systeme, S. 117-131.

Exner, A./Exner, H./Hochreiter, G. (2009): Selbststeuerung von Unternehmen. Ein Handbuch für Manager und Führungskräfte. Das Konzept der Beratergruppe Neuwaldegg. Frankfurt am Main: Campus.

Fagerberg, J./Mowery, D./Nelson, R. (2006): The Oxford Handbook of Innovation. Oxford: Oxford University Press.

Foerster, H. von (1993): Wissen und Gewissen. Versuch einer Brücke. Frankfurt am Main: Suhrkamp.

Freeman, E. (1984): Strategic Management: A Stakeholder Approach. Boston: Pitman.

Frese, E./Mensching, H./Werder, A. von (1987): Unternehmensführung. Landsberg am Lech: moderne industrie.

Frindte, W. (1998): Radikaler Konstruktivismus und social constructism — Sozialpsychologische Folgen und die empirische Rekonstruktion eines Gespenstes. In: Fischer, H.-R. (Hrsg.): Die Wirklichkeit des Konstruktivismus. Zur Auseinandersetzung um ein neues Paradigma. 2. Aufl. Heidelberg: Carl-Auer-Systeme, S. 103-129.

Geanuracos, J.; Meiklejohn, I. (1993): Performance Measurement: The New Agenda — Using Non-Financial Indicators to Improve Profitability. London: Business Intelligence.

Gellert, M./Nowak, C. (2007): Teamarbeit — Teamentwicklung — Teamberatung. Ein Praxisbuch für die Arbeit in und mit Teams. 3. Aufl. Meezen: Limmer.

Gergen, K. (2002): Konstruierte Wirklichkeiten. Eine Hinführung zum sozialen Konstruktivismus. Stuttgart: Kohlhammer.

Giddens, A. (1997): Die Konstitution der Gesellschaft: Grundzüge einer Theorie der Strukturierung (Theorie und Gesellschaft). Frankfurt am Main: Campus.

Glasersfeld, E. von (1994): Einführung in den radikalen Konstruktivismus. In: Watzlawik, P. (Hrsg.): Die erfundene Wirklichkeit. München: Piper, S. 16-38.

Glasersfeld, E von (1997): Wissen, Sprache und Wirklichkeit. Arbeiten zum radikalen Konstruktivismus. Braunschweig, Wiesbaden: Vieweg.

Glasersfeld, E. von (1998): Konstruktivismus statt Erkenntnistheorie. Klagenfurt: Drava.

Glatz, H./Graf-Götz, F. (2007): Handbuch Organisation gestalten. Für Praktiker aus Profit- und Non-Profit-Unternehmen, Trainer und Berater. Weinheim: Beltz.

Glatzel, K./Wimmer, R. (2009): Strategieentwicklung in Theorie und Praxis. In: Wimmer, R./Meissner, J./Wolf, P. (Hrsg): Praktische Organisationswissenschaft. Lehrbuch für Studium und Beruf. Heidelberg: Carl-Auer-Systeme, S. 194-219.

Glazinski, B. (2004): Strategische Unternehmensentwicklung. Krisensignale frühzeitig erkennen und abwenden. Wiesbaden: Gabler.

Gleich, R. (2001): Das System des Performance Measurement: Theoretisches Grundkonzept, Entwicklungs- und Anwendungsstand. Habilitationsschrift. München: Vahlen.

Gloger, A. (2002): Die Probleme sichtbar machen. In: Schweizer Handelszeitung, 07.08.2002, S. 13.

Gloger, A. (2007): Mit der Kamera durch das Büro. In: Die Welt, 19.05.2007. S. B1.

Grant, R. (1996): Prospering in dynamically-competitive Environments: Organizational Capabilities as Knowledge Integration. In: Organization Science, 7(4), S. 375-387.

Greif, S./Runde, B./Seeberg, I. (2004): Erfolge und Misserfolge beim Change Management. Göttingen: Hogrefe.

Haken, H. (1991): Erfolgsgeheimnisse der Natur. Berlin: Ullstein.
Haken, H./Schiepek, G. (2006): Synergetik in der Psychologie. Selbstorganisation verstehen und gestalten. Göttigen: Hogrefe.
Hannig, U. (o. J.): Von der Leistungsmessung zur Leistungssteuerung. http://imis.de/global/show_document.asp?id=aaaaaaaaaaaevgd. Zugriff am 30.04.2009.
Hauser, E. (2007): Unveröffentlichte Seminarunterlage.
Heckhausen, H./Gollwitzer, P./Weinert, F. (1987): Jenseits des Rubikon. Der Wille in der Humanwissenschaften. Berlin: Springer.
Hees, F./ Isenhardt, I. (2005): forscher forschen! Grenzüberwindungen zwischen Wissenschaft und Kunden. In: Kruse, E./Küchler, U./Kuhl, M. (Hrsg.): Unbegrenztes Lernen — Lernen über Grenzen? Generierung und Verteilung von Wissen in der Hochschulentwicklung. Reihe Bildung — Hochschule — Innovation, Band 3. Münster: LIT, S. 13-21.
Hees, F./Henning, R. (2009): Management-Instrumente in kleineren und mittleren Unternehmen. In: Meyer, J. A. (Hrsg.): Management-Instrumente in kleinen und mittleren Unternehmen: Jahrbuch der KMU-Forschung und -Praxis, S. 51-64.
Heitger, B./Doujak, A. (2002): Harte Schnitte, neues Wachstum: Die Logik der Gefühle und die Macht der Zahlen im Changemanagement. Frankfurt am Main: Ueberreuter.
Henning, R. (o. J.): Change Management oder Führen in Turbulenzen lernen. Gedanken zu lebenden Organisationssystemen. http://www.osto.de/uploads/media/SYMA_Artikel.pdf. Zugriff am 09.10.2008.
Herrmann, J. (2002): Das dritte Paradigma. In: Qualität und Zuverlässigkeit, 47(4), S. 298-299.
Hinnen, H./Krummenacher, P. (2012): Großgruppeninterventionen. Konflikte klären — Veränderungen anstoßen — Betroffene einbeziehen. Stuttgart: Schäffer-Poeschel.
Höfler, M./Dolleschall, H./Bodingbauer, D./Schwarenthorer, F. (2014): Abenteuer Change Management: Handfeste Tipps aus der Praxis für alle, die etwas bewegen wollen. 5. Aufl. Frankfurt am Main: Frankfurter Allgemeine Buch.
Holman, P. (2006): Mein Vision von der Zukunft. In: Holman, P./Devine, T. (Hrsg.): Change Handbook. Zukunftsorientierte Großgruppen-Methoden. Heidelberg: Carl-Auer-Systeme, S. 265-271.
Horváth, P./Gleich, R. (1998): Die Balanced Scorecard in der produzierenden Industrie — Konzeptidee, Anwendung und Verbreitung. In: Zeitschrift für wirtschaftlichen Fabrikbetrieb, 93(11), S. 562-568.
Hurley, T./Brown, T. (2010): Conversational Leadership: Thinking Together for a Change. http://www.oxfordleadership.com/journal/vol1_issue2/brown_hurley.pdf. Zugriff am 28.12.2015.

IBM Global CEO Study (2010): Unternehmensführung in einer komplexen Welt. http://www-935.ibm.com/services/de/ceo/ceostudy2010/pdf/ceostudy2010-de.pdf. Zugriff am 19.05.2016.

Jäger, W./Lukasczyk, A. (2009): Talent Management. Strategien, Umsetzung, Perspektiven. Köln: Luchterhand.
Jenewein, W./Heidbrink, M. (2008): High-Performance-Teams. Die fünf Erfolgsprinzipien für Führung und Zusammenarbeit. Stuttgart: Schäffer-Poeschel.
Jørgensen, H./ Albrecht, J./ Neus, A.. (2007): Making Change Work. http://www-05.ibm.com/de/pressroom/downloads/mcw_2007.pdf. Zugriff am 15.05.2009.
Jung, H. (2001): Allgemeine Betriebswirtschaftslehre. 7. Aufl. München: Oldenbourg.

Kaplan, R./Murdock, L. (1991): Core Process Redesign. In: The McKinsey Quarterly, 2, S. 27-43.
Kaplan, R./Norton, D. (1992): The Balanced Scorecard — Measures that Driver Performance. In: Harvard Business Review, 70(1), S. 71-79.

Kaplan, R./Norton, D. (1996): The Balanced Scorecard: Translating Strategy into Action. Boston: Harvard Business School Press.
Kaplan, R./Norton, D. (1997): Balanced Scorecard: Strategien erfolgreich umsetzen. Stuttgart: Schäffer-Poeschel.
Kaplan. R./Norton, D. (2004): Strategy Maps: Der Weg von immateriellen Werten zum materiellen Erfolg. Stuttgart: Schäffer-Poeschel.
Kaplan. R./Norton, D. (2009): Der effektive Strategieprozess. Erfolgreich mit dem 6-Phasen-System. Frankfurt am Main: Campus.
Kaufmann, L. (1997): Balanced Scorecard. In: Zeitschrift für Planung, 8(4), S. 421-428.
Kienbaum Management Consultants (2015): Agility — überlebensnotwendig für Unternehmen in unsicheren und dynamischen Zeiten. Change-Management-Studie 2014/2015. URL: http://www.kienbaum.de/Portaldata/1/Resources/downloads/brochures/Kienbaum_Change-Management-Studie_20142015.pdf. Zugriff am 22.02.2016.
Kluge, F. (1995): Etymologisches Wörterbuch der deutschen Sprache. 22. Aufl. Berlin: de Gruyter.
Köhninger, V. (2008): Unveröffentlichte Seminarunterlage.
König, E./Volmer, G. (2008): Handbuch Systemische Organisationsberatung. Weinheim: Beltz.
Königswieser, R. (2001): »Rapunzel«. Grundlegende Gedanken zum systemischen Ansatz. In: Königswieser, R./Cichy, U./Jochum, G. (Hrsg.): SIMsalabim. Veränderung ist keine Zauberei. Systemisches IntegrationsManagement. Stuttgart: Klett-Cotta, S. 25-31.
Königswieser, R. (2006): Zur Interventionsarchitektur von Beratungsprojekten. In: Hillebrand, M./Sonuç, E./Königswieser, R. (Hrsg.): Essenzen der systemischen Organisationsberatung. Konzepte, Kontexte und Kommentare. Heidelberg: Carl-Auer-Systeme, S. 80-100.
Königswieser, R. (2008): Vision + x = Energie. In: Königswieser & Network Journal, 3, S. 3.
Königswieser, R./Exner, A. (2006): Systemische Interventionen. Architekturen und Designs für Berater und Veränderungsmanager. 9. Aufl. Stuttgart: Klett-Cotta.
Königswieser, R./Hillebrand, M. (2007): Einführung in die systemische Organisationsberatung. 3. Aufl. Heidelberg: Carl-Auer-Systeme.
Kötter, W./Longmuß, J./Bahlow, J. (2009): Gerichtete Kulturveränderung In: Zink, K.J./Kötter, W./Longmuß, J./Thul, M.J. (Hrsg.): Veränderungsprozesse erfolgreich gestalten. Berlin: Springer, S. 246-275.
Krafft, A./Ulrich, G. (2002): Wie kommt das Neue in die Organisation? Eine Diskussion in 41 Thesen. In: Mohe, M./Heinecke, H./Pfriem, R. (Hrsg.): Consulting — Problemlösung als Geschäftsmodell. Theorie, Praxis, Markt. Stuttgart: Klett-Cotta, S. 58-74.
Krüger, W. (1994): Organisation der Unternehmung. 2. Aufl. Stuttgart: Kohlhammer.

Lattwein, J. (2002): Wertorientierte strategische Steuerung: Ganzheitlich-integrativer Ansatz zur Implementierung. Wiesbaden: Deutscher Universitätsverlag.
Litke, H. D. (Hrsg.) (2005): Projektmanagement: Handbuch für die Praxis; Konzepte — Instrumente — Umsetzung. München, Wien: Hanser.
Lorenz, T./Oppitz, S. (2006): Myers-Briggs-Typenindikator — Profilierung durch Persönlichkeit. In: Simon, W. (Hrsg.): Persönlichkeitsmodell und Persönlichkeitstest. 15 Persönlichkeitsmodelle für Personalauswahl, Persönlichkeitsentwicklung, Training und Coaching. Offenbach: Gabal, S. 299-320.
Luhmann, N. (1984): Soziale Systeme. Grundriß einer allgemeinen Theorie. Frankfurt am Main: Suhrkamp.
Luhmann, N. (2002): Einführung in die Systemtheorie. Heidelberg: Carl-Auer-Systeme.
Lutz, C. (1996): Kommunikation — Kern der Selbstorganisation: Unternehmensführung im Informationszeitalter. In: Sattelberger, T. (Hrsg.): Die lernende Organisation. 3. Aufl. Wiesbaden: Gabler, S. 97-111.

Maier, W. (1998): Systemisches Personalmanagement. Möglichkeiten und Grenzen. München: Hampp.

Malik, F. (2008): Unternehmenspolitik und Corporate Governance. Wie Unternehmen sich selbst organisieren. Frankfurt am Main: Campus.

March, J. (1991a): Exploration and Exploitation in Organizational Learning. In: Organization Science, 2(1), Special Issue: Organizational Learning, S. 71-87.

March, J. (1991b): Learning from Samples of One or Fewer. In: Organization Science 2(1), S. 1-13.

March, J./Sutton, R. (1997): Organizational Performance as a Dependent Variable. In: Organization Science, 8(6), S. 698-706.

Marek, D. (2010): Unternehmensentwicklung verstehen und gestalten. Eine Einführung. Wiesbaden: Gabler

Masak, D. (2007): SOA?: Serviceorientierung in Business und Software. Berlin: Springer.

McDermott, R. (1999): Why Information Technology inspired but cannot deliver Knowledge Management. In: California Management Review, 41(4), S. 103-117.

Meffert, H. (1998): Herausforderungen an die Betriebswirtschaftslehre — Die Perspektive der Wissenschaft. In: Die Betriebswirtschaft, 58(6). S. 709-730.

Meffert, H. (2000): Marketing. Grundlagen marktorientierter Unternehmensführung. Konzepte — Instrumente — Praxisbeispiele. 9. Aufl. Wiesbaden: Gabler.

Meinecke, M. (2015): Ergebnisunterlage SYMA-Seminar der OSTO-Systemberatung GmbH. Aachen.

Migge, B. (2005): Handbuch Coaching und Beratung. Weinheim: Beltz.

Mistele, P./Geithner, S. (2008): Leistungsfaktoren von Organisationen in Hochrisikoumwelten: Die Bedeutung kontinuierlicher Reflexion für kooperatives Handeln. Kooperation konkret! 14. Fachtagung der Gesellschaft für Angewandte Wirtschaftspsychologie 01./02.02.2008.

Muhler, B. (2010): Unternehmensentwicklung: Der Berater als Architekt. In: Zimmermann, C./Muhler, B. (Hrsg.): Ressourcen der systemischen Organisationsentwicklung. Heidelberg: Carl-Auer-Systeme, S. 109-119.

Nagel, R. (2007): Lust auf Strategie. Workbook zur systemischen Strategieentwicklung. Stuttgart: Klett-Cotta.

Nagel, R./Wimmer, R. (2006): Systemische Strategieentwicklung. Modelle und Instrumente für Berater und Entscheider. 3. Aufl. Stuttgart: Klett-Cotta.

Neuberger, O. (1985): Unternehmenskultur und Führung. Augsburg: Universität Augsburg.

Neuberger, O. (2002): Führen und Führen lassen. Ansätze, Ergebnisse und Kritik der Führungsforschung. 6. Aufl. Stuttgart: Lucius und Lucius.

Niedereichholz, C. (2001): Unternehmensberatung Band 1: Beratungsmarketing und Auftragsakquisition. 3. Aufl. München: Oldenbourg.

Nienhaus, L. (2009): Manager im Stresstest. In: Frankfurter Allgemeine Zeitung, 10.05.2009, S. 36.

Nonaka, I. (1991): The Knowledge-creating Company. In: Harvard Business Review, 69(6), S. 96-104.

Nonaka, I. (1994): A dynamic Theory of organizational Knowledge Creation. In: Organization Science, 5(1), S. 14-37.

Noppeney, C. (2002): Visual Management: Kultur sichtbar machen. In: Trendletter, 8, S. 6.

North, K. (1998): Wissensorientierte Unternehmensführung: Wertschöpfung durch Wissen. Wiesbaden: Gabler.

O'Conner, K. (2003): The Map of Innovation. Creating Something Out of Nothing. New York: Crown Business.

Osb-i (2012): Change Management Studie.

Osterloh, M./Frost, J. (2006): Prozessmanagement als Kernkompetenz. Wie Sie Business Reengineering strategisch nutzen können. 5. Aufl. Wiesbaden: Gabler.

Ott, L./Wittmann, R./Gay, F. (2006): Das DISG Persönlichkeitsprofil. In: Simon, W. (Hrsg.): Persönlichkeitsmodell und Persönlichkeitstest. 15 Persönlichkeitsmodelle für Personalauswahl, Persönlichkeitsentwicklung, Training und Coaching. Offenbach: Gabal, S. 159-179.

Patzak, G./Rattay, G. (2004): Projektmanagement, 4. Aufl. Wien: Linde.
Pfändler, R. (2003): Wertschöpfung im Sucher der Einwegkamera. In: alma — Alumni-Magazin der Universität Sankt Gallen, 1, S. 25-26.
Pichler, R. (2007): Scrum — Agiles Projektmanagement erfolgreich einsetzen. Heidelberg: dpunkt.
Porter, M. (1999): Wettbewerbsstrategie. Methoden zur Analyse von Branchen und Konkurrenten. 10. Aufl. Frankfurt am Main: Campus.
Probst, G./Doughty, H./Raub, S. (2000): Managing Knowledge. Building Blocks for Success. West Sussex: John Wiley and Sons.
Probst, G./Raub, S./Romhardt, K. (1997): Wissen managen. Wie Unternehmen ihre wertvollste Ressource optimal nutzen. Wiesbaden: Gabler.

Raps, A. (2003): Erfolgsfaktoren der Strategieimplementierung: Konzeption und Instrumente. Wiesbaden: Gabler.
Reich, K. (2013): Chancengerechtigkeit und Kapitalformen: Gesellschaftliche und individuelle Chancen in Zeiten zunehmender Kapitalisierung. Wiesbaden: Springer.
Reinmann-Rothmeier, G./Mandl, H./Erlach, C. (2001): Wissensmanagement lernen. Ein Leitfaden zur Gestaltung von Workshops und zum Selberlernen. Weinheim: Beltz.
Rodenstock, B. (2007): Erfolgsfaktor Veränderungsbereitschaft. »Weiche« Faktoren in Projekten messen und steuern. In: OrganisationsEntwicklung. 26(4), S. 14-24.
Rojas, R. (2000): A Review of Models for Measuring Organizational Effectiveness among for Profit- and Nonprofit Organizations. In: Nonprofit Management and Leadership, 11(1), S. 97-104.
Rüegg-Sturm, J. (2003): Das neue St. Galler Management-Modell. Grundkategorien einer integrierten Managementlehre. Der HSG-Ansatz. 2. Aufl. Bern, Stuttgart, Wien: Haupt.

Sandt, J. (2005): Performance Measurement — Übersicht über Forschungsentwicklung und -stand. In: Zeitschrift für Controlling & Management, 49(6), S. 429-447.
Schlippe, A. von/Schweitzer, J. (2007): Lehrbuch der Systemischen Therapie und Beratung II. Göttingen: Vandenhoeck & Ruprecht.
Schrank, R. (2003): Die Balanced Scorecard hat ihren Zenit überschritten: Der Vorreiter der modernen strategischen Managementsysteme wird langsam abtreten. In: Frankfurter Allgemeine Zeitung, 24.03.2003, S. 28.
Schreyögg, G. (2002): Komplexität und Organisation. Kommentar zu Peter Kappelhoffs »Komplexitätstheorie: Neues Paradigma für die Managementforschung?« In: Schreyögg, G./Conrad, P. (Hrsg.): Theorien des Managements. Wiesbaden: Gabler, S. 103-111.
Schug, K. (o. J.): PipelinePlanner. http://www.perlitz.com/downloads/flyer_pipelineplanner_deutsch.pdf. Zugriff am 14.05.2009.
Schwan, K./Seipel K. (2002): Berater- und Trainerhandbuch, Einander verstehen und erfolgreich sein. Innsbruck: Studia-Universitätsverlag.
Schwing, R./Fryszer, A. (2007): Systemisches Handwerk. Werkzeug für die Praxis. 2. Aufl. Göttingen: Vandenhoeck & Ruprecht.
Seliger, R. (2006): Erste Begegnung in der Beratung. In: Tomaschek, N. (Hrsg.): Systemische Organisationsentwicklung und Beratung bei Veränderungsprozessen. Ein Handbuch. Heidelberg: Carl-Auer-Systeme, S. 83-97.
Seliger, R. (2008): Das Dschungelbuch der Führung. Ein Navigationssystem für Führungskräfte. Heidelberg: Carl-Auer-Systeme.
Senge, P. (2008): The Necessary Revolution: How Individuals and Organizations are Working Together to Create a Sustainable World; New York: Doubleday.
Senge, P./Scharmer, O./Jaworski, J./Flowers, B. (2005): Precense. An Exploration of Profound Change in People, Organizations, and Society. New York: Doubleday.
Simon, F. (1995): Die Funktion des Organisationsberaters — Einige Prinzipien systemischer Beratung. In: Walger, G. (Hrsg.): Formen der Unternehmensberatung. Systemische Unternehmensberatung, Organisationsentwicklung, Expertenberatung und gutachterliche Beratungstätigkeit

in Theorie und Praxis. Köln: O. Schmidt, S. 284-300.
Simon, F. (2008): Einführung in Systemtheorie und Konstruktivismus. 3. Aufl. Heidelberg: Carl-Auer-Systeme.
Smircich, L. (1983): Concepts of Culture and Organizational Analysis. In: Administrative Science Quarterly, 28(3), S. 339-358.
Speckbacher, G./Bischof, J. (2000): Die Balanced Scorecard als innovatives Managementsystem: Konzeptionelle Grundlagen und Stand der Anwendung in deutschen Unternehmen. In: Die Betriebswirtschaft, 60(6), S. 795-810.
Staehle, W. H./Conrad, P./Sydow, J. (1999): Management. Eine verhaltenswissenschaftliche Perspektive. 8. Aufl. München: Vahlen.
Steinkellner, P. (2007): Systemische Intervention in der Mitarbeiterführung. 2. Aufl. Heidelberg: Carl-Auer-Systeme.
Steinmann, H./Schreyögg, G. (1993): Management. Grundlagen der Unternehmensführung. Konzepte — Funktionen — Fallstudien. 3. Aufl. Wiesbaden: Gabler.
Strobel, M./Tomaschek, N. (2008): Unveröffentlichte Seminarunterlage.
Suntrop, C. (1999): Die Implementierung eines Prozeßmanagements. Illustriert am Beispiel der Business Line Chlorprodukte des Hoechst Konzerns. Frankfurt am Main: Peter Lang.
Sutter, T./Charlton, M. (1999): Die Bedeutung einer konstruktivistischen Theorie sozialen Handelns für die Medienforschung. In: Rusch, S. (Hrsg.): Konstruktivismus in der Medien- und Kommunikationswissenschaft. Frankfurt am Main: Suhrkamp, S. 79-114.

Teece, D. J. (1998): Capturing Value from Knowledge Assets: The New Economy, Markets for Know-How, and Intangible Assets. In: California Management Review. 40(3), S. 55-79.
Teigland, R. (2003): Knowledge Networking: Structure and Performance in Networks of Practice. Institute of International Business. Stockholm: Stockholm School of Business.
Titscher, S. (1997): Professionelle Beratung. Was beide Seiten vorher wissen sollten. Wien: Ueberreuter.
Tomaschek, N. (2003): Der Konstruktivismus. Versuch einer Darstellung der konstruktiv(istisch)en Philosophie. Regensburg: Roderer.
Tomaschek, N. (2007): Systemische Transformationsphilosophie. Erfolgreicher Wandel von Organisationen und Unternehmen durch organisationale Selbstreflexion. Heidelberg: Carl-Auer-Systeme.
Tomaschek, N./Strobel, M. (2006): Die bewusste Organisation nach der »Augsburger Schule des Innovations-Coaching«. Leistung, Lebendigkeit und Innovation durch einen Transformationsprozess mit drei Kompetenzstufen. In: Tomaschek, N. (Hrsg.): Systemische Organisationsentwicklung und Beratung bei Veränderungsprozessen. Ein Handbuch. Heidelberg: Carl-Auer-Systeme, S. 226-240.
Tomaschek, N./Strobel, M. (2007): Innovations-Coaching: Ein neuer Ansatz des Veränderungsmanagements. In: Tomaschek, N. (Hrsg.): Perspektiven systemischer Entwicklung und Beratung von Organisationen. Ein Sammelband. Heidelberg: Carl-Auer-Systeme, S. 213-227.
Treacy, M./Wiersema, F. (1995): Marktführerschaft: Wege zur Spitze. Frankfurt am Main: Campus.

Utikal, H./Ebel, B. (2006): Reorganisation eines mittelständischen Unternehmens. Wie kommt man von der Strategie zur Struktur? In: Zeitschrift für Organisation, 75(3), S. 170-176.

Voelpel, S./Leibold, M./Mahmoud, K. (2003): The Organizational Fitness Navigator: Creating and Measuring Organizational Fitness for Fast-Paced Transformation. http://www.iir.hit-u.ac.jp/iir-w3/file/WP03-11voelpel.pdf. Zugriff am 20.02.2009.

Wagner, H. (2006): Das Team Management Profil (TMP). In: Simon, W. (Hrsg.): Persönlichkeitsmodell und Persönlichkeitstest. 15 Persönlichkeitsmodelle für Personalauswahl, Persönlichkeitsentwicklung, Training und Coaching. Offenbach: Gabal, S. 355-379.

Warnecke, H.-J. (1993): Revolution der Unternehmenskultur. 2. Aufl. Berlin: Springer.

Weick, K./Sutcliffe, K. (2003): Hospitals as Cultures of Entrapment: A Re-Analysis of the Bristol Royal Infirmary. In: California Management Review, 45(2), S. 73-84.

Welge, M./Al-Laham, A. (2008): Strategisches Management. Grundlagen — Prozess — Implementierung. 5. Auf. Wiesbaden: Gabler.

Werder, A. von (2008): Ein systematisches Organisations-Controlling ist überfällig. In: Zeitschrift für Organisation, 77(1), S. 15.

Werder, A. von/Grundei, J. (2006): Organisations-Controlling: Vernachlässigter Baustein eines effektiven Organisationsmanagements. In: Werder, A. von/Stöber, H./Grundei, J. (Hrsg.): Organisations-Controlling. Konzepte und Praxisbeispiele. Wiesbaden: Gabler, S. 15-51.

Willke, H. (1998): Systemtheoretische Strategien des Erkennens. Wirklichkeit als interessierte Konstruktion. In: Götz, K. (Hrsg.): Theoretische Zumutungen. Vom Nutzen der systemischen Theorie für die Managementpraxis. Heidelberg: Carl-Auer-Systeme, S. 97-117.

Willke, H. (1999): Systemtheorie 2: Grundzüge einer Theorie der Intervention in komplexe Systeme. 3. Aufl. Stuttgart: Lucius und Lucius.

Wimmer, R./Nagel. R. (2000): Der strategische Managementprozess — Zur Praxis der Überlebenssicherung in Unternehmen. In: OrganisationsEntwicklung, 19(1), S. 4-19.

Wimmer, R./Schumacher, T. (2009): Führung und Organisation. In: Wimmer, R./Meissner, J./Wolf, P. (Hrsg): Praktische Organisationswissenschaft. Lehrbuch für Studium und Beruf. Heidelberg: Carl-Auer-Systeme, S. 169-194.

Wolf, P./Hilse, H. (2009): Wissen und Lernen. In: Wimmer, R./Meissner, J./Wolf, P. (Hrsg.): Praktische Organisationswissenschaft. Lehrbuch für Studium und Beruf. Heidelberg: Carl-Auer-Systeme, S. 118-143.

Zboralski, K. (2006): Wissensmanagement durch Communities of Practice. Eine empirische Untersuchung von Wissensnetzwerken. Wiesbaden: Deutscher Universitätsverlag.

Zolke, K./Bleis, C./Lütjen, S. (2009): Erfolgsfaktor Unternehmenskultur — Reisegepäck für die Zukunft. http://www.goldpark.de/download/publikationen/200905_GP%20Studie_UKultur.pdf. Zugriff am 22.05.2009.

Stichwortverzeichnis

Über die Autoren

Bernhard Muhler ist Betriebswirt und systemischer Organisationsentwickler. Als selbstständiger Unternehmensberater arbeitet er schwerpunktmäßig in den Gebieten Organisationsentwicklung, Changemanagement und Strategie.

E-Mail: muhler@bludau-muhler.de

Carsten Suntrop ist Professor für Unternehmensentwicklung und Organisationsperformance an der Europäischen Fachhochschule Rhein/Erft GmbH in Brühl. Außerdem ist er Geschäftsführender Gesellschafter der Unternehmensberatung CMC².

E-Mail: carsten.suntrop@cmc-quadrat.de